U0252501

污水地下渗滤系统生物脱氮原理与关键技术

李英华　李海波　著

科 学 出 版 社

北　京

内 容 简 介

本书系作者团队十余年的污水地下渗滤系统研究成果，共分为九章，内容包括污水地下渗滤系统生物脱氮原理、生物脱氮菌群结构和酶活性特征及影响因子、生物脱氮动力学过程和运行控制、生物脱氮过程副产物氧化亚氮的释放特征及气体堵塞与系统自适应机制、该技术在分散污水处理中的工程应用案例等。

本书力求叙述简明、通俗易懂，同时具备较强的专业性，是一本较为完整地阐述污水地下渗滤系统生物脱氮原理、过程和控制技术的书籍，可作为从事污水生态处理研究的科研人员、环境科学与工程的技术人员及各类高等院校教师和研究生的参考书。

图书在版编目（CIP）数据

污水地下渗滤系统生物脱氮原理与关键技术/李英华，李海波著. —北京：科学出版社，2020.3

ISBN 978-7-03-063469-6

Ⅰ. ①污… Ⅱ. ①李… ②李… Ⅲ. ①污水处理-生物处理-反硝化作用-研究 Ⅳ. ①X703.1

中国版本图书馆 CIP 数据核字（2019）第 265577 号

责任编辑：周 丹 沈 旭/责任校对：杨聪敏
责任印制：张 伟/封面设计：许 瑞

科学出版社 出版
北京东黄城根北街 16 号
邮政编码：100717
http://www.sciencep.com
北京凌奇印刷有限责任公司 印刷
科学出版社发行 各地新华书店经销
*
2020 年 3 月第 一 版 开本：720×1000 1/16
2021 年11月第三次印刷 印张：14
字数：279 000

定价：99.00 元
（如有印装质量问题，我社负责调换）

前　言

污水地下渗滤系统是一种多介质共存、多过程耦合的小规模生态处理技术。它集成了土壤学、生态学、生物学、渗流流体力学和环境工程等多学科理论，具有工艺流程简单、运行费用低、管理方便、对预处理要求低等技术优势。随着我国对地表水质等级要求的不断提升，强化污水地下渗滤系统的深度脱氮能力已成为其推广应用的必然趋势。因此，系统阐述污水地下渗滤系统脱氮基础理论及相关强化脱氮方法十分必要，对推动该技术的标准化具有重要的科学意义与学术价值。

本书重点围绕污水地下渗滤系统生物脱氮原理、微观过程和控制技术进行阐述。第 1 章主要阐述污水地下渗滤系统生物脱氮原理；第 2 章至第 6 章分别从复合生物基质对脱氮微生物种群结构的影响、脱氮微生物及氮还原酶活性、维系生物脱氮的氧化还原微环境、脱氮动力学过程和运行控制的角度，对系统脱氮进行了基于微生物与酶学的全面阐释。第 7 章和第 8 章基于 ^{15}N 稳定同位素示踪简述系统释放氧化亚氮的特征与影响因素、气体堵塞与自适应机制。第 9 章通过应用案例简述污水地下渗滤系统的工程应用、脱氮设计和运行调控方法。

在本书撰写过程中，研究生苏菲、杨蕾、白佳宁等查阅和整理了大量文献资料，并提供了校稿帮助。本书的出版得到了国家自然科学基金项目“污水地下渗滤系统生物代谢气体堵塞机理及其过程动力学”(41571455) 和“SWIS 基质层 ORP 动态分区特征及其对生物脱氮的影响”(51578115) 的资助。

因著者水平有限，书中难免出现疏误，敬请读者批评指正。

作　者

2019 年 11 月

目　录

第1章 绪　　论

1.1　污水地下渗滤系统概述

污水地下渗滤系统(subsurface wastewater infiltration system，SWIS)作为污水土地处理系统的重要组成部分，通过土壤-微生物-植物系统的综合净化功能和自我调控机制处理和利用污水，具有建造及管理费用低、污染物去除效果好、适应负荷变化能力强等优点(孙铁珩和李宪法, 2006)。土壤渗透污水净化技术始于20世纪60年代的日本，主要应用于旅游点、别墅、城郊小区等。至80年代，日本利用土壤-植物系统开发出地下土壤毛管渗滤沟工艺,对污水的处理可达到三级处理的效果。俄罗斯曾将地下土壤渗滤沟工艺作为科技攻关项目，编制相应技术规范，逐步完善了土壤渗滤沟技术的净化方法、工艺流程、构筑设施等。此外，地下渗滤系统的研究与应用在美国、澳大利亚、西欧、以色列等国家和地区也得到迅速发展。瑞典、丹麦、芬兰和挪威等国已有150多万分散用户使用地下渗滤法处理生活污水(潘晶, 2005)。

学界对污水地下渗滤系统的认识大致经历了四个阶段：第一阶段(1960～1980年)，认为只要将输入土壤的污水负荷控制在土壤环境容量之内，污水中的营养物质就完全可以通过土壤呼吸作用得到深度利用，土壤的理化性状不会受到明显影响，系统可以长期稳定运行。第二阶段(1980～2000年)，认为复合基质的多孔介质骨架特征、基质层的垂直空间结构与分层理化性质是污水地下渗滤系统维系特殊水流状态的关键，也是该技术有别于其他污水土地处理工艺的关键。第三阶段(2000～2010年)，认为基质层内微环境分区造就了不同种类型微生物种群，并约束其在基质层特定空间范围内保持代谢与生理活性，污水在毛细流动与重力流动共同驱动下，以依次或交互顺序流经多种类型的微生物作用区，从而得到协同净化。第四阶段(2010年以后)，认为基质堵塞可能存在物理堵塞之外的多种诱导因素，系统的自适应性与操作条件密切相关并具有量化关联，作为理想的自然脱氮反应器，脱氮过程能够通过调控运行参数与改造基质结构得以强化。

近年来，通过从不同学科角度深入揭示污水地下渗滤系统的生物学过程、物化过程、水力学过程，一些基质层协同净化作用的微观机制逐渐明晰(表1-1)，该技术也从依赖经验设计逐渐过渡到标准化设计。整合对污水地下渗滤系统的多视角认知，可对该技术重做如下定义：污水在可控负荷(水力负荷与污染物负荷)

条件下，被投配到具有一定垂直构造的复合土壤基质中，污水在基质层不同深度受毛细力、重力等各优势力作用而呈现独特的毛细散水爬升流动与重力控制下渗流动，污染物受不同流态区内微生物-基质-植物的协同作用而逐步得到净化。

表 1-1 污水地下渗滤系统理论研究的诸多方面

研究内容	主要成果	研究者
水力负荷	建议地下渗滤系统水力负荷为 0.04～0.12m^3/(m^2·d) 出水中化学需氧量(COD)、N、P 等指标浓度与进水负荷正相关	李英华等, 2012
降解机理	硝化反硝化菌群空间分布特征 COD 去除机理：基质吸附→好氧菌分解→植物吸收 氮脱除机理：氨化→基质吸附→硝化→反硝化 磷去除机理：基质吸附、化学沉淀、植物吸收	李英华, 2010 龚川南等, 2016 张建等, 2004a
基质类型	土壤类型(黏土、砂土)对出水水质和下渗速率有影响 利用炉渣、砂子、水淬渣改良基质，提高渗透性能 添加腐熟牛粪，建议混合填料分层填装 采用煤渣、草炭混合填料，提高总氮(TN)去除率	李英华等, 2012 秦伟, 2013 严群等, 2010
运行方式	通过含水量、渗透容量确定干湿交替布水时间 干湿交替、间歇进水提高基质层含氧量 分流比影响去除效率，1∶3 时效果最佳 通气管复氧与间歇性干湿交替布水工艺相结合	李英华, 2010 李彬等, 2007a 潘晶等, 2011 Green et al., 1997
基质堵塞	悬浮物截留、吸附堵塞和生物膜堵塞 微生物的胞外代谢物堵塞 渗透性高的砂土堵塞严重，积水深度较高加快堵塞 代谢气体孔喉堵塞	Li et al., 2017a
酶研究	总有机碳(TOC)、溶解性有机碳(DOC)等去除率与脱氢酶含量、磷酸酶含量、酶诱导呼吸速率之间呈线性关系 脲酶活性与 TN 去除率正相关 代谢组学研究	李英华等, 2010 Li et al., 2017b Li et al., 2019
氮路径	基于稳定同位素示踪技术的氧化亚氮定量追踪 氮晶格蓄闭损失 氮迁移转化的核心通路与通量衡算	Li et al., 2018
水流形态微环境	基质层微观理化环境解析 基质层非饱和渗流力学及其数学描述	李英华, 2010 Li et al., 2019 Zhang et al., 2018

污水地下渗滤系统适用于分散污水原地深度处理，特别是对脱氮有更严格要求的场合。作为近乎完美的生物脱氮系统，该系统具有能耗低、自适应、易维护

等诸多优势，是未来极具潜力的高效生态处理技术。

按照系统的剖面结构与应用场合的不同，可将污水地下渗滤系统分为尼米槽型(Niimi system)、管腔型(chamber system)、渗滤沟型(drain trench system)、渗滤坑型(seepage pit system)和其他改进型。其中尼米槽型污水地下渗滤系统工程化应用最普遍，研究相对集中和深入，本书的研究对象为尼米槽型污水地下渗滤系统，为方便叙述，后统称污水地下渗滤系统。

尼米槽型污水地下渗滤系统，也称土壤毛管渗滤系统，诞生于20世纪80年代初期，是由日本人Niimi在污水土地利用基础上研发的庭院式分散污水就地收集、处理与回用工艺。该系统的主要特征是在散水管正下方15～20cm基质层内设置可承接污水的不透水皿(短暂厌氧槽)，不透水皿的几何尺寸需设计适宜，其基本要求是可快速控制并承接上部散水，形成短暂存水，同时拦截、液化和酸化进水中残留的固体悬浮物，为土壤毛细力作用提供稳定的水源(张建等, 2002a)。污水在距地表30～50cm基质层内发生非饱和渗滤，该层生活着多种类型微生物和微型动物，硝化细菌主要集中在这一区域，而反硝化细菌主要集中在中下层基质中，污水中的氮在硝化-反硝化作用下被降解，而微生物又能被土壤原生动物和后生动物摄食；地表植物根系深入基质层，吸收被矿化的N、P等无机成分。因此，尼米槽型地下渗滤系统的实质是具有生物多样性的微型生态系统。

1.1.1　污水地下渗滤系统的水力学特征及其技术特点

常规污水处理系统多为构筑式设施与标准化设备，在受到较大环境扰动和负荷冲击时，系统不能自动复原或主动适应，除非改变和调整运行参数，使其回到工艺限定的范围内，这与污水地下渗滤系统存在本质上的差异。

污水地下渗滤系统的技术内涵可以归结为基质微生态的自适应性，即当散水区水力不饱和度与渗滤区有限水力饱和度被人为地控制在一定阈值范围内时，系统对较大幅宽的负荷波动和较高强度的环境扰动具有优良的适应能力。这种适应能力的生物学实质是复合土壤基质所能够创造并维系的复杂微观生理环境，良好基质层微观生理环境有利于不同微生物种群均处于生物合成与内源代谢交替的活跃状态，而基质层特定的水流态则是保障上述多元微观生理环境相对稳定的关键。因此，基质层内多类型微生物体系才能够快速定殖于所属的生理环境，从而使系统稳定协调地工作。

通常，图1-1可概括性地描述工程化的污水地下渗滤系统的基本工艺流程。预处理的目的是削减90%以上的固体悬浮物(SS)，并将进入系统的污染物负荷[COD、生化需氧量(BOD)、N、P]控制在一定范围内，保证地下渗滤系统安全稳定运行。

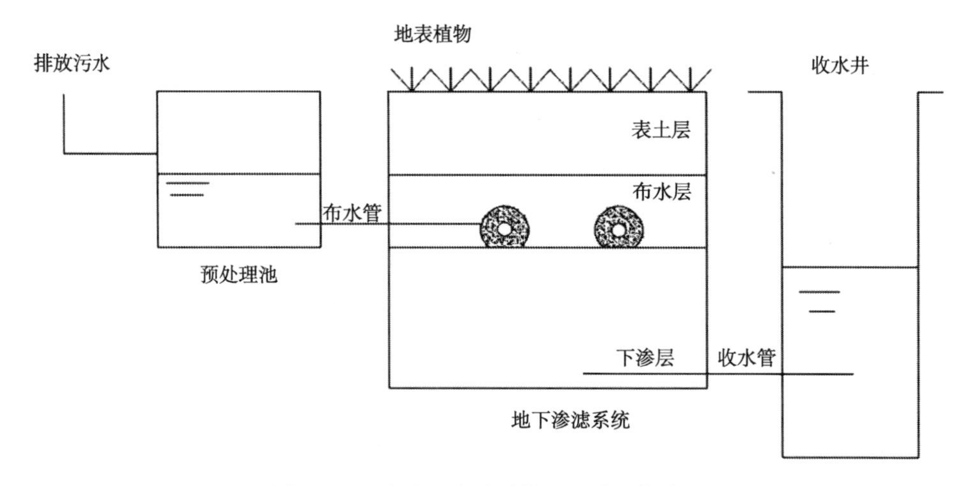

图 1-1　污水地下渗滤系统工艺流程概念图

散水区具有特殊的物理构造，这种由复合土壤基质与不透水皿共同构成的区域能够为污水流动提供特定的诱导，形成完全不同于均匀多孔介质中单向渗流的三维流动。目前，有关污水地下渗滤系统水力学特征的研究成果还不是很丰富，研究者通常习惯对基质层的物理结构、颗粒分布、孔隙形态做若干假设，将基质层结构复杂性大为简化，从而利用达西定律(Darcy’s law)和固-液表面张力理论来解释散水区的特殊水力行为，进而利用土壤水分保持曲线以及水力传导度模拟出非饱和基质层中水流的运动特征。

著者综合了土壤渗流理论、流固耦合三维渗流理论和非饱和渗流理论，对散水区的水力学过程进行了深入研究，尤其是对散水区渗透系数非线性变化及其可能对微生物脱氮产生影响的机制进行了探讨。采取基于渗透试验数据估算各基质层水力参数的方法，研究证明在非均匀多孔介质中较低深度剖面的渗透系数不能通过渗透试验数据来估算(Habili and Heidarpour, 2015)。散水区非饱和渗流过程可能导致基质沿垂直方向发生相对位移，基质骨架变形，引起孔隙水与孔隙气体应力改变，从而使复合基质的吸力变化更加复杂，基质吸力变化必将导致散水区毛细水流态发育出形态和势能缺陷，并最终通过影响散水区渗透率的方式对该区域水力学过程造成影响(Leong and Naga, 2018)。

利用 Fredlund 等(2012)建立的孔隙水及孔隙气消散预测模型，结合实验测试数据，就可以构建非饱和基质层因孔隙水和孔隙气消散而引起的基质吸力计算方程。该方程的理论基础是：①利用 Fredlund 和 Hasan(1979)的非饱和基质一维固结理论，采用两个偏微分方程来解释超孔隙水和孔隙空气压力的消散过程(一维固结的半解析解)；②利用基于 Richards 方程的 VG 模型求得基质层非饱和渗透系数(unsaturated permeability coefficient, UPC)，进一步获得基质吸力通解或数值解。

污水地下渗滤系统非饱和基质层吸力计算模型的推导和求解过程如下。

首先做如下一般性假设(秦爱芳和张九龙, 2015)：

(1) 原始复合基质各剖面上各向同质；

(2) 基质层中液相与气相连续且均为基质吸力的函数；

(3) 忽略水与孔隙空气的相互溶解和扩散；

(4) 流-固耦合渗流固结过程中的应变均为小应变；

(5) 复合基质与水均不可压缩。

孔隙水压力和孔隙气压力满足消散偏微分方程(马洪波等, 2018; 李小伟等, 2011; Zhai and Rahardjo, 2015)：

$$\frac{\partial u_{\mathrm{w}}}{\partial t}=-C_{\mathrm{w}}\left(\frac{\partial u_{\mathrm{a}}}{\partial t}\right)+C_{\mathrm{v}}^{\mathrm{w}}\left(\frac{\partial^2 u_{\mathrm{w}}}{\partial z^2}\right) \tag{1-1}$$

$$\frac{\partial u_{\mathrm{a}}}{\partial t}=-C_{\mathrm{a}}\left(\frac{\partial u_{\mathrm{w}}}{\partial t}\right)+C_{\mathrm{v}}^{\mathrm{a}}\left(\frac{\partial^2 u_{\mathrm{a}}}{\partial z^2}\right) \tag{1-2}$$

式中，

$$C_{\mathrm{w}}=\frac{1-\dfrac{m_2^{\mathrm{w}}}{m_{1k}^{\mathrm{w}}}}{\dfrac{m_2^{\mathrm{w}}}{m_{1k}^{\mathrm{w}}}},C_{\mathrm{v}}^{\mathrm{w}}=\frac{k_{\mathrm{w}}}{r_{\mathrm{w}}m_2^{\mathrm{w}}},C_{\mathrm{a}}=\frac{\dfrac{m_2^{\mathrm{a}}}{m_{1k}^{\mathrm{a}}}}{1-\dfrac{m_2^{\mathrm{a}}}{m_{1k}^{\mathrm{a}}}-n(1-s)(\bar{u}_{\mathrm{a}}m_{1k}^{\mathrm{a}})},$$

$$C_{\mathrm{v}}^{\mathrm{a}}=\left(\frac{k_{\mathrm{a}}}{\left(\dfrac{w_{\mathrm{a}}}{RT}\right)g\bar{u}_{\mathrm{a}}m_{1k}^{\mathrm{a}}[1-\dfrac{m_2^{\mathrm{a}}}{m_{1k}^{\mathrm{a}}}-n(1-s)(\bar{u}_{\mathrm{a}}m_{1k}^{\mathrm{a}})]}\right)$$

令

$$\boldsymbol{u}=\begin{bmatrix}\boldsymbol{u}_{\mathrm{w}}\\ \boldsymbol{u}_{\mathrm{a}}\end{bmatrix},\boldsymbol{K}=\begin{bmatrix}\boldsymbol{C}_{\mathrm{v}}^{\mathrm{w}} & \mathbf{0}\\ \mathbf{0} & \boldsymbol{C}_{\mathrm{v}}^{\mathrm{a}}\boldsymbol{C}_{\mathrm{w}}\end{bmatrix},\boldsymbol{C}=\begin{bmatrix}\mathbf{1} & \boldsymbol{C}_{\mathrm{w}}\\ \boldsymbol{C}_{\mathrm{w}} & \boldsymbol{C}_{\mathrm{w}}/\boldsymbol{C}_{\mathrm{a}}\end{bmatrix},\boldsymbol{Q}=\begin{bmatrix}\mathbf{0}\\ \mathbf{0}\end{bmatrix}$$

引入压力函数 φ，

$$u_{\mathrm{w}}=-C_{\mathrm{w}}\left(\frac{\partial\varphi}{\partial t}\right),u_{\mathrm{a}}=\left(C_{\mathrm{v}}^{\mathrm{w}}\frac{\partial^2}{\partial z^2}+\frac{\partial}{\partial t}\right)\varphi \tag{1-3}$$

将方程代入式(1-1)，若 $\boldsymbol{S}_i$ (i=1,2)为方程的根，则

$$\frac{\partial^2}{\partial z^2}-\boldsymbol{S}_i\left(\frac{\partial}{\partial t}\right)\psi_i=0$$

$$\boldsymbol{\psi}=\begin{bmatrix}\mathrm{e}^{-\beta_1 t} & 0\\ 0 & \mathrm{e}^{-\beta_2 t}\end{bmatrix}\left(\begin{bmatrix}\cos\omega_1 z & 0\\ 0 & \cos\omega_2 z\end{bmatrix}\begin{bmatrix}c_{11}\\ c_{12}\end{bmatrix}+\begin{bmatrix}\sin\omega_1 z & 0\\ 0 & \sin\omega_2 z\end{bmatrix}\begin{bmatrix}c_{21}\\ c_{22}\end{bmatrix}\right) \tag{1-4}$$

$$\boldsymbol{v}_{\mathrm{w}}=\left(\frac{-\boldsymbol{k}_{\mathrm{w}}}{\gamma_{\mathrm{w}}}\right)\left(\frac{\partial \boldsymbol{u}_{\mathrm{w}}}{\partial \boldsymbol{z}}\right), \boldsymbol{v}_{\mathrm{a}}=-D\left(\frac{\partial p}{\partial z}\right)$$

根据分离变量法，得到

$$\begin{gathered}\boldsymbol{\psi}_i=\boldsymbol{X}_i(z)\boldsymbol{T}_i(z)\\ \boldsymbol{X}_i(z)=\boldsymbol{c}_{1i}\cos\boldsymbol{\omega}_i z+\boldsymbol{c}_{2i}\sin\boldsymbol{\omega}_i z\\ T_i(z)=c_{3i}\mathrm{e}^{-bit}\\ \omega=\frac{n^2\pi^2}{z^2}(n=1,2),\omega>0\\ X_i(z)=c_i\sin\left(\frac{np}{l}z\right)\end{gathered} \tag{1-5}$$

式中，s 为饱和度；k_{a} 为空气渗透系数；w_{a} 为空气分子质量；$\boldsymbol{K}$、$\boldsymbol{Q}$ 为构建矩阵需要而设置的变量；D 为土壤中空气流动传导系数；z 为垂直方向距离；c 为未知积分常数；β 为未知待解参数；u_{a} 和 u_{w} 分别为孔隙气压力与孔隙气压力；g 为重力加速度；m_{1k}^{w} 是 K_0 条件下单位竖向净压力 $\sigma-u_{\mathrm{a}}$ 引起的水体积变化；m_2^{w} 是单位基质吸力 $u_{\mathrm{a}}-u_{\mathrm{w}}$ 的变化引起的水体积变化；$C_{\mathrm{v}}^{\mathrm{w}}$ 和 $C_{\mathrm{v}}^{\mathrm{a}}$ 分别为液体和气体固结系数；γ_{w} 为水容重；R 是通用气体常数；T 是热力学温度；$\overline{u}_{\mathrm{a}}$ 是绝对孔隙气压力；n 是孔隙率。

然后，基于 VG 模型，求得地下渗滤系统基质层的非饱和渗透系数

$$K(h)=\frac{K_{\mathrm{s}}\left\{1-|ah|^{n-1}[1+|ah|^{n}]^{-m}\right\}}{[1+|ah|^{n}]^{\frac{m}{2}}} \tag{1-6}$$

式中，$K(h)$ 表示与基质吸力相关的非饱和渗透系数(unsaturated permeability coefficient，UPC)，cm/s；K_{s} 表示饱和渗透系数，cm/s；h 表示基质吸力，cm；a,n,m 是拟合参数，$m=1-\frac{1}{n}$。

根据上述公式即可计算不同工况下的基质吸力，并据此绘制散水区水力过程图。

图 1-2 为污水地下渗滤系统散水区水力过程示意图。经预处理的污水在散水区被投配到系统后，在重力和基质吸力共同作用下，首先将基质层从完全不饱和状态改变为不同程度的非饱和态，污水积存在不透水皿中。当基质的非饱和态达到一定程度，此时基质吸力可以抗衡重力作用，污水开始在毛细力作用下向上爬升，同时向四周扩散。当基质层继续向饱和态发展时，基质吸力无法克服重力作用，污水将进入重力优先作用状态，开始沿垂直方向一维下降，依次经过好氧区、兼性好氧区和厌氧区，通过收水管收集。

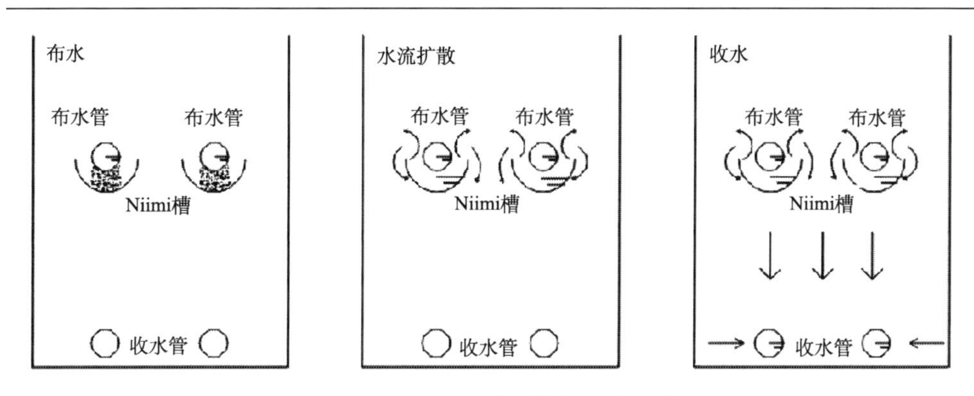

图 1-2 污水地下渗滤系统的水力学过程

地下渗滤系统重力特殊的水力学行为，造就了基质层在垂直方向上被划分为不同的理化分区，不同属性的微生物种群按照自身的生理特性分别发育、稳定在相应的分区内，随着污水依次流经这些区域，微生物即可发挥协同净化的作用，使污染物得到高效降解。地下渗滤系统脱氮作用就是在这样的水力学调控机制下完成的，因此可以说，基质层特定的水力学行为是保障系统脱氮的核心因素。

1.1.2 污水地下渗滤系统应用现状

地下渗滤系统是污水土地处理技术体系的重要组成部分，是生态工程与环境工程高度统一的小规模处理工艺，适用于分散污水就地收集、处理与回用场合，是有别于集中式污水处理，同时又与其相辅相成的重要的污水处理技术模式。

农村及城郊污水管网不健全和不配套地区，要求污水处理工艺必须具备以下特征：①工艺需耐高冲击负荷；②工艺简单，效果稳定，产泥量少；③建设与运行费用较低；④将处理与利用相结合，实现生态环境和水资源良性循环。地下渗滤系统的技术特征恰好满足上述要求，该技术投资少、能耗低、效果稳定，而且具有相对好的景观效应(王士满等, 2017)，是当前我国建设特色小镇、美丽乡村和生态文明的重要支撑技术选项。

日本是最早实践污水地下渗滤系统的国家，构型简单粗略的渗滤系统可以追溯到 20 世纪 60 年代，主要应用于旅游点、别墅、城郊小区的污水处理，到 80 年代中期，随着在应用中不断暴露出工艺问题，一些核心技术得到了有效解决，该系统逐渐发展为可放大为适度规模的工程，在日本兴建了超过二十万套净化设施，污水地下渗滤系统正式以技术的形态展现在环境工程市场。随后，美国、澳大利亚、西欧、以色列等国家和地区也开支关注这项技术，使该技术得到迅速发展，特别是以色列等缺水国家，极力推崇利用该技术进行分散污水资源化(田宁宁等, 2000)。据美国统计局 1999 年的数据显示，全美 1.15 亿家庭约 23%使用地下渗滤系统对生活污水进行净化处理。目前，美国已大约有 36%的农村及零星分布的家庭住宅采用渗滤装置处理生活污水。在一些高纬度地区，如瑞典、丹麦、芬兰和挪威等国也已有超过 150 多万分散用户使用地下渗滤法处理生活污水。

我国对污水地下渗滤系统的研究起步较晚，“六五”期间开始理论实验研究，“八五”期间才得到工程实践应用。已故中国工程院院士孙铁珩最早将该系统引入中国，并按照水力学特征的差别，对污水土地处理技术体系进行了细分，该分类延续至今，成为指导污水土地处理技术应用的纲要。

20 世纪 90 年代以来，我国政府环境保护部门在充分吸收、总结国外发达国家水污染防治经验的基础上，提出了“人工处理与自然处理并行”的水污染防治政策，为土地处理技术的发展提供了契机。1992 年，北京市环境保护科学研究院在北京市通州区建造了一个实际规模的污水地下毛管渗滤系统试验场地。在“八五”期间，中国科学院沈阳应用生态研究所在沈阳工业大学学生宿舍区建造了污水处理量为 $50m^3/d$ 的示范工程；“九五”期间对该项技术工艺进行了改进，并在辽河油田茨榆坨采油厂家属区修建了处理规模 $300m^3/d$ 的示范工程，其一次性投资相当于二级生化处理工程的 1/2，但运转费仅为其 1/5，出水实现了回用。2000 年，贵州省环境科学研究设计院从日本引进了最新的地下渗滤工艺，建成了日处理量超过 $500m^3/d$ 的农村分散生活污水处理示范工程，2001 年 4 月通过日本环境厅验收，至今运行良好。近年来，上海交通大学在北京钓鱼台、温州雁荡山、温州大学、上海浦东开发区等地建了多个地下渗滤系统示范工程，运行情况良好，出水多作为景观用水。清华大学通过掺加草炭而改进的地下渗滤系统处理昆明地区村镇生活污水；著者在沈阳大学采用间歇曝气/地下渗滤系统作为校园生活污水深度处理的主体单元，示范工程设计处理水量为 $300m^3/d$，处理出水用于校园景观水体、绿化与道路冲洗。

污水地下渗滤系统应用概况如表 1-2 所示(李英华, 2010; 孙铁珩和李宪法, 2006; 孔刚, 2005; 张建等, 2004a; 李彬等, 2007b; 张之崟, 2008)。

表 1-2 污水地下渗滤系统应用概况

国家	工程实例
美国	2007 年发展有 1000 余个污水地下渗滤系统，出水部分储存在地下含水层用作饮用水，部分用作农业灌溉
	Arizona 州 Tucson 市二级出水经土壤渗滤后储存，在干旱季节回用
	Arizona 州 Phoenix 地区二级出水经土壤渗滤及处理后用于灌溉等用途
日本	建立多个利用地下渗滤系统进行污水三级处理工程
法国	30～50 个污水处理厂使用地下渗滤技术，出水多储存于含水层或回用
	Grau DuRoi 市采用地下渗滤技术避免二级出水污染海水

续表

国家	工程实例
以色列	Dan Region 建有以色列最大的地下渗滤技术污水回用工程，出水灌入含水层进一步处理后作为水源，并进行农业灌溉
德国	Durlacher Wald 污水厂采用地下渗滤技术处理污水
中国	“八五”攻关以来，中国科学院沈阳应用生态研究所、清华大学、上海交通大学等单位已先后建立沈阳工业大学土壤渗滤中水回用、辽河油田茨榆坨采油厂地下渗滤系统、滇池面源地下渗滤系统处理村镇污水，北京钓鱼台、温州雁荡山、温州大学、沈阳大学地下渗滤处理校园污水、上海浦东开发区等多个示范工程，出水多作为景观用水

1.2 污水在地下渗滤系统中的氮形态及其归宿

1.2.1 有机氮

SWIS 中，污水中的有机氮主要通过土壤的沉淀、过滤、吸附等作用去除，截留后的固体有机氮水解成可溶的氨基酸，动植物、微生物的同化作用也有可能直接利用部分固态有机氮。水溶性的有机氮在氨化细菌的作用下被转化成氨态氮，继续参加 SWIS 中的氮循环，或部分被微生物吸收。

1.2.2 氨态氮

生活污水中存在占总氮含量 75%～85%的氨态氮，SWIS 对其有如下几种去除途径：①先吸附，后被生物氧化。由于土壤属于电负性胶体，因而污水中以正电荷形式存在的 NH_4^+ 进入系统后首先被土壤胶体、土壤粒子物化吸附。氨根离子被土壤粒子矿物质吸附后较难迁移，土壤粒子的氨态氮吸附作用可用下式表示：（胶体）$Ca^{2+}+2NH_4Cl$ ══（胶体）$2NH_4^++CaCl_2$。土壤交换阳离子能力(CEC)的大小决定了土壤对氨离子吸附能力的大小，同时，土壤环境中的硝化强度、温度、湿度、pH 等也决定了土壤吸附氨态氮的能力。氨态氮被土壤胶体粒子吸附后，主要通过微生物的硝化-反硝化作用去除。SWIS 中，硝化作用主要通过亚硝化细菌和硝化细菌来完成。亚硝化细菌将 NH_4^+ 氧化成 NO_2^- 而获得能量，硝化细菌将 NO_2^- 氧化成 NO_3^- 获得能量。对于 SWIS 来说，由于进水中有机氮仅占总氮含量的 15%～25%，因此，有机物氨化过程对硝化的限制性影响并不明显。由于硝化均能利用 CO_2 作为碳源，因而碳源也不是硝化作用的限制性因素。此外，土壤中 pH、温度、O_2、湿度等对硝化过程都有影响，其中，控制硝化速率最重要的因素是系统的富氧状态。当污水出水出现饱和后，在渗滤沟底部出现厌氧化，削弱了土壤中氧气交换和硝化能力(Liang and Liu, 2008)。这也可以用来解释在渗透性很差的 SWIS

中系统的硝化性能比较差，NO_3^-生成后几乎不能被土壤吸附，除了被生物利用，NO_3^-在土壤中是自由迁移的。当土壤吸附的氨态氮在亚硝化和硝化细菌的作用下被逐渐转化成NO_3^-和NO_2^-而被洗脱，土壤粒子的负等电点又重新被释放，恢复对氨态氮的吸附能力。②挥发。生活污水中的氨态氮可直接以NH_3的形式逸出SWIS，这种途径在气候干燥的地区尤为明显。影响这一过程的主要因素是土壤溶液的pH、氨气在系统中逸出的速度和温度等。一般在SWIS中土层越深，氨气挥发越难，相应的去除率越低。也有研究认为，pH低于8.0的土层中，氨气的挥发作用可忽略。

1.2.3　硝态、亚硝态氮

SWIS对生活污水中的硝态以及亚硝态氮的去除途径包括：①生物作用。SWIS中，反硝化细菌利用硝态氮和亚硝态氮作为电子受体，在无氧条件下将其转化成气体。即使在好氧条件下，SWIS中的反硝化过程也可以进行，这可能是由于微生物呼吸作用造成局部环境厌氧化。当污水进入土壤后，随着土壤饱和度的增加，土壤系统释放N_2O的速率快速增加，土壤湿度对反硝化影响的原因是影响硝态氮和无机物的接触、影响氧气的分布和微生物的活性等。此外，SWIS的温度、pH、硝态氮的含量及溶解性有机碳的含量对反硝化反应都有影响。一般人们认为反硝化反应在富氧良好的SWIS并不重要，厌氧菌在系统中的活性会受到限制，然而实际上有一半左右的SWIS并不能满足富氧良好的条件，系统内存在厌氧性的环境，能够进行反硝化反应。②化学反应。土壤中NO_2^-积累到一定程度时，能够和SWIS中的有机物发生反应生成N_2、NO_2和N_2O。系统中出现亚硝态氮积累的原因可能是亚硝态氮转化成硝态氮的过程受到抑制或者反硝化过程中生成亚硝态氮。一般亚硝态氮转化成硝态氮的过程比氨态氮转化成亚硝态氮的过程快得多，亚硝态氮的累积并不常见。当SWIS中出现氨气较多等引起pH上升，抑制了硝化菌的活性，而亚硝化菌受抑制并不明显，可能出现亚硝态氮的累积。在反硝化过程中，如果硝态氮含量比较高，微生物会优先利用硝态氮作为电子受体，引起亚硝态氮的积累。对于SWIS来说，亚硝态氮的化学反应生成气态氮的过程往往被忽略，然而当系统中反硝化反应比较明显时，亚硝态氮的积累及其气化并不能被忽略。③植物吸收。NO_2^-和NO_3^-在随水迁移的过程中，可被植物根系吸收利用，成为植物生长所必需的元素。

1.3　污水地下渗滤系统脱氮的生物学过程

在SWIS中，生活污水中的无机氮和有机氮经过一系列生物作用后，转化成N_2、NO_2或N_2O而被去除。经过长期的攻关研究，人们对SWIS中生物脱氮过程有了新的认识和理论突破。

1.3.1　氨化

微生物分解有机氮化物产生氨的过程，称作“氨化作用”，也叫“矿化作用”。SWIS 中，氨化作用产生的氨，一部分转变成硝酸盐和亚硝酸盐，一部分被植物同化吸收，还有一部分挥发逸出系统(郑兰香和鞠兴华, 2006; 郑毅等, 2009)。很多细菌、真菌和放线菌都能分泌蛋白酶，在细胞外将蛋白质分解为多肽、氨基酸和氨(NH_3)。其中分解能力强并释放出 NH_3 的微生物称为氨化微生物。氨化微生物广泛分布于自然界，在有氧或无氧条件下，均有不同的微生物分解蛋白质和各种含氮有机物，分解作用较强的主要是细菌，如某些芽孢杆菌、梭状芽孢杆菌和假单胞菌等。

微生物分解有机氮化合物是由分泌在体外的水解酶将大分子水解成小分子。例如蛋白质被分解时，先由分泌至胞外的蛋白酶将蛋白质水解成氨基酸。核酸被分解时，由核酸水解酶降解为氨基酸、磷酸、尿素和氨，尿素再由脲酶分解为氨和二氧化碳。氨基酸可进入微生物细胞，作为微生物的氮源及碳源。它在微生物体内或体外被分解时，以脱氨基的方式产生氨，如水解脱氨、还原脱氨和氧化脱氨。在脱氨的同时，产生有机酸、醇或碳氢化合物及二氧化碳等。具体途径和产物随作用的底物、微生物种类及环境条件而异。SWIS 中，如果碳氮比(C∶N)大于 25∶1，碳源和能源充足，微生物将迅速生长，充分利用氨合成细胞物质，把氨固定起来。在这种情况下，微生物常与植物争夺无机氮。如果 SWIS 的碳氮比小于 25∶1(李海红等, 2008; Gill et al., 2009; Tuncsiper, 2009)，微生物的生长和细胞物质的合成，因受可利用碳源的限制，使氨能有剩余，可供植物利用。微生物死亡后，其所吸收固定的氮，经细胞的分解再被释放出来。

SWIS 中，影响氨化作用的因素主要包括：①温度，一定温度范围内，氨化作用速率随温度的升高而加快，但同时植物的吸收也增加。②基质含水率，氨化作用随土壤水分的增加而增强，当土壤水分增加到一定值时，氨化作用速率迅速下降。③有机质，氨化速率与土壤有机质含量呈显著正相关。有机质含量越高，其氨化出来的无机氮量越高。④土层深度，氨化作用速率一般随土层深度增加而降低。土壤不同层次中有机质含量也是影响土壤氨化的主要因素(Kvarnstrom et al., 2004; 马勇和彭永臻, 2006; Jing and Lin, 2007; 石云等, 2008; Fountoulakis et al., 2009)。0～120cm 范围内，不同土层深度氨化率不同。这是由于随土层深度的不断增加，土壤透气性和有机质不断变化。土壤透气性逐渐降低，可供降解的有机质越来越少，微生物数量迅速下降，氨化率随之下降。⑤其他，土壤物理状态如土壤滞水、紧实程度影响了土壤通气条件，这些性质的改变都会影响 SWIS 的氨化效果。

1.3.2 硝化

硝化作用由自养型细菌分阶段完成：第一阶段为亚硝化，即氨氧化为亚硝酸的阶段。参与这个阶段活动的亚硝酸细菌主要有 5 个属——亚硝化毛杆菌属(*Nitrosomonas*)、亚硝化囊杆菌属(*Nitrosocystis*)、亚硝化球菌属(*Nitrosococcus*)、亚硝化螺菌属(*Nitrosospira*)和亚硝化肢杆菌属(*Nitrosogloea*)。其中，尤以亚硝化毛杆菌属的作用居主导地位，常见的有欧洲亚硝化毛杆菌(*Nitrosomonas europaea*)等。第二阶段为硝化，即亚硝酸氧化为硝酸的阶段。参与这个阶段活动的硝酸细菌主要有 3 个属——硝酸细菌属(*Nitrobacter*)、硝酸刺菌属(*Nitrospina*)和硝酸球菌属(*Nitrococcus*)。其中以硝酸细菌属为主，常见的有维氏硝酸细菌(*Nitrobacter winogradskyi*)和活跃硝酸细菌(*N. agilis*)等。硝化反应的反应式如式(1-7)：

$$NH_4^+ + 2O_2 \longrightarrow NO_3^- + 2H^+ + H_2O + \Delta E \tag{1-7}$$

长期以来，人们一直认为亚硝酸细菌和硝酸细菌之间的亲缘关系很近，在分类上将它们一起归入硝化细菌科。近年来，人们引进分子生物学技术，以 16S rRNA 序列为基础，对硝化细菌进行了全面的谱系分析，研究发现两个菌群的亲缘关系相距很远；并在此基础上重新建立了硝化细菌的分类系统，为亚硝酸细菌和硝酸细菌的鉴定铺平了道路。很多年来，人们对硝化细菌的研究一直集中于几个菌种(如 *Nitrosomonas europaea* 和 *Nitrobacter winogradskyi*)，近年来拓宽了菌种的范围，对硝化细菌的认识更加全面。过去一直把硝化细菌看成是严格的好氧自养型细菌，认为它们的典型生理特征是：在供氧充分的条件下，把基质(氨或亚硝酸盐)氧化成产物(亚硝酸盐或硝酸盐)，从中获得能量合成 ATP 和 $NADH_2$，进而同化 CO_2 而生长。近年来研究发现，硝化细菌具有丰富的基质多样性和代谢多样性。在正常情况下，亚硝酸细菌(如 *Nitrosomonas europaea*)以氨为电子供体，以氧为电子受体进行好氧呼吸；在氧浓度较低的条件下，同时利用氧和亚硝酸盐作为电子受体；在无氧的条件下，单独以亚硝酸盐作为电子受体进行厌氧呼吸。以亚硝酸盐作为电子受体时，*Nitrosomonas europaea* 还能利用氢、氨和有机物等多种电子供体。在正常情况下，硝酸细菌(如 *Nitrobacter winogradskyi*)进行好氧呼吸(以亚硝酸盐为电子供体，以氧为电子受体)，自养生长；在无氧但存在硝酸盐的条件下，转变为厌氧呼吸(以有机物为电子供体，以硝酸盐为电子受体)；在没有氧和硝酸盐的条件下，甚至进行发酵作用(以有机物为电子供体和电子受体)，异养生长。一般认为，在亚硝酸细菌的自养代谢中，氧分子直接参与氨的氧化。但最近研究发现，氨的直接氧化剂并不是氧而是联氨(N_2H_4)，后者与氨反应形成羟胺并释放出 NO，氧参与了 NO 到 NO_2 的转化。曝气过强，会从水相中驱除 NO 和 NO_2

而影响氨的氧化。进一步研究发现，只要存在 NO_2，亚硝酸细菌即能进行氨氧化作用，不但能进行好氧氨氧化，而且还能进行厌氧氨氧化。

SWIS 中的硝化作用受 pH、水分和温度等因子的影响：①温度，温度是影响硝化反应的主要因素之一，主要通过影响微生物细胞的流动性和生物大分子活性来影响微生物的生命活动。一方面细胞内反应速度加快，代谢和生长相应加快，另一方面随着温度的升高，生物活性物质发生变性，细胞功能下降，甚至死亡。生物硝化反应可在 4～45℃的温度范围内进行，亚硝酸菌最佳适宜温度为 35℃，硝酸菌的最佳生长温度为 35～42℃。温度不但影响硝化菌的比增长速率，而且影响硝化菌的活性。研究发现，SWIS 的硝化作用在 10℃条件下会受到抑制，6℃时其反应速度降至零，因此，低温对硝化作用很不利。当温度从 5℃提高到 30℃时，硝化速度也随之增加，而剩余溶解氧大于 1.0mg/L 就足以维持这一反应。②溶解氧，硝化反应一般在好氧条件下进行，溶解氧浓度也会影响硝化反应速率，一般应大于 2mg/L。对于 SWIS，溶解氧对硝化的影响不像悬浮生长生物硝化那样敏感，但是，为使硝化顺利进行，必须使硝化区保持较高的溶解氧(DO)浓度，一般应大于 3mg/L，因为氧化 1.0mg 氨态氮(以氮计)就需要 4.6mg/L 的溶解氧。③pH，一般认为硝化细菌敏感性强，最适宜的 pH 为 6.6～8.0，pH 在 8.0 左右最佳，$pH<6.0$ 时，硝化作用下降，$pH<4.5$ 时，完全被抑制。系统处于酸性条件时，亚硝化细菌的活性受到极大抑制，硝化细菌的活性变化不大；处于碱性条件时，亚硝化细菌活性变化不大，硝化菌的活性受到很大程度的抑制。④C/N，可生物降解含碳有机物与含氮物质浓度之比，是影响生物硝化速率和过程的重要因素。如果污水中 BOD 浓度较高，异养菌与硝化菌竞争底物和溶解氧，将使硝化菌的生长受到抑制。⑤有毒物质，对硝化反应有抑制作用的物质有过高浓度的重金属、有毒物质及有机物(George and Shaukat, 2003; Zhang et al., 2007b; 李剑波, 2008; Ryuhei et al., 2008; Li et al., 2009)。对硝化反应的抑制作用主要有两个方面：干扰细胞的新陈代谢和破坏细菌最初的氧化能力。一般来说，同样的毒物对亚硝酸菌的影响较对硝酸菌的影响强烈。过高浓度的 NH_3^--N 对硝化反应会产生基质抑制作用，在培养和驯化硝化菌时，应十分注意 NH_3^--N 的浓度，不使其产生抑制作用。有机物对硝化反应的抑制有两个原因：一是有机物浓度高时，异养菌数量会大大超过硝化菌，从而阻碍氨向硝化菌的传递，硝化菌能利用的溶解氧也因为异养菌的利用而减少。有机物对硝化反应的抑制作用的另一个原因是某些有机物对硝化菌具有毒害或抑制作用，因为催化硝化反应的酶内含 CuⅠ-CuⅡ电子对，凡是与酶中的蛋白质竞争 Cu 或直接嵌入酶结构的有机物，均会对硝化菌发生抑制作用。

1.3.3 反硝化

反硝化作用是反硝化细菌在缺氧条件下，还原硝酸盐，释放出分子态氮(N_2)

或一氧化二氮(N_2O)的过程(孙铁珩等, 2002)。目前公认的从硝酸盐还原为氮气的过程如式(1-8):

$$NO_3^- \xrightarrow{\text{硝酸盐还原酶}} NO_2^- \xrightarrow{\text{亚硝酸盐还原酶}} NO \xrightarrow{\text{氧化氮还原酶}} N_2 \tag{1-8}$$

微生物和植物吸收利用硝酸盐有两种完全不同的用途，一是利用其中的氮作为氮源，称为同化性硝酸盐还原作用：$NO_3^- \longrightarrow NH_4^+ \longrightarrow$ 有机态氮。许多细菌、放线菌和霉菌能利用硝酸盐作为氮素营养。另一用途是利用 NO_2^- 和 NO_3^- 为呼吸作用的最终电子受体，把硝酸盐还原成氮(N_2)，称为反硝化作用或脱氮作用：$NO_3^- \longrightarrow NO_2^- \longrightarrow N_2\uparrow$。能进行反硝化作用的只有少数细菌，这个生理群称为反硝化菌。大部分反硝化细菌是兼性厌氧菌，例如无色杆菌属(*Achromobacter*)、产气杆菌属(*Aerobacter*)、产碱杆菌属(*Alcaligenes*)、假单胞菌属(*Pseudomonas*)等。这些反硝化菌在反硝化过程中利用各种有机底质(包括碳水化合物、有机酸等、醇类、烷烃类、苯酸盐类和其他苯衍生物)作为电子供体，NO_3^- 作为电子受体，逐步还原 NO_3^- 至 N_2。例如，它们以有机物为氮源和能源，进行无氧呼吸，其生化过程如式(1-9)和式(1-10)：

$$C_6H_{12}O_6+12NO_3^- \longrightarrow 6H_2O+6CO_2+12NO_2^-+\Delta E \tag{1-9}$$

$$H_2C_2O_4 + 2HNO_3 \longrightarrow 2CO_2 + 2NO_2 + 2H_2O \tag{1-10}$$

如果生活污水中含碳有机物作为反硝化过程的电子供体，每转化 1g NO_2^--N 为 N_2 时，需有机物(以 BOD 表示)1.71g；每转化 1g NO_3^--N 为 N_2 时，需有机物(以 BOD 表示)2.86g。污水中碳源有机物不足时，应补充投加易于生物降解的碳源有机物。硝化反应每氧化 1g NO_3^--N 耗氧 4.57g，消耗碱度 7.14g，表现为 pH 下降。在反硝化过程中，去除 NO_3^--N 的同时去除碳源，这部分碳源折合 DO 为 2.6g，另外，反硝化过程中补偿碱度为 3.57g(Dirk et al., 1997; 金丹越等, 2007; 李晓东等, 2008)。当环境中缺乏有机物时，无机物如氢、NaS 等也可作为反硝化反应的电子供体，微生物还可通过内源呼吸消耗自身的原生质进行内源反硝化。内源反硝化的结果使细胞物质减少，从而减少了反硝化菌的数量，并会有氨气产生。因此，当污水中碳源有机物不足时，应补充投加易于生物降解的碳源有机物。与硝化细菌不同，反硝化细菌在分类学上没有专门的类群，它们分散于原核生物的众多属中。近年来，人们采用高灵敏度的分析仪器和分子探针技术，确认了许多反硝化细菌，并对反硝化酶进行了分离研究，初步搞清楚了它们的结构和性能，确定了各个酶基因的组织方式和表达调控模式，探明了氧和氮氧化物对反硝化酶的调控机制。

SWIS 中，影响反硝化作用的因素主要有：①温度，反硝化作用最适宜的运行温度是 20～40℃，低于 15℃时，反硝化速率将明显降低。当温度低于 3℃时，反硝化作用将停止。②DO，反硝化过程一般在缺氧状态下进行。溶解氧对反硝化过程的抑制作用较主要，因为溶解氧会与硝酸盐竞争电子供体，同时还会抑制硝酸盐还原酶的合成及其活性。③pH，反硝化过程中最适宜的 pH 是 6.5～7.5，不适宜的 pH 会影响反硝化菌的增殖和酶的活性。当 pH 低于 6.0 或高于 8.0 时，反硝化反应受到强烈抑制。反硝化过程会产生碱度，这有助于把 pH 保持在所需范围内，并补充在硝化过程中消耗的一部分碱度。④有机碳源，一般认为，当 SWIS 的 BOD_5/TKN 值大于 3～5 时，可以认为碳源充足。如果污水中碳源有机物不足，应补充投加易于生物降解的碳源有机物，如甲醇、己醇、柠檬酸、糖蜜等，城市污水和一些有机工业污水也可以作为反硝化的碳源物质(Snakin et al., 1996; Belinda et al., 2007; Zhang et al., 2007c; Fang et al., 2008; Avinash et al., 2009)。

1.3.4 厌氧氨氧化

厌氧氨氧化是近年来新发现的 N_2 产生途径之一，该过程是在厌氧条件下，氨态氮被厌氧氨氧化细菌催化氧化同时耦合亚硝酸盐还原，最终生成 N_2 的过程。该反应的生化作用机理是：NO_2^- 在含有细胞色素 c 和细胞色素 d1 的亚硝酸盐还原酶的催化作用下转化成 NO，然后在联氨合成酶的催化作用下，NO 将 NH_4^+ 直接氧化，形成联氨(N_2H_4)，最后在联氨水解酶的催化作用下将 N_2H_4 直接分解成 N_2。其中，NO 和 N_2H_4 是厌氧氨氧化反应的重要中间产物，在厌氧氨氧化反应中起着重要作用。厌氧氨氧化过程可能的表达式如式(1-11)和式(1-12)：

$$NH_4^+ + NO_2^- \longrightarrow N_2 + 2H_2O \tag{1-11}$$

$$5NH_4^+ + 3NO_3^- \longrightarrow 4N_2 + 9H_2O + 2H^+ \tag{1-12}$$

厌氧氨氧化过程由浮霉状菌目下的厌氧氨氧化菌科的细菌即厌氧氨氧化细菌主导。目前为止，发现的 16 种厌氧氨氧化细菌分别属于 5 个属——*Brocadia*、*Kuenenia*、*Anammoxoglobus*、*Jettenia* 和 *Scalindua*。利用分子生物学手段对不同环境基质中厌氧氨氧化细菌的研究结果表明，厌氧氨氧化细菌广泛存在于陆地生态系统中。不过，厌氧氨氧化细菌在土壤中并不是均一分布的，仅在特定土壤类型和深度的土层存在。

厌氧氨氧化菌活性研究兴起于海洋生态系统，主要关注海洋氮素的生物地球化学循环。据报道，某些海洋生态系统中 50%以上 N_2 的产生源于厌氧氨氧化(Devol, 2015)。近几年，^{15}N 稳定同位素技术被应用于研究厌氧氨氧化在陆地生态系统 N_2 产生中的贡献。研究发现，在某些季节性淹水的农田土壤中，厌氧氨氧化过程在 N_2 的产生中占 4%～37%；水陆交界区域对 N_2 产生总量的贡献达 11%～35%(Zhu et al., 2011; Sato et al., 2012; Bai et al., 2015; Yang et al., 2015)。虽然目前尚未有明确报道污水地下渗滤系统脱氮过程中存在厌氧氨氧化过程，但是随着稳定同位素示踪技术和质谱检测技术的不断进步，污水地下渗滤系统脱氮的更全面的生物学过程将被揭示。

1.3.5 厌氧铁氨氧化

在厌氧条件下，氨态氮能被土壤中某些铁还原细菌氧化产生 N_2，同时耦合三价铁离子还原，该过程称为厌氧铁氨氧化。厌氧铁氨氧化是热动力学反应，除产生 N_2 之外，氨态氮还能被氧化成硝态氮或亚硝态氮。该过程的反应如式(1-13)～式(1-15)：

$$3Fe(OH)_3+5H^++NH_4^+ \longrightarrow 3Fe^{2+}+9H_2O+0.5N_2 \tag{1-13}$$

$$6Fe(OH)_3+10H^++NH_4^+ \longrightarrow 6Fe^{2+}+16H_2O+NO_2^- \tag{1-14}$$

$$8Fe(OH)_3+14H^++NH_4^+ \longrightarrow 8Fe^{2+}+21H_2O+NO_3^- \tag{1-15}$$

厌氧铁氨氧化过程的研究主要利用 ^{15}N 同位素示踪技术。Yang 等(2012)利用氨态氮同位素示踪法同时结合乙炔抑制法检测到热带森林土壤的厌氧铁氨氧化过程的发生。Ding 等(2014)利用相同的方法检测到不同年龄序列的水稻土壤厌氧铁氨氧化过程的发生，并发现厌氧铁氨氧化过程是该水稻土主要的 N_2 产生途径。目前，对于厌氧铁氨氧化过程的了解及该过程对土壤氮损失的影响能带来多大作用，需要进一步确认。

1.3.6 共反硝 N_2O、N_2

共反硝化作用指厌氧条件下 NO_2^- 或 NO 在微生物参与下能与其他含 N 化合物(如氨态氮、氨基酸、羟胺、联氨等)反应形成 N_2 或 N_2O 或同时形成两种气体的过程。该过程的可能的反应式如式(1-16)：

$$\left.\begin{array}{l} NO_2^-, NO \\ \text{氨基酸},\ NH_4^+, N_2H_4, NH_2OH\cdots \end{array}\right\} N_2O, N_2 \tag{1-16}$$

共反硝化途径被认为是 N 原子通过酶的键合作用形成的 NO 酶合体的亚硝基化过程(曹亚澄等，2018)。NO_2^- 或 NO 是发生亚硝基化反应的供体。通过微生物富集纯培养研究，目前已发现 12 种细菌(Actinomycetales、Burkholderiales、Enterobacteriales、Pseudomonadales 和 Rhodobacteracles 目)、3 种真菌(Hypocreales 目)和 1 种古菌(Sulfolobales 目)能进行共反硝化作用。近年来，已有少量研究报道土壤基质中的共反硝化作用。例如，Laughlin 和 Stevens(2002)及 Selbie 等(2015)都在草地土壤中检测到共反硝化作用，而且均发现该过程是土壤氮损失的重要途径。Long 等(2013)发现旱地农业土壤具有发生共反硝化作用的潜力，该过程对总氮气体释放量的贡献能达到 60%。另外，通过向农业土壤浸提液中加入羟胺，研究发现 98%以上的 N_2O 是由共反硝化作用产生的。汪思琪(2018)利用 ^{15}N 示踪技术，通过一次性投加和分批次投加方式，发现在SWIS脱氮过程中存在共反硝化作用，且其对N_2O产生通量的贡献与反硝化作用交替出现。

共反硝化作用在反硝化过程中产生，因此控制反硝化的影响因子同样对共反硝化作用具有相似的影响。O_2含量、pH、有机碳底物都是影响共反硝化过程的关键因子。尽管在SWIS中发现存在共反硝化作用，但是还需要对共反硝化作用的微生物开展深入的研究。同时，应充分利用分子生物学和同位素标记技术，探索微生物的分布特征及共反硝化作用在SWIS生态氮循环中的重要性。

1.3.7　亚硝酸型厌氧甲烷氧化

除上述提及的生物学过程之外，有些微生物可将NO_2^-转化成NO，NO经过歧化反应生成N_2和O_2，O_2对厌氧产生的甲烷进行氧化从而获取能量并释放出二氧化碳，该过程称为亚硝酸盐型厌氧甲烷氧化。该过程的反应如式(1-17)所示：

$$NO_2^- \longrightarrow NO\begin{cases} N_2 \\ O_2 \end{cases} \quad \left.\begin{matrix} O_2 \\ CH_4 \end{matrix}\right\} CH_3OH \longrightarrow CH_2O \longrightarrow CH_2O_2 \longrightarrow CO_2 \tag{1-17}$$

参与亚硝酸盐型厌氧甲烷氧化反应的微生物主要是新发现的细菌门——NC10门(*Candidatus*)的*Methylomirabilis oxygera*(曹亚澄等，2018)。该类微生物生长缓慢，倍增时间为1～2周。迄今为止，该门的细菌都不可培养，且与其他门细菌的亲缘关系较远。另外，利用同位素标记方法已证实特定的古细菌也能进行亚硝酸盐型厌氧甲烷氧化过程。亚硝酸盐型厌氧甲烷氧化菌是自养型细菌，以甲烷为唯一能源，通过卡尔文循环固定二氧化碳，通过将甲烷氧化成二氧化碳获得能量。目前，有关陆地生态系统的亚硝酸盐型厌氧甲烷氧化菌分布和活性的研究主要集中在湿地和盐水性的水稻土。Meng等(2016)在我国亚热带旱地森林土壤中检测到亚硝酸盐型厌氧甲烷氧化菌*M. oxyfera*，发现该微生物多样性在自然森林和恢复后的森林土壤中相差不大。

根据热力学原理，理论上SWIS中能同时发生以上生物脱氮过程。最近^{15}N同位素标记研究显示硝化、反硝化和共反硝化三种过程能同时存在于SWIS中，且三者的潜在产N_2O贡献与土壤深度、进水负荷和进水方式紧密相关。然而，上述生物过程及其参与的功能微生物是不是普遍存在？它们的分布规律和活性贡献占氮损失的比例是多少？这些都将是下一步研究的重点。

1.4　污水地下渗滤系统脱氮的其他过程

SWIS中，氮的去除过程以生物脱氮为主，还包括植物吸收、土壤吸附及氨态氮挥发等作用(章吉, 2006; Kang et al., 2009; Khateeb et al., 2009)。生活污水中的氮通常以有机氮和氨(也可以是铵离子)的形式存在。在土壤-植物系统中，有机氮在微生物的作用下转化为氨态氮，由于土壤颗粒带有负电荷，铵离子很容易被吸附，土壤微生物通过硝化作用将氨态氮转化为硝态氮，土壤又可恢复对铵离子的吸附功能。土壤对负电荷的NO_3^-没有吸附截留能力，NO_3^-随水运动迁移，在迁移过程中NO_3^-可以被植物根系吸收而成为植物营养(Tyrrell and Law, 1997; Nemade et al., 2009)。张建等(2002b)通过对牧草的重量、含水率及全氮含量的测定，得到SWIS 运行期间通过植物吸收所去除的总氮量。结果表明，植物吸收的总氮量为2.76g，占投配总氮量的 14.36%。SWIS 地表种植的早熟禾对氮的吸收速率为 35～55g/(m^2·a)，即便按照最大值计算，42 天内植物吸收的总氮量为 3.32g，仅为投配总氮量的 17%,可见靠提高植物吸收的氮量来提高系统的除氮能力上升空间不大。

土壤的沉淀、过滤、吸附等作用可部分去除污水中的有机氮。截留后的固体有机氮水解成可溶的氨基酸，动植物、微生物的同化作用也有可能直接利用部分固态有机氮。

氨态氮的挥发作用是 SWIS 脱氮的另一途径，其挥发量和土壤的 pH 有关。如果土壤 pH 小于 7.5，实际上只有NH_4^+存在；在 pH 小于 8.0 时氨的挥发并不严重；在 pH 为 9.3 时，土壤中氨和铵离子的比例是 1∶1，通过挥发造成的氨态氮损失才开始变得显著(达到 10%左右)(Raja et al., 2002; 肖恩荣等, 2008; Du et al., 2008; Fen and Ying, 2009)。因此，土壤 pH 低于 8.0 的酸性或中性土壤环境中，氨态氮的挥发作用微弱，甚至可忽略不计。

1.5 污水地下渗滤系统强化脱氮研究进展及存在问题

1.5.1 强化脱氮研究进展

由于 SWIS 为隐蔽工程，对其中氧化还原环境的调控不如活性污泥法那样灵活，造成硝化或反硝化反应进行不彻底，系统脱氮效率低，氮成为 SWIS 中最难去除的物质。工程设计时，通常将氮的负荷率和去除率作为系统的限制性设计参数(孙铁珩, 1997)。改善系统的氧化还原环境，采用二次布水的方法调整进水碳氮比是近年来研究较多的强化脱氮措施。

1. 改善氧化还原环境

在 SWIS 中，氮主要通过硝化-反硝化、植物吸收、挥发等作用脱除。其中，硝化-反硝化反应是系统脱氮的主要途径，而氧化还原环境则是影响硝化-反硝化过程的主要因素。改善系统氧化还原状况的途径主要有以下几种。

1）基质改良

土壤作为 SWIS 的重要组成部分，对污染物起物理截留、化学沉淀、吸附、氧化还原、络合及离子交换等作用，同时为微生物提供了必要的环境条件(Van Cuyk et al., 2001)。土壤的颗粒组成、结构和级配等性质决定了 SWIS 的处理能力和净化效果，合理的土壤选配措施即基质的选择与配比是 SWIS 成功的前提。改善土壤环境，使其具备土粒结构发达、通透性好、吸附容量大、渗透率高、有机质含量丰富等特性，可显著提高系统的含氧量，有效改善氧化还原环境。

张建等(2004a)利用以红壤为基质的 SWIS 处理生活污水。由于红壤的保水性强，系统氧化还原电位(ORP)最低可达–169mV，土壤呈现较强的还原状态，不利于硝化反应的进行，导致系统氨氮的去除率低。在掺加体积分数为10%的草炭后，土壤的氧化环境得到很大改善，对氨态氮和总氮的平均去除率也由原来的 83%和69%分别提高到 95%和 80%。为了增加微生物数量、提高系统有机质含量、加速系统成熟，张之崟等(2006)在 SWIS 中掺加体积分数 10%～20%的污泥，污泥来源于以聚丙烯酰胺为絮凝剂的污水处理厂脱水污泥。结果表明，添加 10%污泥的系统中氨态氮的去除率达 85%～95%，且出水中无亚硝态氮的积累。除了改良基质的理化性质外，有学者将化学脱氮法结合到 SWIS 中，例如王秋慧等(2008)利用铁、碳粉末的混合物作为地下渗滤的部分基质，以铁、碳形成的电子转移作用在系统中形成无数微电子对，氧化去除氨态氮，在实验室小试规模实验中，提高了 SWIS 的脱氮效果。

2）干湿交替运行

研究表明，长时间连续进水会使 SWIS 的土壤一直处于还原状态，不利于硝化反应的进行。间歇投配污水(即干湿交替运行)则会使土壤得到“休息”，补充因有机物降解消耗的溶解氧，保证土壤维持一定的好氧状态，有效调节 SWIS 的 ORP(王海丽等, 2004; 王书文等, 2006; 蔡祖聪和赵维, 2009)。

谭波等(2007)的研究表明，ORP 随着系统的进水-落干交替而高低起伏，系统依次出现厌氧、好氧环境，从而有利于硝化与反硝化细菌的生长与作用。郝火凡(2001)还模拟研究了干湿周期对基质渗透率的影响。结果表明：在适宜的干湿交替比条件下，基质渗透速率可以保持，甚至提高。同时，干湿比与 TN 的去除率呈负相关关系，干湿比越小则干化时间越长，越有利于脱氮(表 1-3)。综合国内外的研究报道，SWIS 适宜的干湿比为 1～5。

表 1-3 不同运行方式处理效率对比(水力负荷 4.9cm/d) (单位：mg/L)

分析指标	原水	无落干处理	有落干处理
NH_4^+-N	21	19	16
NO_3^--N	0.8	1.3	0.5

3）植物根系输氧

SWIS 是一种生态环境工程技术，通过在系统表面种植植物，营造出良好的微生态效应。同时，植物通过枝叶从大气中吸收氧气，它们把氧气送到根部的气体导管，从而与根或茎接触的土壤会呈好氧状态，离根系较远的区域呈现缺氧或厌氧状态，这些溶解氧含量不同的区域分别能刺激硝化和反硝化细菌的生成，有利于氮的去除。

根系泌氧效果受到根系通氧状况的影响(邓泓等, 2007)。如在缺氧条件下，水芹和风车草的通气组织进一步发育，气腔比例提高到横截面的 50%，泌氧量增加；棒头草则是根部气腔比例缩小，泌氧量减少。但植物输送的氧气有限，且一般仅限于植物根系所达范围。另外，植物还可吸收污水中的 NO_2^-、NO_3^- 作为营养物质，通过对植物重量、含水率及全氮含量的测定，可得到植物吸收所去除的总氮量。综合研究报道来看，植物吸收形成的总氮去除率一般在 20%以下。

4）通风

对 SWIS 的运行工艺研究结果表明，强化补氧技术的应用，可以改善高负荷条件下电子受体浓度，提高系统驯化速度和处理效率，确保 SWIS 在高负荷条件下运行(Chen et al., 2002; Byong et al., 2003; 黄传琴和邵明安, 2008)。系统设通风管是一种有效增加地下渗滤床体溶解氧含量的方法。但由于通气管在系统内所能到达的范围有限，单纯依靠通气管向周围渗滤介质进行氧扩散的影响范围受限。解决这一问题的方法，是将通气管与间歇性布水运行方式相结合。当系统进入落干期，处于饱水状态的渗滤介质，其孔隙水在重力作用下排干，系统内的压力下降，在内外压力差的驱动下，外界空气通过通气管进入系统内介质孔隙中(Demetrios et al., 2004; Lin et al., 2009)。

甘磊等(2008)设计了一个带有多个通气孔的毛管逆滤渗 SWIS 装置，并用于处理生活污水。实验按照打开通气孔数量的不同被分为全封闭、半封闭和全打开三组同时进行，探讨开启不同数量通气孔时系统内外柱 ORP 的变化情况以及 ORP 与系统氨态氮去除率之间的关系。实验结果表明：ORP 的变化与系统通气性和氨态氮的去除率密切相关，系统通气性越好，氨态氮的去除率越高。吕锡武等(2008)通过强制通风的手段和间歇进水连续出水的方式运行 SWIS，结果表明，强制通风的结构改进有效改善了系统的氧化还原环境，水力停留时间为 15h、通风时间为 30～60min 的工况下，NH_4^+-N 的去除率达到 98.2%。

由于植物根系输氧作用范围有限，强制通风手段又人为增加了工艺复杂程度和运行成本，因此，基质改良和干湿交替等设计、运行参数的控制仍是改善系统氧化还原环境时采用较多的措施。

2. 调整进水碳氮比

在 SWIS 中，污水自多孔布水管进入系统后，多数有机物在上层的好氧区降解。有研究表明，表层 0～20cm 的基质层即可降解原水中 85%的 BOD_5。因此，污水进入缺氧和厌氧区后，很可能出现碳源不足的问题。大量研究表明，在通气性良好的地下渗滤系统中，碳源是影响生物反硝化过程的主要因素(关小满等, 2005; 陈俊敏, 2008; 李海红等, 2008; 李卓等, 2008; 蔡丹丹等, 2009; 马丽珠等, 2009)。若投配污水的 C/N<3，则碳源不足，反硝化菌的活性将受到抑制而不利于氮的去除。

为提高 SWIS 对总氮的脱除效果，张建等(2004b)以原水为碳源，采用中间分流的投加方式强化反硝化过程。试验结果表明，中间分流能够明显提高 SWIS 对总氮的去除效果，可使总氮去除率由约 55%(未采取分流措施)提高到约 65%。李彬(2007b)、潘晶(2008)还对分流比进行了系统的研究，在进水 pH 为 7.8～8.0、水力停留时间>10h 的工况下，分流比为 1∶3 时硝化和反硝化过程进行得最佳，此时总氮去除率达到 60%，与未分流的去除率 22%相比提高了近 2 倍，为分散污水的强化脱氮设计提供了新的思路。魏才倢等(2009b)针对两段式沸石多级土壤渗滤系统(MSL)第 2 段(缺氧段)反硝化不足的问题，采取分段进水的方式，探讨了处理生活污水和受污染河流时，MSL 系统的强化脱氮效果。结果表明，在分段进水后，MSL 系统 TN 平均去除率提高 26%，缺氧段反硝化能力明显提高，但仍存在最终出水 NO_3^--N 平均去除率为负值的问题。进一步将进水 C/N 从 0.8 增加到 2.5 后，MSL 系统 TN 去除率从 53.7%上升到 89.4%，说明适宜的进水 C/N 是决定 MSL 系统氮去除能力的因素之一。但也存在不同的观点，董泽琴(2006)的研究结果表明，即使在低 C/N 条件下，SWIS 仍能保持较高的脱氮率。

1.5.2 脱氮研究存在的问题

SWIS 是融合了物理、化学、微生物学以及工程学等多学科为一体的生态法水处理技术，每一门学科的发展都与该技术的进展息息相关。

作为一个复杂的、具有一定自适应性的生态系统，SWIS 设计及运行中涉及的因素较多，如表面水力负荷、BOD 负荷、运行方式、基质类型等，大多数参数均直接或间接影响到系统的脱氮效果。已见报道的基质改良措施主要是土壤颗粒组成和有机质含量的调整。但基于系统脱氮的生物学过程以及氮在各基质层的优势形态分布优化基质组成和基质层结构的研究未见报道。同时，基于脱氮主要生物学过程的 SWIS 运行控制参数设计主要依赖经验，因此，世界各地 SWIS 处理生活污水的氮去除率差别很大；与此同时，由于硝化过程的中间产物和产物(亚硝态氮和硝态氮)在系统中很少积累，直接测量硝化与反硝化速率是非常困难的，所以，以往的 SWIS 脱氮研究取得的数据不够全面反映 SWIS 脱氮过程的动态变化，难以采取有效的并有针对性的工程措施。因此，大部分的中水回用工程应用中主要依靠强化预处理或后续处理的脱氮效果，造成整体工艺不优化的问题，不利于进一步推广。

综上所述，SWIS 脱氮研究尚不系统，对影响脱氮过程的微生物学机制尚不清楚，且缺少 SWIS 脱氮过程的动态描述方法。同时，对有利于强化 SWIS 脱氮效果的基质组配方法、运行参数控制措施等，都还存在研究盲点，需要通过理论分析与模拟实验进一步揭示 SWIS 的脱氮机理，构建可应用的脱氮关键技术。

第 2 章　污水地下渗滤系统复合生物基质及对脱氮微生物种群结构的影响

2.1　引　　言

土壤作为 SWIS 的重要组成部分，对污染物起物理截留、化学沉淀、吸附、氧化还原、络合及离子交换等作用，同时为微生物提供了必要的环境条件(沈晓清和王卫琴, 2009)。常用的 SWIS 基质主要有纯土壤或砂。由于纯土壤水力渗透系数较小, 能承受的水力负荷较低，脱氮效果差，因此，研究及工程应用中都在土壤中掺加其他材料作为 SWIS 的基质。张建等(2004a)在红壤中掺加体积分数 10%的草炭后，SWIS 的氧化环境得到很大改善，对氨态氮和总氮的平均去除率也由原来的 83%和 69%分别提高到 95%和 80%。李彬等(2007a)利用人工配土的方法改良 SWIS 基质，土壤改良后的孔隙率>50%，饱和导水率>10^{-3}cm/s，脱氮率较高，运行较稳定。为了增加微生物数量、提高系统有机质含量、加速系统成熟，采用脱氮菌群丰富、有机质含量高的干化活性污泥部分替代土壤制成生物基质，是一种新的尝试。所谓生物基质是指一种多元素基质，有机质含量高，含有大量的活体微生物，强调以微生物的生命活动来改善土壤理化性质。张之崟等(2006)在 SWIS 基质中掺加体积分数 10%～20%的污泥，污泥来源于以聚丙烯酰胺为絮凝剂的污水处理厂的脱水污泥。结果表明，添加 10%污泥的系统中氨态氮的去除率达 85%～95%。以往基质的调配方法主要包括土壤颗粒组成和有机质含量的调整，调整土壤颗粒组成主要是为了得到适当的渗透速率和毛管浸润作用强度；提高土壤有机质含量可得到良好的团粒结构，改善土壤的通气透水性。

基于 SWIS 脱氮的主要生物学过程以及氮在各基质层的优势形态分布，本章研究生物基质结构的组配和基质层构建方法，以改善 SWIS 的水力渗透性能、调控渗滤区 ORP 以及优化脱氮微生物分布、促进系统熟化、提高脱氮效率。

2.2　实验材料与方法

2.2.1　实验材料

生物基质由活性污泥、草甸棕壤和炉渣构成。供试棕壤取自中国科学院沈阳生态实验站，土壤类型为草甸棕壤，其基本的物理性质如表 2-1 所示。污泥取自某生活污水处理厂混合活性污泥，污泥的理化性质和污泥农用标准[《农用污泥中污染物控制标准》(GB 4248—2018)]见表 2-2。

表 2-1　草甸棕壤的物理性质

指标	pH	有机质/%	孔隙度/%	渗透性/(cm/s)	粒度组成/%		
					1～0.05mm	0.05～0.001mm	<0.001mm
均值	6.8	3.96	52.5	8.9×10^{-5}	31	38	31

表 2-2　活性污泥理化性质及污泥农用标准　　(单位：mg/kg)

项目	有机质	Cu	Zn	Pb	Cd
活性污泥	57.5	176.22	264.59	197.13	4.69
农用标准(中性和碱性土壤，pH≥6.5)	—	500	1000	1000	20

炉渣取自某大学锅炉房，为无烟煤燃烧产物，其中重金属及其氧化物含量见表 2-3。

表 2-3　炉渣中重金属及其氧化物含量　　(单位：mg/kg)

项目	平均值
Cu	0.14
Ni	0.18
Fe	32.13
SiO_2	33.95
Al_2O_3	3.89
CaO	2.80
MgO	4.82

2.2.2　实验方法

活性污泥样品经 3000r/min 离心 10min 后，自然干化至含水率约 50%，过 16 目筛备用(图 2-1)。炉渣过筛，粒度范围 Φ 2～5mm，将 5%(体积分数，下同)的活性污泥、55%的草甸棕壤和 40%的炉渣均匀混合，制成生物基质(图 2-2)。

图 2-1　干化后的活性污泥

图 2-2　生物基质样品

微生物是生化反应进行的内因。SWIS 中参与脱氮的微生物主要是硝化细菌和反硝化细菌，其活性直接影响氮素的转化和去除。因此，研究中测定了硝化细菌、反硝化细菌的数量。考察参与这些反应的硝化细菌和反硝化细菌的数量可以更加直接地推断脱氮过程的进行情况。

1. 氨化、硝化及反硝化细菌数量的测定方法

采用稀释平板法测定氨化细菌的数量，具体操作如下：将 5g 土样直接放入盛有 45mL 无菌水的 250mL 三角瓶中，置于 70r/min 摇床上振荡 10min，即为菌悬液。氨化细菌的接种稀释度分别为 10^{-4}、10^{-5}、10^{-6}，在 28～32℃的恒温条件

下，细菌培养 28～32h 后，统计计数并换算成 cfu/g 单位。氨化细菌培养基的主要成分见表 2-4。

表 2-4　氨化细菌培养基主要成分　（单位：g/L）

项目	蛋白胨	琼脂	牛肉膏	蒸馏水
用量	5.0	18.0	3.0	1000

采用最大可能数(most probable number，MPN)法测试硝化及反硝化细菌数量，硝化及反硝化细菌培养基主要成分见表 2-5 和表 2-6。测试硝化细菌数量时，每个试管装 9mL 培养基，调节 pH=7.2，121℃灭菌 20min。选取 4 个稀释度(如 10^{-6}～10^{-3})的土壤悬液作为接种材料，每一稀释度重复接种 3 管，每管接种 1mL，25～30℃培养 10～14d 后，测定硝酸的产生。①先除去培养物中的 NO_2^-：在培养物中加入乙酸 5～8 滴使之酸化，再加入数粒对氨基苯磺酸；当停止放气时，再加入一粒对氨基苯磺酸，此过程中 NO_2^- 转化为 N_2 而逸出，取 2 滴于白瓷板上加格里斯试剂测定，不呈红色时，证明培养物中不含 NO_2^-。②另取 2 滴用 2 滴二苯胺试剂测试，若呈蓝色表明有硝化作用。然后利用稀释法计数并换算成 MPN/g 单位。

表 2-5　硝化细菌培养基主要成分　（单位：g/L）

项目	NaH_2PO_4	K_2HPO_4	$MnSO_4·4H_2O$	$MgSO_4·7H_2O$	$CaCO_3$	蒸馏水	$(NH_4)_2SO_4$
用量	0.25	0.75	0.01	0.03	5.0	1000	2.0

表 2-6　反硝化细菌培养基主要成分　（单位：g/L）

项目	KNO_3	K_2HPO_4	KH_2PO_4	$MgSO_4·7H_2O$	蒸馏水	柠檬酸钠
用量	2.0	1.0	1.0	0.2	1000	5.0

格里斯试剂的配制：将 0.5g 的对氨基苯磺酸加到 150mL 的 20%稀乙酸中；将 1.0g α-萘胺加到 20mL 蒸馏水和 150mL 20%稀乙酸溶液中。二苯胺试剂的配制：取 0.5g 无色二苯胺于 20mL 蒸馏水及 100mL 浓硫酸(比重 1.84)中。

测试反硝化细菌数量时，每试管(1.8cm ×18cm)中装 9mL 培养基，调节 pH 到 7.2，然后 121℃灭菌 20min。选取 4 个稀释度的土壤悬液作为接种材料，每一稀释度重复接种 3 管，每管接种 1mL，25～30℃培养 15d 后，检查试管是否混浊，用格里斯试剂检查培养液中是否出现亚硝酸根。如果呈桃红色或红色反应，说明硝酸盐已在反硝化菌作用下生成亚硝酸盐，即为正反应。如为负反应，则要检查培养液中是否还有硝酸根，即在白瓷板凹窝中加浓硫酸和二苯胺试液各两滴，然后加入待测液 1～2 滴，如有蓝色出现，说明有硝酸根存在，即未进行反硝化作用，受检查管无反硝化细菌存在；如不出现蓝色，则说明硝酸根已完全消失，且作为硝化作用中间产物的亚硝酸根也已完全消失，这证明受检查管的反硝化作用很强烈，反硝化菌大量存在。检查时应与空白管对照。根据检查结果，得出数量指标，再折算出每克菌剂中反硝化细菌的数量，单位为 MPN/g。

2. 氨态氮吸附能力测定方法

土壤为电负性胶体，对阳离子具有较强的交换吸附能力，土壤对氨态氮的吸附与土壤的化学组成、比表面积大小等有关，此外，由于氨态氮在土壤中可以转化成为硝态氮而被洗脱下来(刘静, 2008; 黄映恩等, 2009; 孙宗健等, 2009; 魏才倢等, 2009a)，土壤的氨态氮吸附能力又与土壤的硝化能力密切相关，是一个动态的转化过程。对于 SWIS，如果土壤具备良好的氨态氮吸附能力则不仅可以提高出水的质量，还可以使系统具备良好的抗氨态氮冲击能力。

取生物基质和草甸棕壤各 1g，分别加入用分析纯氯化铵配制的氨浓度为 5mg/L、10mg/L、20mg/L、30mg/L、40mg/L 的吸附液 50mL，放于 250mL 锥形瓶中，在 25℃恒温振荡 24h，取样分析平衡液氨浓度，计算单位质量吸附剂的氨吸附量，得到生物基质和草甸棕壤的等温吸附曲线。

3. 硝化能力测定方法

研究土壤的硝化能力时，通常采用在实验室条件下测定土壤硝化潜力或强度的方法。这种测定结果，只能表征在合适的条件下，这种作用可能出现的最高能力，并不能确切反映取样点区域硝化作用的强弱，但可以用它来进行不同土样之间硝化能力的相对比较，从侧面体现土壤中硝化菌的数量，从而可以体现生物材料适合硝化菌生长的程度。

采用悬浮液培养法，具体如下。培养基配制方法：分别配制磷酸二氢钾溶液[$C_{KH_2PO_4}$=0.2mol/L]和磷酸氢二钾溶液[$C_{K_2HPO_4}$=0.2mo1/L]作为 pH 缓冲溶液，配置硫酸铵溶液[$C_{(NH_4)_2SO_4}$=0.005mo1/L]。按照 1.5∶3.5∶15 的体积比将磷酸二氢钾溶液、磷酸氢二钾溶液和硫酸铵溶液混合均匀，然后用碳酸钾溶液[$C_{K_2CO_3}$=20g/L]调 pH 至 7.2 左右。配得的培养基氨态氮浓度为 105mg/L。

使用 250mL 锥形瓶，每瓶中加入 100mL 培养基，称取 20g 土样加入其中，用棉塞封口。同时称取 20g 平行土样，加入另一盛有相同体积培养基的锥形瓶中，在 121℃、1.1 MPa 的条件下灭菌 30min，作为空白对照。所有锥形瓶置于摇床上振荡，控制振荡转速 180r/min，振 24h，取样分析其中的硝酸盐氮和亚硝酸盐氮含量。取出的样品是土壤悬浊液，首先进行离心分离，其上清液再用 0.45μm 滤膜过滤，然后用分光光度法测定滤液中的硝酸盐氮和亚硝酸盐氮含量。取土样的同时，测定土样含水率。

硝化强度采用下式计算：

$$w(N)=\frac{r_2-r_1}{t}\times\frac{V_1+V_2}{m\times k} \tag{2-1}$$

式中，$w(N)$为单位时间内硝酸盐氮的产生量，mg/(kg·h)；r_1 为原始土样溶液中硝酸盐氮的含量，mg/L；r_2为一定培养时间后土样溶液中硝酸盐氮的含量，mg/L；t 为培养时间，h；V_1为液体培养基的体积，L；V_2为土壤样品中水分的体积，L；m 为土样质量，kg；k 为水分系数。

取 150g 生物基质及草甸棕壤分别用纱布包裹，平摊后埋入绿化草皮下 40cm 土壤中，经过自然接种驯化两个月后取出，进行硝化强度测定。

4. 反硝化能力测定方法

将草甸棕壤及生物基质在同一管理条件下自然接种一段时间之后测试反硝化强度，从侧面体现草甸棕壤及生物基质适合反硝化菌生长的程度。液体培养基的配制如表 2-7 所示。

表 2-7　反硝化强度实验用培养基备用液

药品	浓度
KNO_3	1.44g/L
葡萄糖	2.0g/L
KH_2PO_4	0.2mo1/L
K_2HPO_4	0.2mo1/L

按体积比 KH_2PO_4∶K_2HPO_4∶KNO_3∶葡萄糖=1.5∶3.5∶10∶5，将上述备用液混合，得到培养基[C_{KNO_3}=100mg/L，C_{COD}=500mg/L]。

使用 250mL 锥形瓶，每瓶中加入 100mL 培养基，称取 10g 土样加入其中，用棉塞封口。同时称取 10g 平行土样，加入另一盛有相同体积培养基的锥形瓶中，用棉塞封口，在 121℃、1.1 MPa 的条件下灭菌 30min，作为空白对照。用棉塞封口，置于摇床上振荡。为防止振荡过程中气体冲出，用纱布裹紧瓶口。48h 后取样分析其中的硝酸盐氮和亚硝酸盐氮含量。

取出的样品是土壤悬浊液，首先进行离心分离，其上清液再用 0.45μm 滤膜过滤，然后用分光光度法测定滤液中的硝酸盐氮和亚硝酸盐氮含量。取土样的同时，测定土样的含水率。

反硝化强度采用下式计算

$$w(N)=\frac{r_0-r_1-r_2+r_3}{t}\times\frac{V_1+V_2}{m\times k} \tag{2-2}$$

式中，$w(N)$为单位时间内硝酸盐氮转变为气态氮的量，mg/(kg·h)；r_0 为培养液中硝酸盐氮初始含量，mg/L；r_1 为一定培养时间后培养液中硝酸盐氮的含量，mg/L；r_2 为一定培养时间后培养液中亚硝酸盐氮的含量，mg/L；r_3 为空白对照培养基中硝酸盐氮+亚硝酸盐氮的含量，mg/L；t 为培养时间，h；V_1 为培养基的液体体积，L；V_2 为土样中水分的体积，L；m 为土样质量，kg；k 为水分系数。

取 150g 各种生物材料及草甸棕壤分别用纱布包裹，平摊后埋入绿化草皮下 100cm 土壤中，经过自然接种驯化两个月后取出，进行反硝化强度测定。

2.3　结果与讨论

2.3.1　复合生物基质组配及理化性质

将离心风干的活性污泥、炉渣与草甸棕壤按体积比 1∶8∶11 混合均匀，制成强化脱氮 SWIS 生物基质。生物基质与草甸棕壤的物理性质及脱氮微生物数量对比如表 2-8 和表 2-9 所示。

表 2-8　生物基质与草甸棕壤的物理性质对比

项目	pH	有机质/%	孔隙度/%	渗透性/(cm/s)	机械组成/%		
					>1mm	1～0.05mm	<0.05mm
草甸棕壤	6.8	3.96	52.5	8.9×10^{-5}	2.0	31.1	66.9
生物基质	7.3	5.99	56.8	1.1×10^{-3}	27.6	23.4	49.0

由表 2-8 可以看出，由于有活性污泥组分，生物基质的有机质含量大幅提高，渗透性也因炉渣的存在而改善。污水在地下渗滤系统中的水力运动受重力、毛细力和基质孔隙度的影响。其中，土壤孔隙度对于改善系统的氧化还原环境、提高脱氮效率具有重要作用。生物基质的高孔隙率为硝化细菌的生长繁殖提供了较好的理化环境，为高效脱氮奠定了基础。

表 2-9　生物基质与草甸棕壤的脱氮微生物数量对比

项目	氨化细菌/(cfu/g)	硝化细菌/(MPN/g)	反硝化细菌/(MPN/g)
生物基质	$(1.7\pm1.20)\times10^{11}$	$(1.4\pm0.05)\times10^{8}$	$(1.4\pm0.72)\times10^{11}$
草甸棕壤	$(9.6\pm0.11)\times10^{6}$	$(2.5\pm1.21)\times10^{4}$	$(4.0\pm0.58)\times10^{6}$

表 2-9 的结果显示，由活性污泥等组成的生物基质具有更为丰富的氨化、硝化和反硝化菌群。Lucas 等(2005)指出：脱氮菌群数量与氮去除率之间有极强的相关性。潘晶(2008)的研究结果也表明：基质反硝化细菌数量与 TN 去除率有显著的相关性，基质硝化细菌数量与 NH_4^+-N 去除率有显著的相关性，说明微生物的作用是氮去除的主要途径。综合表 2-8 和表 2-9 的结果，可得出如下结论：由活性污泥、炉渣与草甸棕壤按体积比 1∶8∶11 混合均匀组成的生物基质中，孔隙度及渗透性良好，有机质丰富，符合 SWIS 基质的基本物理性质要求。同时，含有丰富的氨化、硝化及反硝化菌群，为生物脱氮过程提供了优化的菌群结构和适宜微生物生长的理化环境。

2.3.2　复合生物基质的吸附及硝化与反硝化能力

1. 吸附能力

对于恒温条件下固体表面发生的吸附现象，常用 Freundlich 和 Langmuir 方程来表示其表面的吸附量和介质中溶质平衡浓度之间的关系。草甸棕壤和生物基质对氨态氮的吸附能力见图 2-3。由图 2-3 可以看出，生物基质的氨态氮吸附能力强于草甸棕壤。SWIS 脱氮过程中，首先，氨态氮被带有负电荷的基质胶体所吸附，进而在硝化和反硝化细菌的作用下，氨态氮得以脱除。因此，基质吸附氨态氮的能力是硝化-反硝化作用进行的前提和保障。

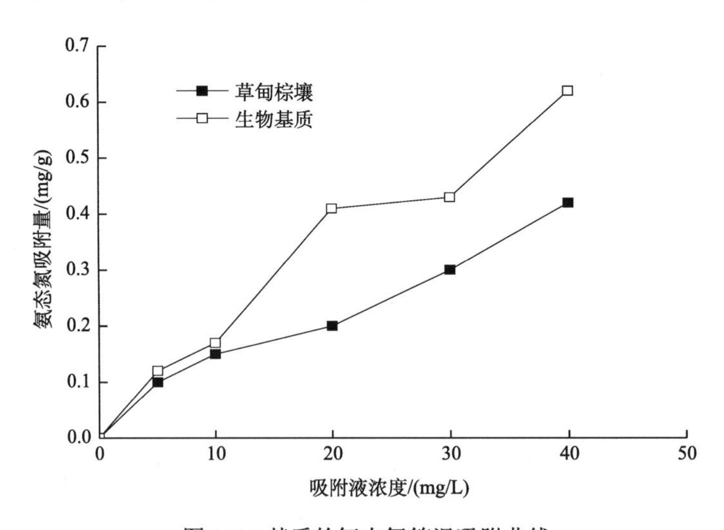

图 2-3　基质的氨态氮等温吸附曲线

用 Langmuir 方程对吸附数据进行回归分析表明：生物基质的理论最大氨态氮吸附量为 0.724mg/g。假设进水中氨态氮浓度为 25mg/L，那么即使没有硝化-反硝化作用，则达到氨态氮吸附饱和的时间为 1.5a。更何况，被吸附的氨态氮很容易在硝化细菌的作用下被氧化成硝态氮和亚硝态氮，从基质表面脱附，从而基质又恢复对氨态氮的吸附能力(孙玉梅, 2006)。因此，生物基质具备较强的氨态氮吸附能力，且不同于磷吸附能力存在饱和的问题。

2. *硝化及反硝化能力*

测定同一管理方式下、不同性质的生物材料和草甸棕壤的硝化强度，可以从侧面来定性体现基质适合硝化菌生长的情况。硝化强度的影响因素比较复杂，基质粒径大小、比表面积、化学组成等对硝化强度都有影响。测试时加入氨态氮进行好氧培养，各材料对氨态氮的吸附能力不同也会影响结果，但是由于计算硝化强度时是通过不同时间测定的硝态氮浓度代入计算，认为相减可以抵消一部分这方面的影响(Arve et al., 2006; 侯国华等, 2009)。

自养型硝化细菌的生长，可以用与异养型细菌的动力学模型相似的数学模型来表示。例如，亚硝化细菌和硝化细菌与 NH_4^+-N、NO_2^--N 的关系，可以用 Monod 公式表示，如式(2-3)：

$$\mu = \mu_{\max} \frac{S}{K_S + S} \tag{2-3}$$

式中，μ 为硝化细菌的比增长速率，d^{-1}；$\mu_{\max}$ 为硝化细菌的最大增长速率，d^{-1}；K_S 为饱和常数，其值为 $\mu=\frac{\mu_{\max}}{2}$ 的底物浓度，mg/L；S 为底物(NH_4^+-N 或 NO_2^--N)浓度，mg/L。

研究表明，稳定状态下，硝化过程由 NO_2^--N 到 NO_3^--N 的速度很快，NO_2^--N 很少积累，表明亚硝化细菌转化 NH_4^+-N 为 NO_2^--N 是关键一步。因此式(2-3)可以写成

$$\mu_{NS} = (\mu_{\max})_{NS} \frac{\left[NH_4^+ - N\right]}{K_{NS} + \left[NH_4^+ - N\right]} \tag{2-4}$$

式中，μ_{NS} 为亚硝化细菌的比增长速率，d^{-1}；$(\mu_{\max})_{NS}$ 为亚硝化细菌的最大增长速率，d^{-1}；K_{NS} 为饱和常数，mg/L；$\left[NH_4^+\text{-}N\right]$ 为氨态氮浓度，mg/L。

在反硝化中，作为电子供体的有机物和作为电子受体的硝酸盐都可能成为微生物生长的限制因子。对于受两种机制限制的微生物比增长率模型，Sineclair 和 Shoda 提出了双 Monod 模型，即

$$\mu_{DN} = \mu_{DN\max} \frac{S}{K_S + S} \frac{N}{K_N + N} \tag{2-5}$$

式中，μ_{DN} 为反硝化细菌的比增长速率，d^{-1}；μ_{DNmax} 为反硝化细菌的最大增长速率，d^{-1}；S 为废水中有机物的浓度，mg/L；N 为废水中 NO_3^--N 的浓度，mg/L；K_S和K_N 为有机物和 NO_3^--N 的饱和常数，mg/L。

当有机碳源充足时，Barnard 研究认为反硝化速率与反硝化细菌的浓度有关，和 NO_3^--N 浓度成零级反应，即

$$(dN / dt)_{DN} = K_{DN}X \tag{2-6}$$

式中，$(dN/dt)_{DN}$ 为反硝化速率，mg/(L·h)；K_{DN} 为反硝化速率常数，d^{-1}；X 为反硝化细菌浓度，mg /L(混合液悬浮固体)。

因此，硝化、反硝化强度可以从侧面反映基质适合硝化及反硝化细菌生长的程度。生物基质和草甸棕壤的硝化和反硝化能力见图 2-4。由图 2-4 可以看出，生物基质的硝化强度由草甸棕壤的 1.0mg/(kg·h) 提高到 4.2mg/(kg·h)；同时，反硝化强度也从 0.9mg/(kg·h)提高到 2.9mg/(kg·h)。硝化及反硝化强度均有大幅提升，说明生物基质更适宜硝化及反硝化细菌的生长。

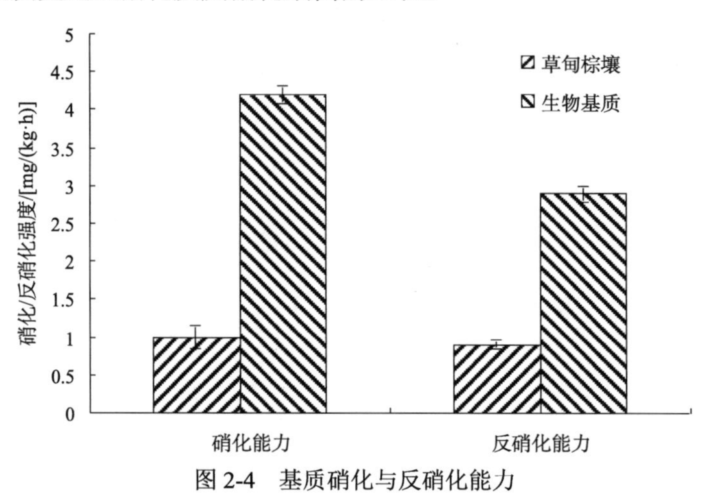

图 2-4 基质硝化与反硝化能力

2.3.3 污水地下渗滤系统复合生物基质床体构建方法

SWIS 对有机物的去除是生物与非生物共同作用的结果，土壤机械截留污水中有机质后，依靠生物降解作用去除(魏才倢等, 2009b)。截留在土壤中的有机质使微生物繁殖，微生物又进一步吸附，形成由菌胶团和大量真菌菌丝组成的生物膜；有机物被降解的同时，生物膜由于新陈代谢而不断更新，能长期的保持对污染物的去除作用。还有研究表明，非生物机制(如土壤中物理作用的沉降和过滤，化学作用的吸附分解、沉淀、交换及其他化学反应等)对 COD 的总去除率平均为 55.1%，其中单纯的机械截留可去除 48.9%(孔刚等, 2006)。以往的研究也指出：

SWIS 发生氨态氮削减作用的基质层主要位于上层 20～40cm。因此，在构筑此类系统时不仅应强化 20～40cm 基质层的截留作用，还应为生物降解提供适宜的理化环境，以形成结构更加优化的生物膜，并促进生物膜的新陈代谢速度，维持较高的氨态氮脱除能力(李英华等, 2009)。

由于模拟装置为敞口设计，0～20cm 区域大气富氧能力强，因此在 20～60cm 范围填充孔隙度较大的生物基质，以加强氧气传输作用，促进生物膜快速形成与稳定(何连生等, 2006)。由 2.3.1 节的结论可知，80cm 以下区域的脱氮作用以反硝化为主，而 NO_3^--N 浓度较高的反硝化反应中，碳源是影响反硝化速率的主要因素，应适当供给碳源，确保反硝化反应的顺利进行。由 2.3.2 节的研究结论得知，生物基质除了有机碳含量较高外，反硝化能力较强，适宜反硝化细菌的生长。因此，在 60～90cm 范围填充生物基质。综上所述，SWIS 的基质结构从上至下依次为：20cm 草甸棕壤 + 70cm 生物基质(活性污泥、炉渣与草甸棕壤按体积比 1∶8∶11 混合均匀)+ 25cm 草甸棕壤+ 10cm、Φ10～20cm 的卵石(图 2-5)，草甸棕壤和生物基质的理化性质如表 2-8 所示。

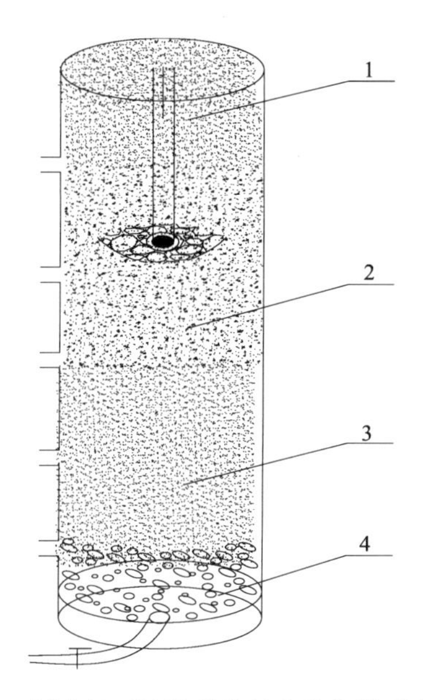

图 2-5　污水地下渗滤系统复合生物基质床铺设

1. 草甸棕壤层；2. 生物基质层；3. 草甸棕壤层；4. 卵石层

2.3.4　复合生物基质床对基质层微环境及脱氮菌群结构的影响

1. 对系统启动周期的影响

进水的水质指标如表 2-10 所示，在 0.04m^3/(m^2·d) 的水力负荷下，以 NH_4^+-N

的去除效果为指标，SWIS 中氨态氮启动周期情况见图 2-6。

表 2-10 进水水质指标

指标	COD /(mg/L)	BOD_5 /(mg/L)	NH_4^+-N /(mg/L)	TN /(mg/L)	总磷(TP) /(mg/L)	SS /(mg/L)	pH
平均值	320	220	37.5	42.5	3.5	120	7.2
变化范围	280～450	175～280	25～50	30～55	2～5	85～180	6～9

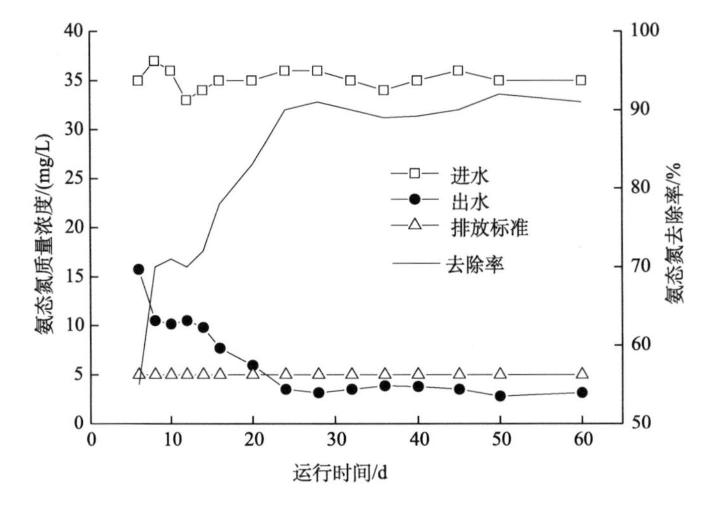

图 2-6 SWIS 氨态氮启动特性

由于活性污泥法和生物膜法等均匀混合型反应器的微生物生态层次较少，其启动周期的判断方法和标准目前尚无定论，但一般认为出水达到相应排放标准并能稳定一周左右即为启动周期完成(潘晶, 2008)。从 NH_4^+-N 的去除机理来看，该系统与均匀混合型反应器处理过程同属微生物生化反应，故系统的启动周期可参照均匀混合型反应器的判断，即为出水达标后稳定一周左右。

SWIS 中 NH_4^+-N 的去除率在 20～25d 后达到稳定，稳定后去除率达 90.7%，稳定后出水中 NH_4^+-N 的平均质量浓度为 4.4mg/L，低于 5mg/L 的排放标准，且较同类系统启动周期相对较短(综合研究报道，SWIS 的氨态氮启动周期为 40d 左右)。这可能是由于 SWIS 微生物活性强。经测定得知，SWIS 活性污泥生物基质中氨化细菌为 1.7×10^{11}cfu/g，硝化细菌为 1.4×10^{6} MPN/g，反硝化细菌为 1.4×10^{11} MPN/g。同时，优化的基质层配置使得脱氮细菌的生境得以改善，促进了生物膜的代谢作用，从而缩短了系统氨态氮的启动周期。

2. 对ORP调控的影响

SWIS运行40天[进水的水质指标如表2-10所示，水力负荷为0.04m³/(m²·d)，湿干比为1d∶1d，一个干湿周期结束后取样，取3次样，结果取平均值]，系统各土层深度中ORP的变化趋势如图2-7所示。

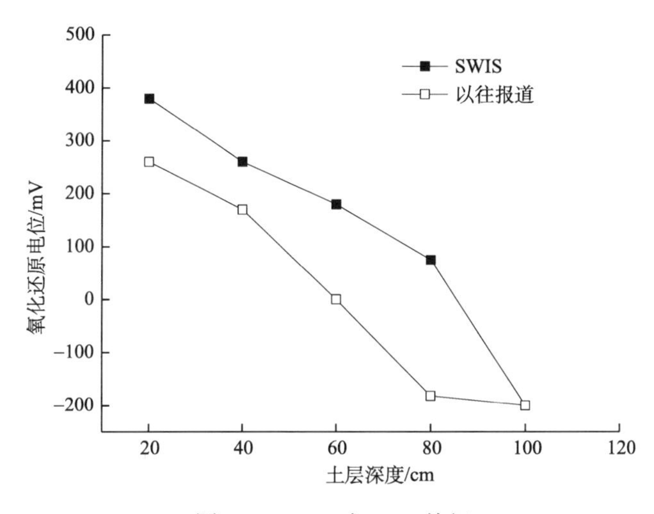

图2-7 SWIS中ORP特征

以往报道中，由于草甸棕壤的孔隙度较低，造成表层氧气传输不畅，ORP低，氧化还原环境不利于系统高效脱氮(李英华, 2010)。尤其在40～60cm的区域范围，系统ORP下降较快，60cm深度几乎降为0mV。基质床配置经2.3.3节的方案优化后，改善了ORP环境，20～60cm的氧化还原电位大幅提高，尤其60cm深度从0mV提高到了180mV。而90cm以下区域，ORP低，SWIS仍维持较强烈的还原状态。这样，SWIS不同深度基质的理化特性区分明显，土层中依次呈现出氧化、还原环境，从而建立起稳定的好氧、厌氧区，有利于各区域优势脱氮微生物的迅速繁殖与稳定，为高效脱氮奠定了良好的基础(Yuzuru et al., 1998)。

3. 生物基质床对脱氮菌群结构的影响

SWIS运行40天[进水的水质指标如表2-10所示，水力负荷为0.04m³/(m²·d)]后，测定了不同深度基质层脱氮微生物的数量。由于添加了活性污泥等，SWIS的微生物在垂直方向上的分布状态见表2-11。

生活污水中的氮主要以有机氮和氨态氮的形式进入SWIS中。有机氮在氨化细菌的作用下转化成氨态氮，进而氨态氮被带负电荷的土壤胶体吸附，在硝化细菌的作用下被氧化成硝态氮，硝态氮在反硝化细菌的作用下被还原为氮气。由表2-11

表 2-11　不同土层中微生物分布

土层	氨化细菌/(cfu/g)		硝化细菌/(MPN/g)		反硝化细菌/(MPN/g)	
深度/cm	以往报道	SWIS	以往报道	SWIS	以往报道	SWIS
20	$(4.5±1.20)×10^5$	$(1.6±1.31)×10^{11}$	$(3.2±0.02)×10^4$	$(1.5±0.72)×10^8$	$(5.1±0.33)×10^5$	$(4.4±1.21)×10^8$
40	$(7.8±0.32)×10^6$	$(2.2±0.14)×10^{12}$	$(8.4±0.53)×10^4$	$(4.5±0.01)×10^7$	$(2.7±0.05)×10^5$	$(5.7±0.34)×10^{10}$
60	$(1.2±1.21)×10^5$	$(7.6±0.96)×10^{11}$	$(1.2±0.03)×10^3$	$(5.1±1.14)×10^6$	$(4.6±0.23)×10^6$	$(6.9±1.52)×10^{11}$
80	$(4.8±1.11)×10^5$	$(6.0±0.07)×10^{11}$	$(1.7±0.58)×10^3$	$(1.7±0.03)×10^6$	$(3.3±1.12)×10^6$	$(8.2±1.70)×10^{11}$
100	$(4.5±1.24)×10^5$	$(6.6±1.15)×10^{11}$	$(5.8±1.01)×10^2$	$(2.3±0.95)×10^4$	$(7.6±1.41)×10^6$	$(3.8±1.58)×10^{12}$

可以看出，各土层深度 SWIS 中的脱氮微生物数量均远大于以往报道，说明 SWIS 中优化的基质配置给脱氮微生物提供了丰富的生长底物，同时基质分区创造的 ORP 环境更适合菌群的生长。不同深度土层中氨化细菌的数量变化不大，因为氨化细菌在自然界中种类很多，既有好氧的，也有兼性和厌氧的(阮晓红等, 2004; 代莹等, 2009)。硝化菌为专性好氧菌, 对氧环境要求严格，导致到 60cm 深度时，硝化菌的数量比表层降低了 2 个数量级。因此可以推断系统中的硝化作用主要发生在土层 60cm 以上区域，60～80cm 为硝化作用缓和区, 这与氨态氮的去除率随土层深度的变化趋势一致。大多数的反硝化细菌都是厌氧菌，因此在土层深度 80cm 以下时，由于进水中的溶解氧不断被利用而减少，系统接近厌氧或缺氧环境，有利于反硝化细菌的生长，因此反硝化细菌的数量与表层相比，增加了三个数量级，推断反硝化作用主要发生在 80cm 以下区域，总氮的去除率也在 80～100cm 深度出现迅速增加(图 2-8)。

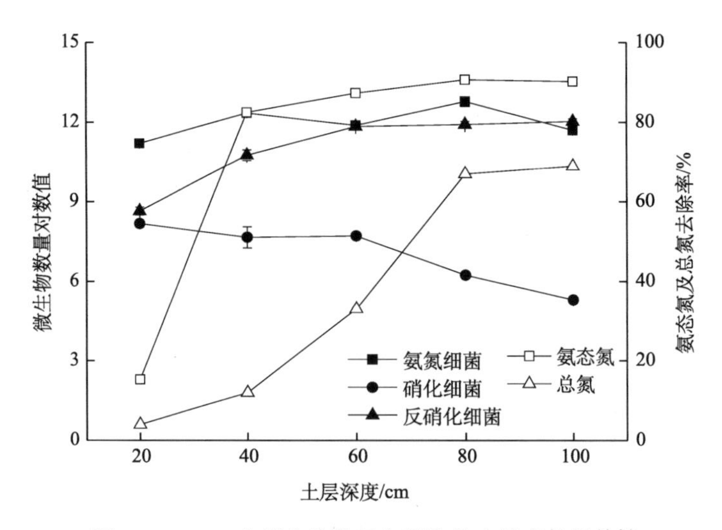

图 2-8　SWIS 中微生物数量与污染物去除率的相关性

经 SPSS 相关性分析，氨化细菌与 NH_4^+-N、TN 的去除率之间相关性显著(r=0.9153，P<0.05；r=0.8582, P<0.05)，硝化细菌(r=0.9653，P<0.01，r=0.9382，P<0.05)和反硝化细菌(r=0.9253，P<0.05；r=0.9582，P<0.01)与 $NH^+{}_4$-N、TN 的去除率之间相关性显著。验证了生物硝化-反硝化作用是 SWIS 中脱氮的主要途径。

2.4　小　结

(1) SWIS 生物基质的主要组分为活性污泥、炉渣和草甸棕壤，其顺序体积比为 1∶8∶11。与草甸棕壤相比，生物基质孔隙度提高了 4.3%，渗透性由 8.9×10^{-5}cm/s 提高到 1.1×10^{-3}cm/s，有机质含量提高了 2.03%，氨化、硝化及反硝化菌群丰富，分别为$(1.7\pm1.20)\times10^{11}$cfu/g、$(1.4\pm0.05)\times10^{8}$MPN/g 和$(1.4\pm0.72)\times10^{11}$MPN/g。生物基质具有较强的氨态氮吸附能力，理论最大氨态氮吸附量为 0.724mg/g；与草甸棕壤比较，硝化能力由 1.0mg/(kg·h) 提高到 4.2mg/(kg·h)，反硝化能力从 0.9mg/(kg·h) 提高到 2.9mg/(kg·h)。

(2) SWIS 基质铺设方式(从上至下)为：20cm 草甸棕壤+70cm 生物基质+25cm 草甸棕壤+10cm、Φ10～20cm 的卵石，在此条件下脱氮效果较好。

(3) SWIS 中 NH_4^+-N 的去除率在 20～25d 后达到稳定，稳定后去除率达 90.7%，出水中 NH_4^+-N 的平均质量浓度为 4.4mg/L；SWIS 不同深度基质的理化特性区分明显，土层中依次呈现出氧化、还原环境，存在稳定的好氧、厌氧区；各土层深度 SWIS 中的脱氮微生物数量均远大于以往报道。不同深度土层中氨化细菌的数量变化不大，在 60cm 深度处，硝化菌的数量比表层降低 2 个数量级，在土层深度 80cm 以下，系统接近厌氧或缺氧环境，反硝化细菌的数量与表层相比，增加了三个数量级。经 SPSS 相关性分析，氨化、硝化与反硝化细菌的数量与 NH_4^+-N、TN 的去除率之间相关性显著，证明硝化-反硝化作用是 SWIS 中脱氮的主要途径。

第3章　污水地下渗滤系统脱氮微生物及氮还原酶活性研究

3.1　引　言

生活污水中的氮素主要以有机氮和氨态氮的形式进入SWIS中，其中，有机氮在氨化细菌的作用下被氧化成氨态氮。带有正电荷的氨态氮极易被带有负电荷的土壤胶体粒子吸附，进而在硝化和反硝化细菌的协同作用下被去除。SWIS的脱氮过程中，主要存在微生物、物化吸附沉淀、植物吸收和挥发等作用因素，其中微生物的硝化-反硝化作用为主导，而氧化还原电位、pH、温度等又是影响硝化-反硝化作用的重要环境因子(孙铁珩, 1997; 孙铁珩等, 2001; Pi and Wang, 2006; 贺纪正和张丽梅, 2009)。由于土壤氧化还原环境、水质特点及水力负荷等因素的影响，现有报道中，SWIS的脱氮效果存在着较大差异(戴树桂, 2003; 孙铁珩和李宪法, 2006; 张笑一等, 2006; Pi and Wang, 2006; 蔡碧婧等, 2007; 刘艳丽等, 2008; Willm et al., 2009)。目前，对于SWIS的脱氮研究主要集中在基质组配、运行调控及通风设计等方面，而针对系统脱氮的主要参与者——脱氮微生物的空间分布研究甚少，关于SWIS基质酶活性与脱氮效果的相关性研究更鲜见报道。潘晶(2008)研究了SWIS中酶活性变化规律及其与净化效果的相关性，但仅回答了磷酸酶、脲酶和蛋白酶与有机物、氮和磷去除率的对应关系，而未涉及其他酶(如反硝化途径的关键酶——硝酸盐还原酶和亚硝酸盐还原酶)的活性特征及其与脱氮效果的相关性。

本章通过不同基质层深度脱氮微生物数量及脲酶、硝酸盐还原酶和亚硝酸盐还原酶活性的测定，分析脱氮微生物数量及基质酶活性与污水脱氮情况的相关性，为全面了解SWIS脱氮的生物学过程和促进工艺的优化运行提供理论依据。

3.2　实验材料与方法

3.2.1 实验材料

进水水质如表2-10，基质材料及铺设方法分别同2.2.1节和2.3.3节。实验中所用的牛粪，取自沈阳市某奶牛养殖场，牛粪经自然风干、细化处理后利用，向渗滤基质中添加牛粪，主要用于提高土壤中的有机质含量。

3.2.2　实验方法

在稳定运行的 SWIS 基质层取样，取样深度分别为 20cm、40cm、60cm、80cm 和 100cm（渗滤基质层顶部为 0cm），再把相同深度层次的基质样充分混合，测定样品中氨化、硝化及反硝化细菌的数量和基质酶活性，每月重复 3 次，结果取平均值。

氨化、硝化及反硝化细菌数量的测定方法同 2.2.2 节，水质检测按《水和废水监测分析方法》（第四版）进行（国家环境保护总局和《水和废水监测分析方法》编委会, 2002）。脲酶、硝酸盐还原酶和亚硝酸盐还原酶活性的测定采用《土壤酶及其研究法》进行（关松荫等, 1986）。具体方法如下。

1. 脲酶（urease）活性测定——靛酚蓝比色法

具体操作如下：取 5g 风干土，置于 50mL 三角瓶中，加 1mL 甲苯。15min 后加 10mL10%尿素液和 20mL pH = 6.7 的柠檬酸盐缓冲液。摇匀后在 37℃恒温箱中培养 24h。过滤后取 3mL 滤液注入 50mL 容量瓶中，然后加蒸馏水至 20mL。再加 4mL 苯酚钠溶液和 3mL 次氯酸钠溶液，随加随摇匀。20min 后显色，定容。1h 内在分光光度计上于波长 578nm 处比色。脲酶活性以 24h 后 1g 土壤中 NH_3-N 的毫克数表示，单位 mg/（g·d）。

2. 硝酸盐还原酶（nitrate-reductase, NAR）活性测定——酚二磺酸比色法

在存在氢的供体时及厌氧条件下，通过测定反应前后硝酸态氮与酚二磺酸作用的蓝色反应差数表示硝酸盐还原酶活性（蓝色物质颜色深度与硝酸态氮量相关）。吸取 50mL KNO_3 标准溶液，置于瓷皿中，在沸水浴上蒸干，残渣用 2mL 酚二磺酸处理 10min。再加 15mL 蒸馏水，定容 500mL（1mL 含 0.01mg NO_3^--N）。吸取此溶液 5～40mL 于 50mL 容量瓶中，用 10% NaOH 调至微黄色，定容后在分光光度计上于 400～500nm 处进行比色。以光密度值为纵坐标，浓度为横坐标，绘制标准曲线。取 1g 基质置于 100mL 减压三角瓶中，加 20mg $CaCO_3$ 和 1mL 1% KNO_3，仔细混合后，加 1mL 葡萄糖（作为氢的供体）。将此混合液抽气 3min，稍振荡三角瓶，置于 30℃恒温箱中培养 24h。培养结束后，加 50mL 水、1mL 铝钾矾液。取 20mL 液体于瓷皿上蒸干。加 1mL 酚二磺酸处理 10min，加 15mL 水，再加 10% NaOH 调至碱性。将着色液转至 50mL 容量瓶中，定容、比色（波长为 400～500nm）。同时，用灭菌土壤（180℃加热 3h）作对照，单位以 1g 土在 30℃下每天还原的 NO_3^--N 的毫克数表示，单位 mg/（g·d）。

3. 亚硝酸盐还原酶(nitrite-reductase, NIR)活性测定——格里斯试剂比色法

称取风干基质样品3份于3支试管中，其中2支试管中加入2～2.5mL 0.20%～0.25%的亚硝酸钠溶液，另1支试管中加入等量的蒸馏水，调pH为7～8.5；然后向3支试管中分别加入1～2mL 0.5%～1.0%的葡萄糖溶液，再用蒸馏水补充到5～10mL，封口，摇匀，于30℃恒温嫌气培养24h；加入铝钾矾饱和溶液；摇荡，过滤；取滤液加显色剂，在520nm下比色测定，测定吸光值，计算样品中NO_2^--N的含量。亚硝酸盐还原酶活性以1g基质在30℃下每天还原的NO_2^--N的毫克数表示，单位mg/(g·d)。

3.3 结果与讨论

3.3.1 脱氮微生物系统的形成与稳定及空间分布

SWIS中氨化、硝化和反硝化细菌随时空的变化规律如表3-1～表3-3所示。

表3-1 氨化细菌时空分布规律 （单位：cfu/g）

深度/cm	时间段			
	2007.04～2007.06	2007.07～2007.09	2007.10～2007.12	2008.01～2008.03
20	$(1.6±1.31)×10^{11}$	$(3.2±1.01)×10^{11}$	$(2.9±0.30)×10^{11}$	$(2.2±0.56)×10^{10}$
40	$(2.2±0.14)×10^{12}$	$(3.5±0.21)×10^{12}$	$(6.4±0.78)×10^{12}$	$(7.2±3.2)×10^{11}$
60	$(7.6±0.96)×10^{11}$	$(8.9±1.27)×10^{12}$	$(6.0±0.12)×10^{12}$	$(4.9±0.77)×10^{12}$
80	$(6.0±0.07)×10^{11}$	$(3.3±1.11)×10^{11}$	$(5.5±0.11)×10^{11}$	$(7.3±0.52)×10^{11}$
100	$(6.6±1.15)×10^{11}$	$(2.6±0.35)×10^{11}$	$(7.9±1.21)×10^{11}$	$(1.6±0.35)×10^{10}$
深度/cm	时间段			
	2008.04～2008.06	2008.07～2008.09	2008.10～2008.12	2009.01～2009.03
20	$(2.6±0.01)×10^{11}$	$(6.3±0.22)×10^{11}$	$(3.3±0.11)×10^{11}$	$(5.8±0.76)×10^{10}$
40	$(8.9±0.25)×10^{12}$	$(9.6±0.27)×10^{12}$	$(6.5±0.21)×10^{12}$	$(5.5±0.21)×10^{11}$
60	$(3.2±0.72)×10^{12}$	$(3.6±0.45)×10^{12}$	$(8.8±0.70)×10^{12}$	$(5.9±0.21)×10^{12}$
80	$(6.6±0.36)×10^{11}$	$(7.9±1.06)×10^{11}$	$(7.3±0.87)×10^{11}$	$(6.5±0.89)×10^{11}$
100	$(9.3±0.54)×10^{11}$	$(7.6±1.30)×10^{11}$	$(4.3±0.11)×10^{11}$	$(7.7±0.63)×10^{11}$

在自然状态土壤中，由于水分、养分、通气、温度等因子的差异及不同微生物的特异性，使表层微生物数量最多，随着层次加深，微生物数量减少。而在SWIS中，特殊的水流路径、基质组成和ORP分布特征导致微生物在垂直方向上呈现出与自然状态土壤完全不同的分布形态(陈明利等, 2009)。由表3-1可以看出，氨化

细菌的数量随土层深度的变化较小，这是因为氨化细菌的种类很多，包括假单胞菌属、芽孢杆菌属、梭菌属、沙雷氏菌属及微球菌属等。其中有要好氧微生物类型，也有厌氧的，因此氨化细菌的数量受深度的影响较小(李剑波, 2008; Ryuhei et al., 2008)。同时，氨化细菌数量也随温度的升高而略有升高，但幅度不大，与氨化作用速度随温度升高而加强的结论相一致。因此，氨化细菌在 SWIS 启动及稳定期的数量和活性差别不大，形成与稳定速度较快。由于与氨化细菌在生理生化特征等方面的差异，硝化细菌的数量随时间、床层深度的变化呈现出与氨化细菌不同的情况，如表 3-2 所示。

表 3-2　硝化细菌时空分布规律　　(单位：MPN/g)

深度/cm	时间段			
	2007.04～2007.06	2007.07～2007.09	2007.10～2007.12	2008.01～2008.03
20	$(1.5\pm0.72)\times10^8$	$(7.5\pm0.22)\times10^8$	$(2.7\pm0.12)\times10^7$	$(3.3\pm1.02)\times10^7$
40	$(4.5\pm0.01)\times10^7$	$(8.5\pm0.16)\times10^7$	$(4.0\pm1.11)\times10^6$	$(7.5\pm0.51)\times10^6$
60	$(5.1\pm1.14)\times10^6$	$(2.2\pm0.91)\times10^6$	$(7.2\pm0.52)\times10^5$	$(1.0\pm0.24)\times10^5$
80	$(1.7\pm0.03)\times10^6$	$(4.1\pm0.25)\times10^6$	$(8.5\pm0.13)\times10^5$	$(1.6\pm0.03)\times10^5$
100	$(2.3\pm0.95)\times10^4$	$(6.3\pm1.04)\times10^4$	$(1.3\pm0.97)\times10^3$	$(6.1\pm1.23)\times10^3$
深度/cm	时间段			
	2008.04～2008.06	2008.07～2008.09	2008.10～2008.12	2009.01～2009.03
20	$(2.2\pm0.50)\times10^8$	$(8.4\pm0.82)\times10^8$	$(1.1\pm0.12)\times10^7$	$(1.0\pm0.58)\times10^7$
40	$(9.2\pm0.34)\times10^7$	$(4.2\pm2.01)\times10^7$	$(3.3\pm0.81)\times10^6$	$(7.6\pm0.44)\times10^6$
60	$(5.0\pm1.34)\times10^6$	$(8.8\pm1.74)\times10^6$	$(6.1\pm1.45)\times10^5$	$(2.1\pm1.00)\times10^5$
80	$(2.8\pm0.73)\times10^6$	$(4.9\pm0.83)\times10^6$	$(7.5\pm0.73)\times10^5$	$(2.2\pm0.43)\times10^5$
100	$(2.7\pm0.35)\times10^4$	$(7.5\pm0.90)\times10^4$	$(6.3\pm1.15)\times10^3$	$(7.8\pm1.25)\times10^3$

硝化细菌的数量受温度影响很大。有报道称，温度影响硝化细菌的比增长速率，亚硝酸菌最佳适宜生长温度为 35℃，硝酸菌的最佳生长温度为 35～42℃。因此，在温度较低的 1～3 月和 10～12 月，硝化细菌的数量明显减少，比其他月份减少了 1 个数量级。为了达到硝化细菌的快速生长与稳定，SWIS 的启动时间最好为每年的 4～9 月。60cm 的床体深度由于靠近进水口最近(进水口 55cm)，污水中溶解性有机物的降解导致溶解氧水平下降，因此硝化细菌数量比 40cm 时下降了 1 个数量级(金丹越等, 2007)。随着土层深度的增加，溶解氧水平呈下降趋势，到了 100cm 深度时，硝化细菌的数量比 60cm 时下降了 2 个数量级。与氨化和硝化细菌不同，反硝化细菌属异养厌氧菌，其时空分布规律与前两者不同，见表 3-3。

表 3-3　反硝化细菌时空分布规律　　（单位：MPN/g）

深度/cm	时间段			
	2007.04～2007.06	2007.07～2007.09	2007.10～2007.12	2008.01～2008.03
20	$(4.4\pm1.21)\times10^{8}$	$(8.8\pm0.60)\times10^{8}$	$(5.0\pm1.01)\times10^{7}$	$(7.4\pm0.56)\times10^{7}$
40	$(5.7\pm0.34)\times10^{8}$	$(6.2\pm0.55)\times10^{8}$	$(7.4\pm0.81)\times10^{7}$	$(4.1\pm0.54)\times10^{7}$
60	$(6.9\pm1.52)\times10^{11}$	$(7.9\pm2.02)\times10^{11}$	$(2.2\pm1.12)\times10^{10}$	$(3.4\pm0.32)\times10^{10}$
80	$(8.2\pm1.70)\times10^{11}$	$(2.2\pm1.20)\times10^{11}$	$(1.8\pm0.70)\times10^{10}$	$(7.7\pm0.91)\times10^{10}$
100	$(3.8\pm1.58)\times10^{12}$	$(2.6\pm1.01)\times10^{12}$	$(5.0\pm0.71)\times10^{11}$	$(5.2\pm0.14)\times10^{11}$
深度/cm	时间段			
	2008.04～2008.06	2008.07～2008.09	2008.10～2008.12	2009.01～2009.03
20	$(5.9\pm0.75)\times10^{8}$	$(8.2\pm0.97)\times10^{8}$	$(7.7\pm1.00)\times10^{7}$	$(8.2\pm0.15)\times10^{7}$
40	$(6.3\pm0.12)\times10^{8}$	$(9.1\pm0.04)\times10^{8}$	$(5.6\pm0.74)\times10^{7}$	$(4.1\pm1.08)\times10^{7}$
60	$(6.1\pm1.12)\times10^{11}$	$(9.1\pm0.52)\times10^{11}$	$(7.8\pm1.32)\times10^{10}$	$(3.6\pm0.80)\times10^{10}$
80	$(3.4\pm0.71)\times10^{11}$	$(8.0\pm1.10)\times10^{11}$	$(4.7\pm1.24)\times10^{10}$	$(1.2\pm0.83)\times10^{10}$
100	$(5.4\pm1.18)\times10^{12}$	$(9.1\pm0.06)\times10^{12}$	$(6.3\pm0.98)\times10^{11}$	$(3.9\pm0.24)\times10^{11}$

SWIS 垂直方向，反硝化细菌的数量变化规律与氨化和硝化细菌有较大差异。靠近进水口的区域(如 60cm 深度)，由于有机物的降解导致该区域基质中溶解氧含量迅速下降，与 20～40cm 层区域相比，呈现较明显的还原趋势。因此，60cm 深度基质层中反硝化细菌的数量比 20cm 和 40cm 时增加了 3 个数量级。随着床体深度的增加，基质层中的溶解氧含量有所下降，反硝化细菌的数量也随之增加。到了 100cm 的区域层，数量比 60cm 层增加了 1 个数量级。反硝化细菌的生长繁殖除了与基质深度有关外，受温度的影响较大(谭波, 2007)。温度较低的 10～12 月和 1～3 月，反硝化细菌的数量较其他月份相比减少了 1 个数量级。综上，若要硝化与反硝化细菌的数量与活性达到较高水平，提高其稳定速度，SWIS 宜在较高的温度水平下启动，而 4～9 月为最佳启动期。

3.3.2　进水负荷对脱氮微生物空间分布的影响

1. 表面水力负荷对脱氮微生物空间分布的影响

随着表面水力负荷的增加，污水与基质的接触时间缩短，脱氮效率降低。同时，较大的表面水力负荷导致系统呈连续的淹水状态，ORP 下降，这将直接影响脱氮微生物，尤其是硝化和反硝化细菌的空间分布情况(张之崟和雷中方, 2006; 李晨华等, 2007; 徐金兰等, 2007; 黄翔峰等, 2008; 黄廷林等, 2008)。因此，在进水的 BOD 负荷为 12.0g/(m^2·d)，湿干比 1∶1 条件下，将表面水力负荷分别控制在 0.04m^3/(m^2·d)、0.065m^3/(m^2·d)、0.081m^3/(m^2·d)和 0.10m^3/(m^2·d)，依次由低水力负荷向高水力负荷过渡，每个水力负荷周期为20d，考察SWIS中硝化和反硝化细菌的空间分布状况，如图3-1和图3-2所示。

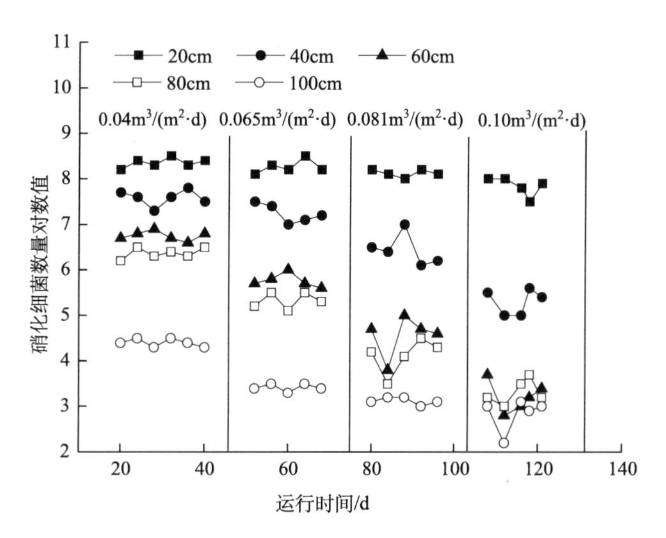

图3-1　表面水力负荷对硝化细菌分布的影响

由图3-1可以看出，随着表面水力负荷的增加，各基质层中硝化细菌的数量都有不同程度的减少，其中，40cm、60cm和80cm深度硝化细菌数量减少最为明显，水力负荷每增加0.02$m^3/(m^2\cdot d)$，硝化细菌的数量几乎下降了1个数量级。分析是因为40cm、60cm和80cm区域距离散水管近，水分饱和度较高。随着水力负荷增加，干化时间内水分未得到有效蒸发，基质干化不完全，局部仍呈现淹水环境，富氧效果差，导致ORP下降，不利于硝化细菌的生长，因此，数量明显减少(陈明利等, 2009)。由于大气富氧作用较强，同时基质的毛细作用使水流上升空间有限，所以0～20cm区域的氧化还原环境受水力负荷的影响较小，硝化细菌的数量随水力负荷的变化不大。

由于硝化细菌属好氧菌，而反硝化细菌属异养厌氧菌，因此随着水力负荷的变化，反硝化细菌的分布特征与硝化细菌不同，如图3-2所示。

结果表示，在20～100cm基质深度，水力负荷每增加0.02$m^3/(m^2\cdot d)$，反硝化细菌的数量增加近1个数量级。水力负荷的增加导致更大范围的淹水环境，ORP下降，以还原环境为主导的范围不断扩大，有利于反硝化反应的同时将抑制硝化反应的进行，因此，从优化脱氮微生物空间分布的角度考虑，表面水力负荷不宜过大，适宜范围是0.065～0.081$m^3/(m^2\cdot d)$。

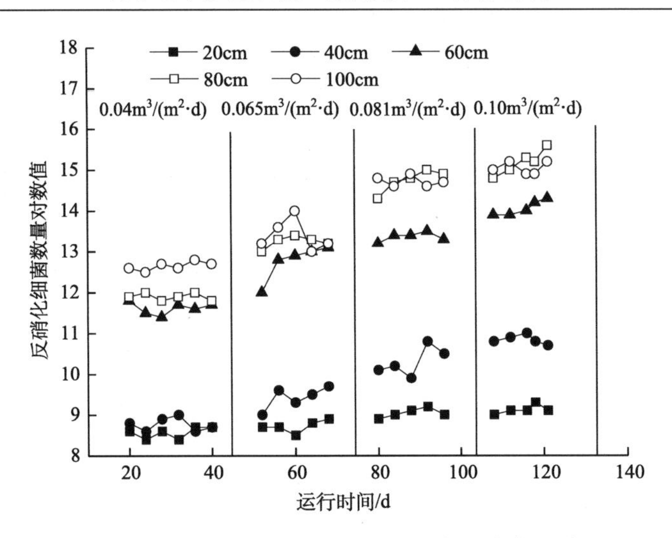

图 3-2　表面水力负荷对反硝化细菌分布的影响

2. BOD 负荷对脱氮微生物空间分布的影响

脱氮微生物在形成与稳定的过程中，除了受 pH、ORP 及温度等影响外，受代谢底物的影响也较大(Attilio et al., 2009)。生活污水中含有大量的可降解有机物，可作为反硝化细菌直接利用的碳源，促进反硝化细菌的生长。但 BOD 负荷大小与系统氧化还原环境相互影响，BOD 负荷增加将导致 ORP 下降。因此，进水的 BOD 负荷必将对硝化和反硝化细菌的空间分布产生较大影响。在进水的表面水力负荷为 $0.065m^3/(m^2·d)$、湿干比 1∶1 条件下，将 BOD 负荷分别控制在 $9.3g/(m^2·d)$、$12.0g/(m^2·d)$和 $16.8g/(m^2·d)$，依次由低水力 BOD 负荷向高 BOD 负荷过渡，每个水力负荷周期为 20d，考察 SWIS 系统中 BOD 负荷对硝化和反硝化细菌空间分布状况的影响情况，如图 3-3 和图 3-4 所示。

有研究表明，随着 BOD 负荷的增加，SWIS 中 ORP 呈下降趋势，尤其在 40cm、60cm 及 80cm 土层深度下降幅度较大(李英华等, 2013)。脱氮微生物的生长与 ORP 环境息息相关，系统呈明显的还原环境则硝化细菌的活性受抑制，数量下降，图 3-3 的结论与此相呼应，即随着进水 BOD 负荷的增加，各层硝化细菌数量下降，靠近散水管的 40cm、60cm 及 80cm 区域下降速率最大，BOD 负荷每增加 $1.8g/(m^2·d)$，硝化细菌数量下降近 1 个数量级。

由于反硝化细菌为异氧菌，进水 BOD 负荷增加的同时，为反硝化细菌带来了更多的可直接利用的碳源，因此促进了反硝化细菌的生长(刘静, 2008)。随着 BOD 负荷的增加，在靠近进水端的 60cm 基质深度中反硝化细菌数量的增加更为明显，BOD 负荷每增加 $1.8g/(m^2·d)$，反硝化细菌的数量增加近 1 个数量级。综合图 3-3 和图 3-4 的结果，SWIS 进水 BOD 负荷不宜过大，以≤16.8g/(m^2·d)为宜。

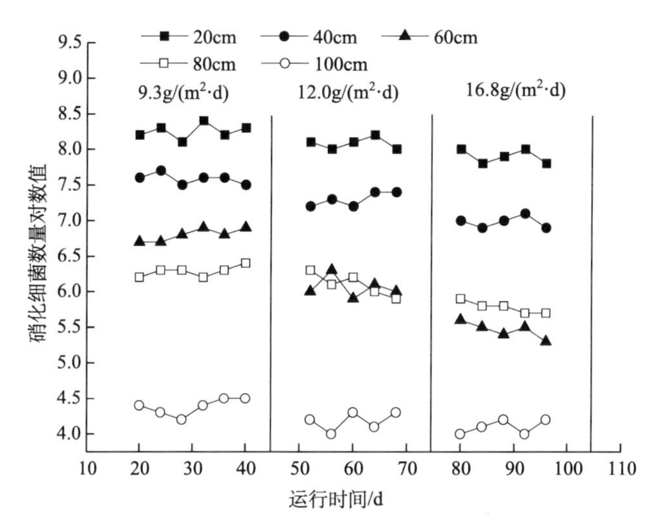

图 3-3　BOD 负荷对硝化细菌分布的影响

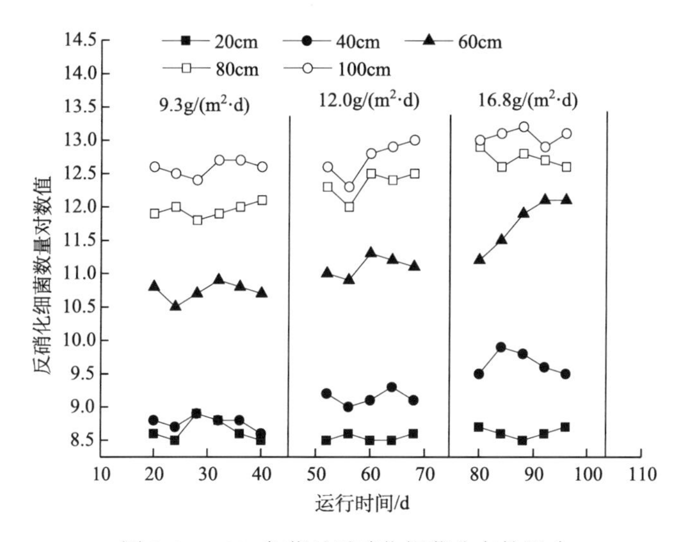

图 3-4　BOD 负荷对反硝化细菌分布的影响

3.3.3　ORP 对脱氮微生物空间分布的影响

对脱氮微生物，尤其是硝化和反硝化细菌来说，系统的 ORP 环境是影响其生长与稳定的重要因素（肖恩荣等，2008; Mohan et al., 2008）。有研究表明，+200mV～+400mV 是硝化和反硝化细菌生长的最适 ORP 范围，低于+200mV 硝化细菌的生长受限，而高于+400mV 的 ORP 环境将抑制反硝化细菌的生长。在 SWIS 中，ORP 是一个动态变化函数，其大小受表面水力负荷、温度、pH、溶解氧量等诸多因素的影响，因此，可以通过 ORP 的实时观测，判断脱氮微生物的空间动态分布情况，从而为调整基质环境和运行参数提供理论指导。进水的 BOD 负荷为 12.0g/(m^2·d)、表面水力负荷为 0.04m^3/(m^2·d）时，稳定运行的 SWIS 中 20cm 土层深度 ORP 变化趋势及其与硝化、反硝化细菌数量的对应关系如图 3-5 所示。由于硝化与反硝化细菌的世代时间较长，为了更直观地描述出 ORP 变化及其与脱氮微生物数量的关系，选择湿干比 1∶1，污水投配 1d，落干 1d，系统连续运行 30d，每个干湿周期取样 8 次，每次平行取 3 个样，测定 ORP 和微生物数量，结果取平均值。

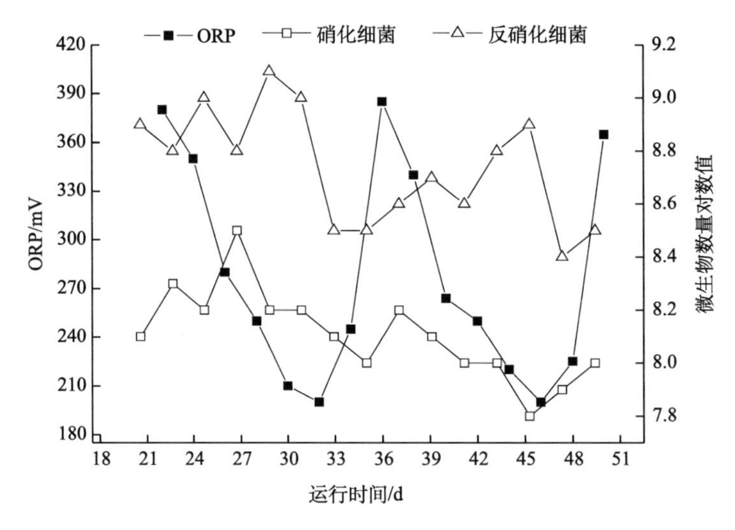

图 3-5　ORP 变化对脱氮细菌数量的影响

由图 3-5 可以看出，随着系统进水、落干交替进行，ORP 依次呈现先降低后升高的趋势。与 ORP 的变化趋势相似的是硝化细菌的数量，因为 ORP 降低，说明系统中还原性环境占优势，而硝化细菌需要在溶解氧＞2mg/L 的条件下生长，因此，ORP 低不利于硝化细菌的繁殖。同时，由于监测到距基质表层 20cm 厚度基质中 ORP 和脱氮微生物数量随湿干比交替运行而起伏变化。可以肯定的是，SWIS 中 20～55cm 区域中毛细管作用良好，污水能够在毛细力的作用下从 55cm 的散水区上升到 20cm 的表土区，水流上升高度至少为 35cm，与以往报道的 8～20cm 毛细上升空间相比有较大提升。说明在良好的基质组配和运行参数调控条件下，SWIS 系统的毛细力较强，水力学特征明显。

由于 ORP 的大小受进水表面水力负荷、BOD 负荷、温度等因素的影响，

图 3-5 仅给出一种表面水力负荷及 BOD 负荷组合下，SWIS 的 ORP 变化规律及其与硝化、反硝化细菌数量的相关性。其他表面水力负荷及 BOD 负荷条件下，ORP 的起伏变化趋势同图 3-5，硝化细菌和反硝化细菌的数量随 ORP 的变化规律与图 3-5 相似。为了节省篇幅，这里不再赘述。

3.3.4　底物补加对脱氮微生物空间分布的影响

采取底物补加，即分流布水的方式可有效改善 SWIS 的氧化还原环境，为反硝化细菌提供充足的碳源，有利于反硝化作用的进行(Seok et al., 2003)。实验条件如下：进水的 BOD 负荷为 12.0g/(m^2·d)，表面水力负荷为 0.04m^3/(m^2·d)，湿干比 1d∶1d，布水深度 55cm（一次布水深度）+ 65cm(二次布水深度)，布水分流比 1∶1。

从表 3-4 可以看出，底物补加对氨化细菌的空间分布影响不大，即使底物补加对 SWIS 的 ORP 产生较大影响，但氨化细菌的种类很多，有好氧的、兼氧的和厌氧的，即使 ORP 改变也不能较大程度地引起其数量在土层中的改变。

表 3-4　底物补加对氨化细菌空间分布的影响

土层深度/cm	时间段			
	2009.04～2009.06 氨化细菌数量		2009.07～2009.09 氨化细菌数量	
	补加前/(cfu/g)	补加后/(cfu/g)	补加前/(cfu/g)	补加后/(cfu/g)
20	$(1.7±1.30)×10^{11}$	$(2.2±0.13)×10^{11}$	$(3.2±1.10)×10^{11}$	$(7.8±1.00)×10^{11}$
40	$(3.2±0.74)×10^{12}$	$(7.0±0.24)×10^{12}$	$(3.7±0.81)×10^{12}$	$(3.6±0.71)×10^{12}$
60	$(8.6±0.06)×10^{11}$	$(5.3±0.37)×10^{11}$	$(6.5±1.12)×10^{12}$	$(5.1±1.83)×10^{12}$
80	$(7.0±0.27)×10^{11}$	$(9.1±0.12)×10^{11}$	$(3.6±1.71)×10^{11}$	$(3.9±0.15)×10^{11}$
100	$(5.3±1.25)×10^{11}$	$(4.3±0.21)×10^{11}$	$(6.4±0.75)×10^{11}$	$(4.5±0.11)×10^{11}$

分流进水后，硝态氮的出水浓度稍高，氨态氮去除率略有下降。分析认为：在 65cm 补加生活污水作为反硝化作用的底物，可能使得 SWIS 的 60cm 床体深度以下区域中 ORP 呈下降趋势。因此，以还原性占主导的基质环境抑制了硝化细菌的生长(硝化细菌数量比补加前降低了 1 个数量级)和硝化反应的进行(表 3-5)。相反，在分流布水后，60cm 深度以下的基质层中反硝化细菌数量比分流前增加了 1 个数量级(表 3-6)，分析原因可能是因为分流进水使得进水的 C/N 增加，有利于该区域中反硝化细菌的生长。

表 3-5 底物补加对硝化细菌空间分布的影响

土层深度/cm	时间段			
	2009.04～2009.06 硝化细菌数量		2009.07～2009.09 硝化细菌数量	
	补加前/(MPN/g)	补加后/(MPN/g)	补加前/(MPN/g)	补加后/(MPN/g)
20	$(1.5\pm0.72)\times10^8$	$(2.2\pm0.37)\times10^8$	$(7.5\pm0.22)\times10^8$	$(9.6\pm0.20)\times10^8$
40	$(4.5\pm0.01)\times10^7$	$(6.6\pm1.51)\times10^7$	$(8.5\pm0.16)\times10^7$	$(3.6\pm1.20)\times10^7$
60	$(5.1\pm1.14)\times10^6$	$(8.8\pm0.31)\times10^5$	$(2.2\pm0.91)\times10^6$	$(6.8\pm0.22)\times10^5$
80	$(1.7\pm0.03)\times10^6$	$(3.2\pm0.54)\times10^5$	$(4.1\pm0.25)\times10^6$	$(7.5\pm0.48)\times10^5$
100	$(2.3\pm0.95)\times10^4$	$(6.3\pm0.02)\times10^3$	$(6.3\pm1.04)\times10^4$	$(9.3\pm0.51)\times10^3$

表 3-6 底物补加对反硝化细菌空间分布的影响

土层深度/cm	时间段			
	2009.04～2009.06 反硝化细菌数量		2009.07～2009.09 反硝化细菌数量	
	补加前/(MPN/g)	补加后/(MPN/g)	补加前/(MPN/g)	补加后/(MPN/g)
20	$(4.5\pm1.00)\times10^8$	$(7.7\pm1.25)\times10^8$	$(7.8\pm0.53)\times10^8$	$(6.1\pm0.03)\times10^8$
40	$(6.0\pm0.72)\times10^8$	$(5.2\pm0.31)\times10^8$	$(7.2\pm0.52)\times10^8$	$(8.7\pm0.43)\times10^8$
60	$(8.3\pm1.11)\times10^{11}$	$(2.5\pm1.00)\times10^{12}$	$(5.8\pm1.38)\times10^{11}$	$(9.2\pm0.24)\times10^{12}$
80	$(8.8\pm0.73)\times10^{11}$	$(5.8\pm0.97)\times10^{12}$	$(1.6\pm0.83)\times10^{11}$	$(8.7\pm0.23)\times10^{12}$
100	$(5.2\pm1.08)\times10^{12}$	$(5.3\pm0.82)\times10^{13}$	$(4.6\pm1.04)\times10^{12}$	$(4.3\pm0.56)\times10^{13}$

3.3.5 生物基质层有机质含量对脱氮微生物空间分布的影响

活性污泥∶炉渣∶农田土以 1∶2∶7 的配比配制生物基质，其中在农田土中添加适量牛粪，使生物基质的有机质含量分别为 2.0%(不添加牛粪)、4.5%、7.0%、9.5%。

水质监测结果显示，随着生物基质层有机质含量的增加，TN 的去除率呈下降趋势。当有机质含量较高时，微生物需消耗一定量的溶解氧来降解有机质，致使系统氧化还原电位降低，进而影响到脱氮微生物的空间分布，最终导致系统除氮效率降低。系统稳定运行后，在基质不同深度(距离基质表层 20cm、40cm、60cm、80cm、100cm)取土样，测定硝化细菌与反硝化细菌的含量，测定结果如图 3-6 和图 3-7 所示。

由图 3-6 可以看出，随着床体深度增加，硝化细菌数量逐渐减少；当生物基质层有机质含量升高，不同深度基质中硝化细菌的数量都呈降低趋势，其中，在 40cm、60cm、80cm 深度处数量减少最为明显。实验所用地下渗滤系统的生物基质层铺设于距离地表 30～45cm 处，有机物的降解及硝化反应的进行主要发生在本基质层，在进水水质稳定的情况下，当生物基质层有机质含量升高时，需消耗大量的溶解氧以降解增多的有机质，氧化还原电位降低，不利于硝化细菌的生长，由于深度为 40cm、60cm、80cm 的区域离生物基质层较近，受有机质含量影响较大，硝化细菌数量变化明显。由于基质的毛细作用使水流上升空间有限，且地下渗滤系统表层易于从大气中获取氧气，所以 0～20cm 区域的氧化还原环境受生物基质层有机质含量的影响较小，硝化细菌的数量变化不明显。

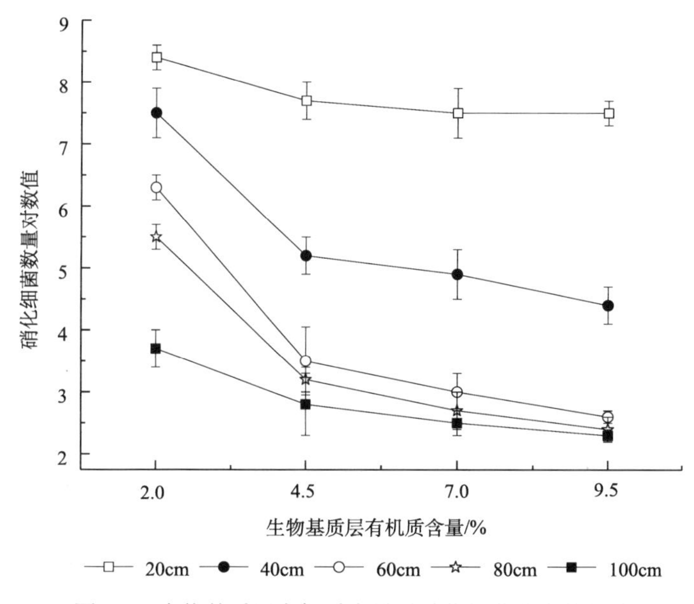

图 3-6　生物基质层有机质含量对硝化细菌分布的影响

硝化细菌适合在好养条件下生长，而反硝化细菌适宜生存于厌氧环境，所以反硝化细菌的分布特征与硝化细菌相反。由图 3-7 可以看出，随着床体深度增加，反硝化细菌数量逐渐增加；随着有机质含量的升高，不同深度基质层内反硝化细菌的数量明显增加。有机质含量的升高使得溶解氧消耗增加，氧化还原电位水平降低，以还原环境为主导的厌氧区域不断扩大，促进反硝化反应的同时抑制了硝化反应的进行，故两种细菌随有机质含量的升高呈现出不同的变化趋势。

硝化-反硝化反应是地下渗滤系统脱氮的主要途径，且反硝化反应需要以硝化反应的产物作为反应物，只有当二者的反应强度相仿时，硝化-反硝化反应才能有效发挥联合除氮作用，达到最佳的脱氮效果，可以选取合适的有机质含量使得脱氮微生物数量处于适宜的水平，从而达到脱氮的目的。随着生物基质层有机质的升高，虽然反硝化细菌含量增加，反硝化反应进行较彻底，但总氮的去除效率较低，故在研究地下渗滤系统基质组配时，不建议过度提高生物基质层的有机质含量。

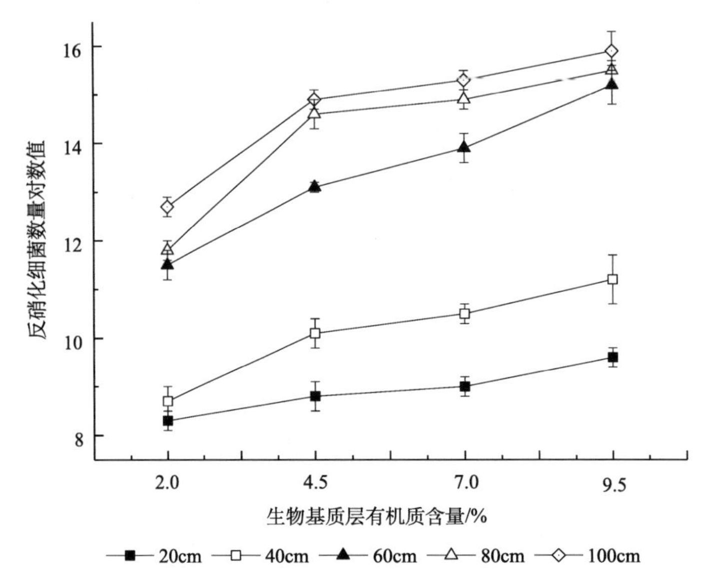

图 3-7　生物基质层有机质含量对反硝化细菌分布的影响

3.3.6　基质氮还原酶活性分布特征及其与污水脱氮效果的相关性

土壤酶是土壤的组分之一，来自微生物、植物和动物的活体或残体，通过催化土壤中的生化反应发挥重要作用。在地下渗滤系统中，它们参与了许多重要的生物化学过程，如氧化还原等。土壤脲酶是由简单蛋白质构成的生物催化剂，一般认为是由土壤中的微生物产生的，是存在于土壤中能催化尿素分解、具有氨化作用的高度专一性的一类好气性水解酶(邹仲勋等, 2008)。脲酶能酶促尿素水解生成氨和二氧化碳，如式(3-1)：

$$CO(NH_2)_2+H_2O \longrightarrow 2NH_3+CO_2 \tag{3-1}$$

尿素是哺乳动物体内蛋白质代谢的产物，一个正常成年人每天排出大约 30g 尿素。生活污水中的氨态氮大部分来自于尿素的水解，因此，研究脲酶活性在地下渗滤系统中的分布特征及其与生活污水脱氮效果的相关性非常重要。

1. 脲酶活性分布特征及其与脱氮效果的相关性

分析了 SWIS 中 20cm、40cm、60cm、80cm 及 100cm 深度基质层中的脲酶活性，结果如表 3-7 所示。

表 3-7　SWIS 基质脲酶活性分布特征　[单位：mg/(g·d)]

深度/cm	时间段			
	2007.04～2007.06 $T^{①}$: 18.7 $C_0^{②}$: 37.5	2007.07～2007.09 T: 28.4 C_0: 35.0	2007.10～2007.12 T: 15.8 C_0: 39.4	2008.01～2008.03 T: 10.6 C_0: 38.5
20	14.05 ± 0.05	15.03 ± 0.79	10.92 ± 2.17	10.42 ± 1.78
40	16.35 ± 0.12	17.37 ± 3.25	11.30 ± 1.88	10.96 ± 0.55
60	21.88 ± 1.23	21.27 ± 0.96	13.38 ± 1.09	12.30 ± 2.23
80	19.77 ± 2.08	19.93 ± 3.00	14.89 ± 0.25	12.18 ± 3.37
100	15.32 ± 2.37	16.98 ± 1.07	10.03 ± 1.11	11.38 ± 3.07
深度/cm	时间段			
	2008.04～2008.06 T: 18.3 C_0: 40.1	2008.07～2008.09 T: 28.1 C_0: 38.6	2008.10～2008.12 T: 11.8 C_0: 36.7	2009.01～2009.03 T: 8.4 C_0: 35.2
20	15.55 ± 1.24	16.08 ± 1.10	11.23 ± 0.77	13.28 ± 2.14
40	18.56 ± 0.65	18.43 ± 1.28	13.46 ± 1.78	11.26 ± 2.33
60	22.09 ± 1.84	22.46 ± 0.93	14.33 ± 2.55	14.54 ± 1.35
80	21.37 ± 1.49	19.86 ± 1.65	12.08 ± 2.06	12.85 ± 3.27
100	16.76 ± 1.96	17.23 ± 0.88	11.55 ± 1.52	12.32 ± 1.66

注：①为温度，℃；②为进水中氨氮浓度，mg/L。

由表 3-7 可以看出，同等温度条件下，随着进水氨态氮浓度的提升，不同深度基质的脲酶活性都有一定程度的提高。特别在 2008 年 7～9 月，进水氨态氮浓度为 38.6mg/L，室内平均温度为 28.1℃，60cm 深度基质脲酶活性达到了最大值，为 22.46mg/(g·d)。虽然脲酶是一种酶促尿素降解的专性酶，但在仅提高进水氨态氮的情况下(2008 年 7～9 月与 2007 年 7～9 月相比)，其活性也有很大的提高，这可能与 SWIS 中氮元素的有效转化刺激了土壤微生物活性有关。以往的研究结果显示：在生化反应中，若酶的浓度为定值，底物的起始浓度较低时，酶促反应速度与底物浓度成正比，即随底物浓度的增加而增加。在进水的氨态氮浓度相同条件下(2008 年 1～3 月与 2008 年 7～9 月相比)，7～9 月的脲酶活性有明显提高。这可能是由于室温及水温升高，刺激了释放酶类的微生物活性和基质中已存在的脲酶活性的表达。有研究表明：温度每升高 10℃，酶促反应速度可相应提高 1～2 倍。用温度系数 Q_{10} 来表示温度对酶促反应的影响，Q_{10} 表示温度每升高 10℃，酶促反应速度随之相应提高的因数，酶促反应的 Q_{10} 通常在 1.4～2.0(邓泓等, 2007; 黄传琴和邵明安, 2008; 谭波等, 2007; 蔡祖聪和赵维, 2009)。在相同的进水氨态氮浓度和温度条件下，不同深度基质脲酶活性也有差异，靠近散水区(中层)的基质脲酶活性稍强，初步分析是因为散水区周围的生物基质和较高的进水氨态氮浓度刺激了释放酶类的微生物活性。因此，基质脲酶活性分布特征与微生物活性、进水氨态氮浓度及环境温度等有密切关系。2007 年 4 月～2009 年 3 月，分析了 100cm 深度基质脲酶活性与氮去除率的相关性，如图 3-8 所示。

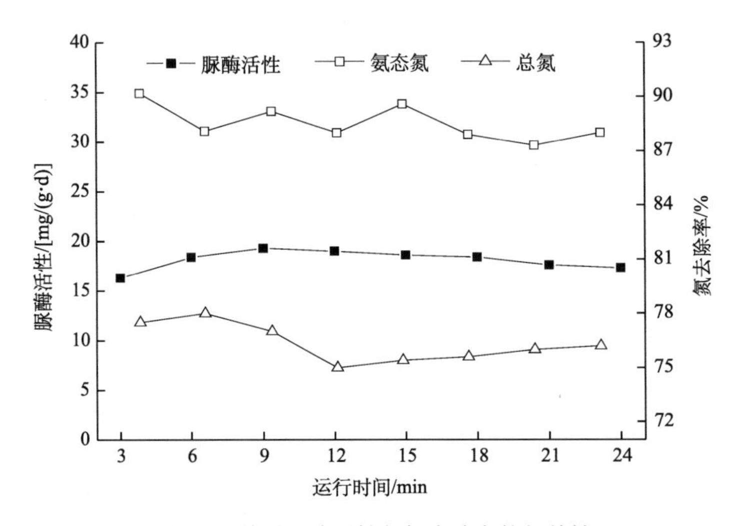

图 3-8 基质脲酶活性与氮去除率的相关性

通过 SPSS 相关分析发现，各深度基质脲酶活性与 TN 去除率之间均呈显著正相关关系(表 3-8)。说明在 SWIS 系统中，能分泌脲酶的微生物种类在 20～100cm 基质层中分布较均匀，TN 的去除主要以基质中微生物和酶的作用为主，脲酶可作为判断系统 TN 脱除效果的重要指标。脲酶的主要作用是将生活污水中的尿素等有机氮化合物通过酶促反应变成氨态氮，脲酶活性与 NH_4^+-N 的去除率之间相关性不显著，因此不能作为评价其净化 NH_4^+-N 效果的指标。

表 3-8 SWIS 基质脲酶活性与氨态氮及总氮去除率的 Pearson 相关系数

项目	NH_4^+-N 去除率	TN 去除率
20cm 基质脲酶	0.023	0.733
40cm 基质脲酶	0.006	0.848
60cm 基质脲酶	0.075	0.861
80cm 基质脲酶	0.004	0.906
100cm 基质脲酶	0.013	0.912

2. 硝酸盐还原酶活性分布特征及其与脱氮效果的相关性

SWIS 中硝酸盐还原酶(NAR)活性分布规律如表 3-9 所示。

表 3-9　SWIS 基质硝酸盐还原酶活性分布特征　[单位：mg/(g·d)]

深度/cm	时间段			
	2007.04～2007.06 T: 18.7 C_0: 37.5	2007.07～2007.09 T: 28.4 C_0: 35.0	2007.10～2007.12 T: 15.8 C_0: 39.4	2008.01～2008.03 T: 10.6 C_0: 38.5
20	0.90 ± 0.01	0.93 ± 0.20	0.88 ± 0.24	0.79 ± 0.09
40	0.77 ± 0.01	0.79 ± 0.14	0.61 ± 0.70	0.57 ± 0.08
60	0.52 ± 0.05	0.60 ± 0.73	0.47 ± 0.25	0.40 ± 0.05
80	0.43 ± 0.11	0.52 ± 0.01	0.34 ± 0.41	0.35 ± 0.01
100	0.42 ± 0.03	0.48 ± 0.08	0.38 ± 0.07	0.31 ± 0.02
深度/cm	时间段			
	2008.04～2008.06 T: 18.3 C_0: 40.1	2008.07～2008.09 T: 28.1 C_0: 38.6	2008.10～2008.12 T: 11.8 C_0: 36.7	2009.01～2009.03 T: 8.4 C_0: 35.2
20	0.91 ± 0.07	0.91 ± 0.02	0.78 ± 0.02	0.66 ± 0.07
40	0.75 ± 0.03	0.77 ± 0.34	0.59 ± 0.04	0.48 ± 0.03
60	0.53 ± 0.01	0.55 ± 0.60	0.38 ± 0.01	0.41 ± 0.03
80	0.40 ± 0.17	0.53 ± 0.11	0.39 ± 0.04	0.39 ± 0.01
100	0.48 ± 0.04	0.51 ± 0.27	0.38 ± 0.03	0.30 ± 0.03

NAR 能酶促土壤中的 NO_3^--N 还原成 NO_2^--N，测定硝酸盐还原酶可了解氮素转化中反硝化作用的强度。从表 3-9 可以看出，不同深度基质硝酸盐还原酶活性变化较大，硝酸盐还原酶活性随基质深度的变化规律为 20cm 处的活性>40cm 处的活性> 60cm 处的活性>80cm 处的活性>100cm 处的活性(Byong et al., 2003)。这可能是因为上层基质硝化作用较深层明显，NAR 的催化基质 NO_3^--N 含量高，有利于 NAR 活性的表达，该结果与以往研究结论相似(Demetrios et al., 2004; Zhang et al., 2004; 甘磊等, 2008; 吕锡武等, 2008)。与脲酶活性对温度的敏感程度相比，NAR 受温度的影响程度较小。随着温度的降低，NAR 活性稍有下降。由于催化作用基质为 NO_3^--N，主要依赖硝化作用产生，进水中 NO_3^--N 的浓度均较低，因此 NAR 活性受进水水质的影响也较小。综合来看，NAR 活性分布主要受基质深度的影响，受温度和进水水质的影响较小。

SWIS 基质 NAR 活性与氨态氮、总氮去除率的相关性见图 3-9，并对实验结果用 SPSS 软件进行 Pearson 相关性分析。如表 3-10 可知，各基质层 NAR 活性与 NH_4^+-N 或 TN 的去除率之间的相关性均不显著。可见，$NO_3^- \rightarrow NO_2^-$的还原并非反硝化过程的限速步骤，因此，不能将基质 NAR 活性作为评价 SWIS 脱氮效果的指标之一。

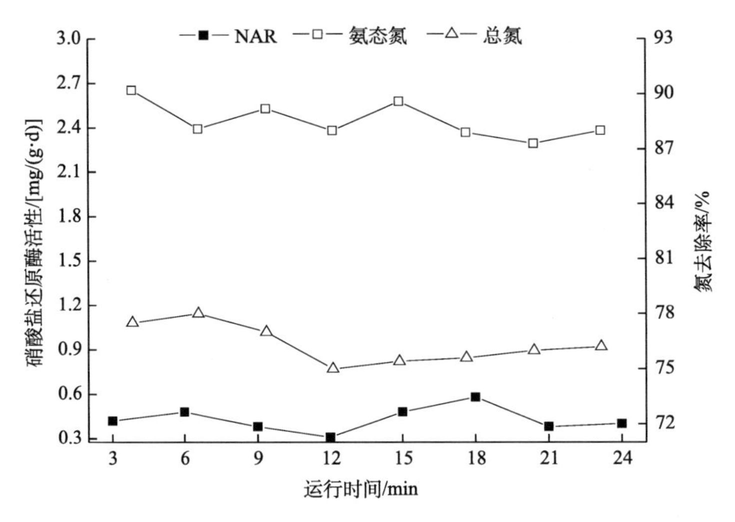

图 3-9　基质 NAR 活性与氮去除率的相关性

表 3-10　SWIS 基质 NAR 活性与氨态氮及总氮去除率的 Pearson 相关系数

项目	NH_4^+-N 去除率	TN 去除率
20cm 基质 NAR	0.032	0.006
40cm 基质 NAR	0.003	0.085
60cm 基质 NAR	–0.057	–0.053
80cm 基质 NAR	0.014	0.172
100cm 基质 NAR	–0.005	0.123

3. 亚硝酸盐还原酶活性分布特征及其与脱氮效果的相关性

亚硝酸盐还原酶(NIR)能酶促基质中的 NO_2^--N 还原为 N_2，是反硝化过程的关键酶，SWIS 中 NIR 活性分布特征如表 3-11 所示。

由表 3-11 可以看出，SWIS 中 NIR 活性分布呈现一定的规律，不同深度基质中 NIR 活性大小依次为 40cm 处的 NIR 活性> 20cm 处的 NIR 活性> 60cm 处的 NIR 活性> 80cm 处的 NIR 活性> 100cm 处的 NIR 活性。该分布特征与 NAR 的明显不同，分析是因为 NAR 和 NIR 的催化反应是一个相继进行的过程。NIR 是酶促

NO_2^--N 还原成 N_2 的过程，而 NO_2^--N 是 NAR 酶促 NO_3^--N 还原的产物，因此，NIR 活性最强的基质深度与 NAR 相比有一定的空间差异，前者比后者深度大。与脲酶和 NAR 相似，NIR 活性同样受温度的影响。随着温度的降低，NIR 活性减弱。

表 3-11　SWIS 基质亚硝酸盐还原酶活性分布特征　[单位：mg/(g·d)]

深度/cm	时间段			
	2007.04～2007.06 *T*: 18.7 C_0: 37.5	2007.07～2007.09 *T*: 28.4 C_0: 35.0	2007.10～2007.12 *T*: 15.8 C_0: 39.4	2008.01～2008.03 *T*: 10.6 C_0: 38.5
20	0.35 ± 0.03	0.37 ± 0.05	0.31 ± 0.01	0.33 ± 0.08
40	0.39 ± 0.14	0.41 ± 0.03	0.36 ± 0.17	0.38 ± 0.14
60	0.30 ± 0.01	0.32 ± 0.16	0.30 ± 0.02	0.32 ± 0.03
80	0.29 ± 0.10	0.30 ± 0.11	0.25 ± 0.08	0.24 ± 0.06
100	0.25 ± 0.02	0.28 ± 0.06	0.21 ± 0.01	0.17 ± 0.02
深度/cm	时间段			
	2008.04～2008.06 *T*: 18.3 C_0: 40.1	2008.07～2008.09 *T*: 28.1 C_0: 38.6	2008.10～2008.12 *T*: 11.8 C_0: 36.7	2009.01～2009.03 *T*: 8.4 C_0: 35.2
20	0.34 ± 0.10	0.35 ± 0.04	0.33 ± 0.01	0.29 ± 0.04
40	0.35 ± 0.11	0.42 ± 0.06	0.36 ± 0.17	0.31 ± 0.18
60	0.29 ± 0.06	0.30 ± 0.09	0.30 ± 0.10	0.22 ± 0.03
80	0.26 ± 0.08	0.28 ± 0.11	0.26 ± 0.08	0.20 ± 0.10
100	0.23 ± 0.03	0.25 ± 0.07	0.10 ± 0.02	0.15 ± 0.03

通过对 NIR 活性与 SWIS 脱氮率的相关性分析(表 3-12 和图 3-10)，发现 60～100cm 基质 NIR 活性与系统 TN 去除率之间存在着显著的正相关关系，即 NIR 活性越强，TN 去除效果越好，进一步说明反硝化作用主要发生在 60cm 以下基质层。

表 3-12　SWIS 基质 NIR 活性与氨态氮及总氮去除率的 Pearson 相关系数

项目	NH_4^+-N 去除率	TN 去除率
20cm 基质 NIR	0.022	0.568
40cm 基质 NIR	0.035	0.663
60cm 基质 NIR	0.039	0.904
80cm 基质 NIR	0.209	0.919
100cm 基质 NIR	–0.321	0.923

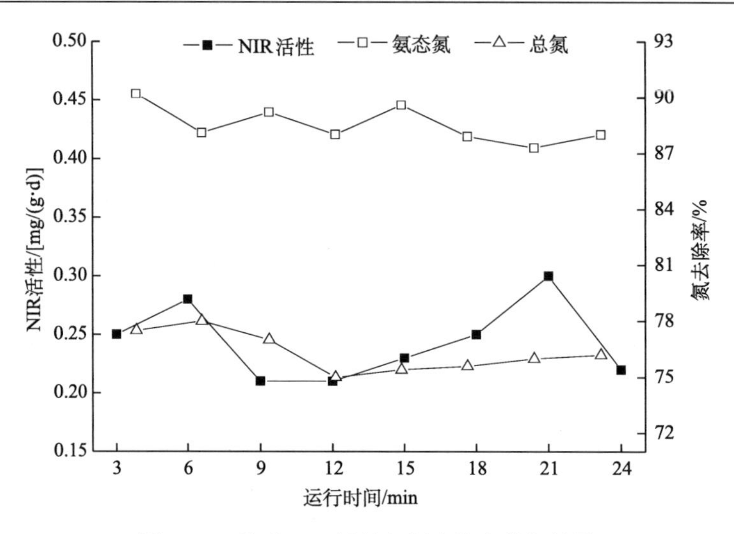

图 3-10　基质 NIR 活性与氮去除率的相关性

以上的相关性分析结果表明，基质脲酶和 NIR 活性与 SWIS 总氮去除率之间呈显著的正相关关系，可将这两种酶作为指示 SWIS 脱氮效果的重要生态学指标。通过对基质中脲酶和 NIR 活性的测定，可建立起 SWIS 脱氮效果的酶学评价模式。

3.4　小　　结

(1) 温度及基质深度对氨化细菌的空间分布影响较小，对硝化和反硝化细菌的影响较大。1～3 月和 10～12 月，硝化和反硝化细菌的数量分别比其他月份减少了 1 个数量级。硝化细菌数量随基质层深度的增加而减少，基质深度每增加 20cm，硝化细菌数量下降 1 个数量级；反硝化细菌数量随基质层深度的增加而增加，60cm 基质深度层中反硝化细菌的数量比 20cm 和 40cm 时增加了 3 个数量级，100cm 层比 60cm 层增加了 1 个数量级。从脱氮微生物系统快速形成和稳定的角度考虑，SWIS 的启动最佳时期为 4～9 月。

(2) 硝化及反硝化细菌的空间分布受进水表面水力负荷和 BOD 负荷的影响。进水的 BOD 负荷为 12.0g/(m^2·d) 时，水力负荷每增加 0.02m^3/(m^2·d)，40cm、60cm 和 80cm 基质深度硝化细菌的数量几乎下降了 1 个数量级，而反硝化细菌的数量增加 1 个数量级，SWIS 的表面水力负荷适宜范围是 0.065～0.081m^3/(m^2·d)。进水的表面水力负荷为 0.065m^3/(m^2·d) 时，BOD 负荷每增加 1.8g/(m^2·d)，40cm、60cm 和 80cm 基质深度的硝化细菌数量几乎下降了 1 个数量级，反硝化细菌的数量增加 1 个数量级，SWIS 进水 BOD 负荷不宜大于 16.8g /(m^2·d)。

(3) 随着系统进水、落干交替进行，ORP 依次呈现先降低后升高的趋势，硝化细菌的数量也出现先减少后增加的趋势，反硝化细菌的数量却是先增加后减少。

(4) 采取 55cm + 65cm、1∶1 分流比的布水方式对 SWIS 中氨化细菌的空间分布影响不大。较分流前相比，系统中 60～100cm 区域中硝化和反硝化细菌数量分别减少或增加了 1 个数量级。

(5) 随着生物基质层有机质含量升高，不同深度基质层中硝化细菌的数量都呈降低趋势，其中，在 40cm、60cm、80cm 深度处数量减少最为明显；而反硝化细菌的数量明显增加。

(6) SWIS 中脲酶活性分布与基质深度、进水氨态氮浓度及环境温度等有密切关系。脲酶活性与 TN 去除率之间显著正相关，可作为判断系统 TN 脱除效果的重要指标之一，但与 NH_4^+-N 的去除率之间相关性不显著。NAR 活性随基质深度的变化规律为 20cm 处的活性> 40cm 处的活性> 60cm 处的活性> 80cm 处的活性> 100cm 处的活性，受温度和进水水质的影响较小，NAR 活性与 NH_4^+-N 或 TN 的去除率之间的相关性均不显著，不能将基质 NAR 活性作为评价 SWIS 脱氮效果的指标。NIR 活性大小依次为 40cm 处的活性>20cm 处的活性>60cm 处的活性>80cm 处的活性>100cm 处的活性，受温度的影响较大。60～100cm 基质 NIR 活性与系统 TN 去除率之间存在着显著的正相关关系，可作为判断系统 TN 脱除效果的重要指标之一。

第 4 章　维系污水地下渗滤系统生物脱氮的氧化还原环境变化特征

4.1　引　　言

污水地下渗滤系统是硝化与反硝化过程共存、多介质耦合的生态处理技术，微生物脱氮过程是其核心脱氮过程，脱氮效率除受进水的营养比例、水力停留时间等影响外，基质层氧化还原微环境是另一个关键制约因素。这是因为基质层内的氧化还原微环境能够为硝化、反硝化菌群的发育与稳定创造有利条件，确保脱氮微生物高效分区协同，从而使系统维持稳定的脱氮能力。

氧化还原微环境在污水地下渗滤系统脱氮过程中扮演着极其重要的角色，深刻影响微生境、微生物结构、氮形态转化及代谢速率。与此同时，基质层氧化还原微环境又受环境因素(pH、温度)、操作因素(运行方式、负荷)和基质理化性质的反作用，形成一个相当复杂的体系。基质层微环境对污水地下渗滤系统生物脱氮影响的机制可以归纳为：一方面，沿基质层垂直方向变化的氧化还原微环境具有复杂但规律性的分区，这种空间分区能够为硝化与反硝化细菌提供特定的生理代谢条件；另一方面，基质层氧化还原微环境分区受环境条件及运行工艺的影响，处于动态波动状态，并时刻反馈于脱氮微生物种群结构，从而对脱氮过程的稳定性与效率产生直接干预。氧化还原电位(oxidation reduction potential，ORP)一直被视为表征基质层微环境的综合性指标，通过多工况连续监测解析基质层 ORP 的变化及其空间分区特征，可以直观了解基质层内脱氮微生物结构是否合理、活性是否稳定，并能够为从宏观上调控脱氮过程提供理论证据。

因此，研究并揭示基质层氧化还原微环境的变化规律，对于深入了解污水地下渗滤系统微生物脱氮过程具有重要的意义。

4.2　实验材料与方法

4.2.1　模拟污水地下渗滤系统

土柱系统为模拟污水地下渗滤系统的重要手段，当柱体直径＞10cm，高度＞1200cm，柱体直径与填料粒径比＞50 时，可最大程度消除柱体的边壁效应，系统的水力学特征与实际工况相符，基质层内微环境与实际工况也基本相似(Tang et al., 2009)。

污水地下渗滤系统模拟装置示意图如图4-1所示。

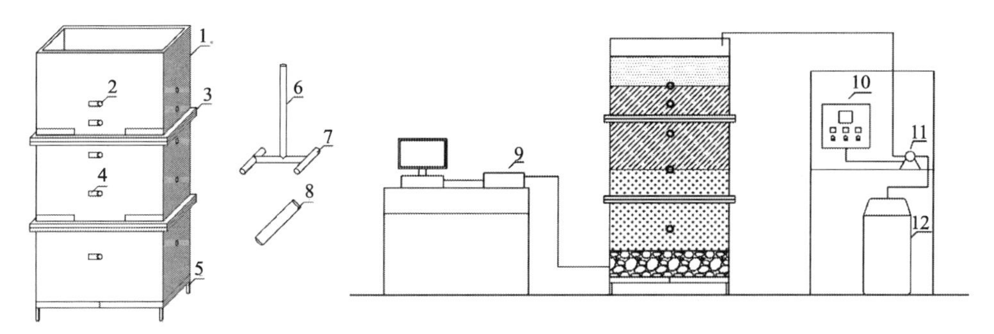

图4-1　模拟地下渗滤系统的结构示意图

1-方形柱体；2-监测/取样孔；3-法兰；4-传感器；5-支架；6-布水管；7-散水管；8-不透水槽；9-监测设备主机；10-电子控制箱；11-蠕动泵；12-水箱

土柱为有机玻璃材质，长、宽、高为100cm、60cm、200cm，遮光避免苔藓生长。采用独立的“工”字形进水结构，布水管与散水管长分别为90cm和55cm，内径均为5cm，散水管下端均开直径为5mm的小孔。散水管距柱顶80cm，其下5cm处设有不透水皿，周围填充细砂和粒径为5～10mm的砾石。柱底为填装粒径5～10mm卵石的收水区，高20cm，底部水平铺设两根内径均为7cm的收水管。在柱体内壁黏附一层黏土，基质分层填装，洒水自然沉实。在装置子午线垂直剖面设5个内径4cm的监测/取样孔，距离装置顶端分别为40cm、55cm、80cm、110cm和160cm，其中正面安装去极化ORP探头，侧面安装压电式土水势传感器。由PLC(programmable logic controller)控制进水与落干时间，用蠕动泵调节进水量。实物照片如图4-2所示。

4.2.2　基质组成

基质材料同2.2.1节。复合基质填装于散水管上40cm及下30cm区域，复合基质层以上为25cm草甸棕壤，种植高羊茅与黑麦草。复合基质层以下至收水层以上区域填装掺杂填料(草甸棕壤∶细砂=4∶1)。

4.2.3　基质层理化性质信号采集

基于电子转移是氧化还原反应的实质这一原理，可通过监测一个体系的ORP表征该体系释放或获得电子的能力。传统电化学采用惰性金属铂电极与参比电极(饱和甘汞电极)来测定土壤ORP，但在还原介质中铂电极可以被氧化从而“中毒”，导致ORP平衡建立滞缓，存在记忆效应、响应时间长等缺陷，不能准确测

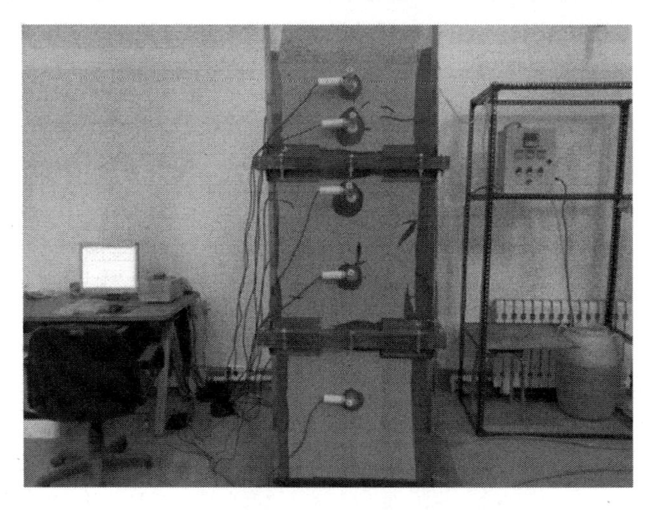

图 4-2　模拟地下渗滤系统实物图

定 ORP，尤其是对于地下渗滤系统基质这样复杂的氧化还原体系。为解决这一问题，本章采用去极化 ORP 探头准确、迅速地监测基质层 ORP。

去极化电极测定 ORP 的原理是：当外加正/负电压于铂电极时，随着电解的发生，电极表面氧化性或还原性物质被极化，引起电位偏离平衡位置；切断电压后，由于介质的去极化作用，电位将逐渐恢复到原始状态，从而形成两条相交的阴极和阳极去极化曲线，曲线交点对应电位即为电极平衡电位，即 ORP(丁昌璞和徐仁扣, 2011)。该方法准确度高，响应时间快(2min 内可获得相当于传统方法平衡 48h 的准确电位)。

此外，在测定基质层 ORP 的同时，监测了基质层的土水势与环境温度。

模拟渗滤系统的基质层实际有效深度为 185cm，按照模拟装置预留的监测孔安装传感器，实际监测剖面分别为渗滤系统基质层 25cm、40cm、65cm、95cm 与 145cm 处。信号采集系统为非标准 MDA-11 型多通道数据采集系统实时在线采集器，集成了 ORP、土水势、温度等协同监测功能，能够实现快速同步采集与连续记录，规格参数见表 4-1。

表 4-1　信号采集系统规格与精度

测定项目	量程	误差	采集频率/(次/min)	传感器	适宜环境温度/℃
ORP	−1000～1000mV	±30mV	1	FJA-3 型 ORP/温度一体化传感器	5～45
土水势	−80～10kPa	±1.0kPa	1	压电式水势传感器	5～45
温度	−10～50℃	±0.25℃	1	FJA-3 型 ORP/温度一体化传感器	5～45

4.2.4 样品分析

系统运行 60 天后进入稳定状态，基质层内微生物群落发育成熟、基质物料杂质淋洗完毕，水质趋于稳定。在监测 ORP 的同时，按需采集基质样品测定五个剖面 Fe、Mn、S 元素含量，进一步揭示土壤元素变化对 ORP 的影响。水质常规指标分析参照《水与废水监测分析方法》(第四版)，土壤理化性质分析参照《土壤农业化学分析方法》测定。

4.2.5 数据处理

统计分析：Excel 2012；监测数据异常值剔除、预测：BP(back-propagation)神经网络模型(见附录 1 和附录 2)；曲线拟合及模型模拟效果验证：Matlab R2013a；ORP 波动数据绘制：Origin 8.0。

1. 肖维勒准则剔除异常值

肖维勒准则为目前应用最多的异常值判别方法，具有数据处理量大、效果好、简便等特点(Taylor, 1982；肖明耀, 1985)。取测量值中不可能发生的个数为 1/2，若舍入误差为 0.5，则对正态分布而言误差不可能出现的概率为

$$1-\frac{1}{\sqrt{2\pi}}\int_{-w_n}^{w_n}\left(-\frac{x^2}{2}\right)\mathrm{d}x=\frac{1}{2n} \tag{4-1}$$

结合标准正态函数定义，则有

$$\varPhi(w_n)=\frac{1}{2}\left(1-\frac{1}{2n}\right)+0.5=1-\frac{1}{4n} \tag{4-2}$$

利用标准正态函数表，根据等式(4-1)与式(4-2)求肖维勒系数 w_n。若数据点 x_d 的残差 V_d 满足 $|V_\mathrm{d}|<\omega_n\sigma$ 则为有效数据，予以保留，不满足则剔除。

2. BP 神经网络预测

BP 神经网络对于非线性时间序列数据的预测非常有效(Lee and Kmin, 2008; Mosaab and Qusay, 2008; 石为人等, 2009)。利用多工况 ORP 监测值作为训练样本，通过输入信号的正向传播与误差反向传播，不断调整、修改各层神经元连接权值，直至误差达到精度要求，再重复进行下一周期 ORP 值预测。BP 神经网络结构如图 4-3 所示。

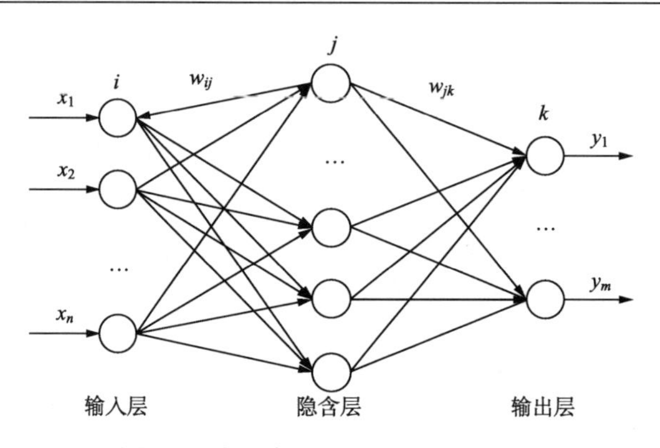

图 4-3 含 1 个隐含层的 BP 神经网络

3. 数据验证

BP 神经网络模型的预测值与模型模拟输出值的准确性，都采用预测值(模拟值)与实际值的样本标准差（SD）与平均相对误差（RD_{avg}）来表示(Lee and Kmin, 2008；Mosaab and Qusay, 2008)。SD、RD_{avg} 的计算公式为

$$SD=\sqrt{\frac{1}{n-1}\sum_{i=1}^{n}(S_e-S_i)^2} \tag{4-3}$$

$$RD_{avg}(\%)=\sum_{i=1}^{n}\left|\frac{S_e-S_i}{S_e}\right|\times 100/n \tag{4-4}$$

式中，S_e 为实际值；S_i 为模拟值。

4.3 结果与讨论

4.3.1 基质层 ORP 对进水水力负荷波动的响应

按照经验，污水地下渗滤系统的水力负荷(hydraulic loading，HL)通常被设计为 0.04～0.20$m^3/(m^2·d)$，虽然有研究将 HL 提升至 0.30～0.40$m^3/(m^2·d)$ 甚至更高，但对于以土壤为主要载体的渗滤系统来说，能够维持系统自适应能力并保障系统安全稳定运行的 HL 依然不建议过高(李英华等, 2012)。HL 是地下渗滤系统运行时最为常见的不稳定因素，直接影响基质层微环境，进而体现在脱氮效果上。建议的 HL 与基质组成和有机负荷存在相互关联，HL=0.08～0.12$m^3/(m^2·d)$ 常被视为安全的范围(Zhang et al., 2004; 李彬等, 2007a)。

为此，设定 0.04$m^3/(m^2·d)$ 为低 HL、0.06～0.10$m^3/(m^2·d)$ 为中 HL、0.14～0.18$m^3/(m^2·d)$ 为高 HL，在干湿交替运行方式下，监测 HL 波动对基质层 ORP

的影响。

1. 低水力负荷条件下 ORP 变化规律

将运行稳定的系统 HL 调整为 0.04m^3/(m^2·d)，基质层 ORP 变化情形如图 4-4 所示。

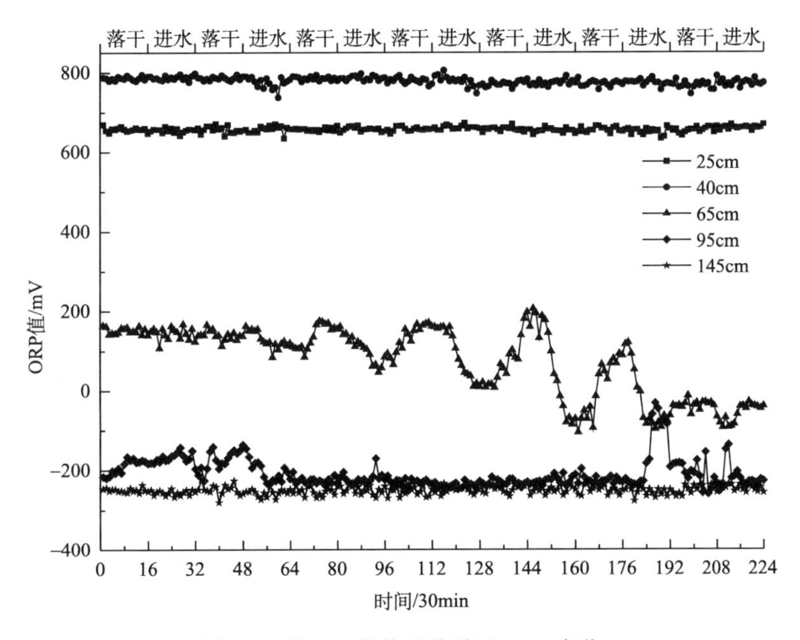

图 4-4　低 HL 条件下基质层 ORP 变化

监测结果表明，在交替运行条件下，除基质层 65cm 剖面外，其他剖面 ORP 基本稳定，分别保持在 670mV、780mV、–220mV 和–260mV。65cm 剖面 ORP 波动较大，并逐渐下降，最终稳定在–100mV(进水期)到 100mV(落干期)之间，并呈现交替变化规律。随着系统逐渐适应并稳定后，65cm 剖面处氧化还原微环境也由好氧水平逐渐变为并稳定在缺氧-厌氧交替状态。当系统在小 HL 条件下运行时(干湿交替)，40cm 剖面以上和 145cm 剖面区域氧化还原微环境基本不受影响。

表 4-2 为渗滤系统基质层土水势变化情况。65cm 剖面与 95cm 剖面土水势随干湿交替出现上升-下降变化趋势，含水量先增加后减小，但始终为非饱和状态。虽然土水势变幅较小，但足以影响基质表层复氧。值得注意的是，由于在低 HL 条件下进水 DO 总量有限，因此上述区域 ORP 出现随进水下降、落干后回升交替变化的特征。

表 4-2 低 HL 条件下基质层土水势变化

床体位置/cm	土水势单位/kPa									
	进水					落干				
	1.5h	3.0h	4.5h	6.0h	7.5h	1.5h	3.0h	4.5h	6.0h	7.5h
25	−13.41	−13.35	−13.24	−13.03	−13.35	−12.63	−12.73	−12.90	−13.03	−13.18
40	−10.00	−9.62	−9.48	−9.20	−9.09	−10.02	−10.36	−10.58	−10.76	−10.82
65	−10.03	−9.76	−9.47	−9.24	−9.09	−9.52	−9.84	−10.00	−10.13	−10.26
95	−7.90	−7.50	−7.29	−7.06	−6.92	−7.80	−10.35	−8.37	−8.58	−8.63
145	−5.47	−5.38	−5.32	−5.18	−5.10	−5.05	−5.17	−5.31	−5.41	−5.46

2. 中水力负荷条件下 ORP 变化规律

将运行稳定的系统 HL 分别调整为 $0.06m^3/(m^2·d)$ 和 $0.10m^3/(m^2·d)$，基质层 ORP 变化情形如图 4-5 和图 4-6 所示。

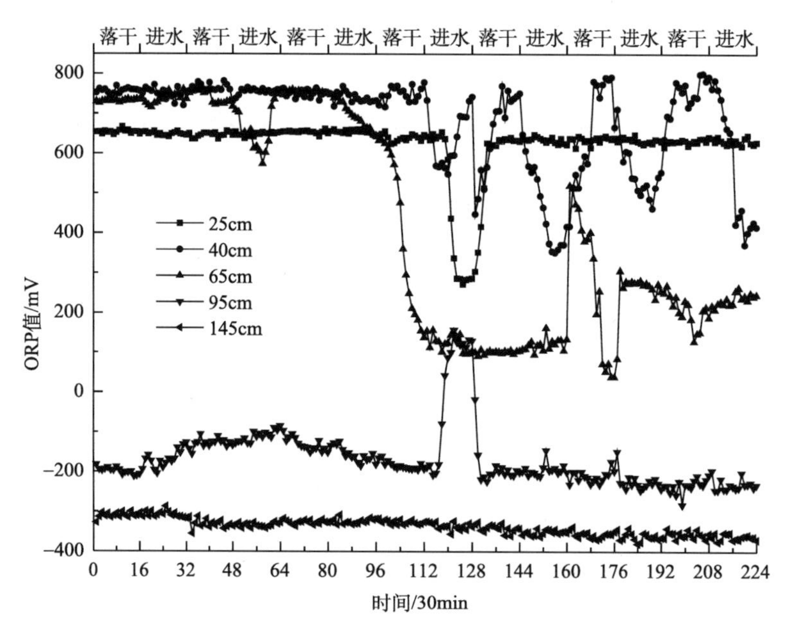

图 4-5 中 HL[$0.06m^3/(m^2·d)$]条件下基质层 ORP 变化

监测结果表明，HL=$0.06m^3/(m^2·d)$时，基质层 40cm 与 65cm 剖面 ORP 均不同程度降低，但后者在第三个干湿周期时由 750mV 左右急剧下降至 100mV，当系统适应负荷冲击后，ORP 稳定在 380mV(进水期)到 100mV(落干期)水平，而前者则在第四个干湿周期时急剧发展为 450mV(进水期)和 750mV(落干期)，并呈

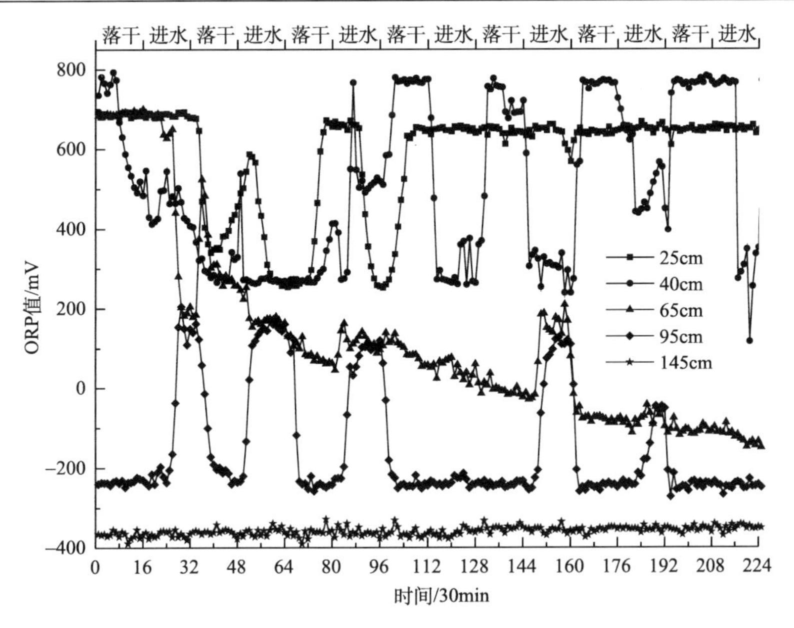

图4-6 中HL[$0.10m^3/(m^2·d)$]条件下基质层ORP变化

现交替变化。25cm剖面ORP基本维持在660mV水平，只在第四个湿周期下降至300mV，之后迅速恢复。95cm与145cm剖面ORP小幅下降，但始终保持在–330～–200mV，不过前者在第四个湿周期时迅速上升至120mV，落干后恢复至原水平。

HL=$0.10m^3/(m^2·d)$时，基质层145cm剖面ORP始终处于–380mV水平，其余剖面ORP均受干湿交替影响，65cm剖面ORP对干湿交替的响应最敏感，在总体下降的趋势内呈现下降-上升波动，最终稳定于–100mV左右。40cm与95cm剖面ORP总体变化规律类似，但在第五个湿周期，前者ORP下降至280mV，干周期恢复至780mV，而后者在湿周期上升至150mV，干周期恢复至–230mV，呈相反变化规律，这提示基质层存在异常的氧化还原微环境波动，这种波动可能与HL有关。

中HL运行条件对基质层ORP具有明显影响，但即使HL逐渐增大，40cm剖面以上区域也始终保持在好氧状态。65～95cm剖面之间区域ORP变化最剧烈，ORP变化总体有规律可循，但出现了与常规理论背离的现象，表明地下渗滤系统基质层ORP分区存在非线性动态波动的可能性。

3. 高水力负荷条件下ORP变化规律

将运行稳定的系统HL分别调整为$0.14m^3/(m^2·d)$和$0.18m^3/(m^2·d)$，基质层ORP变化情形如图4-7和图4-8所示。

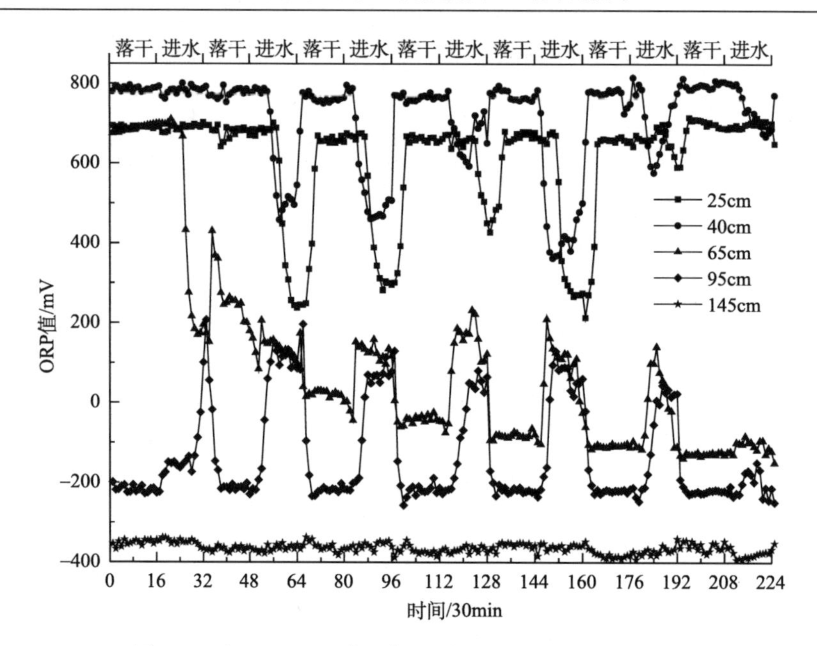

图 4-7　高 HL[$0.14m^3/(m^2·d)$]条件下基质层 ORP 变化

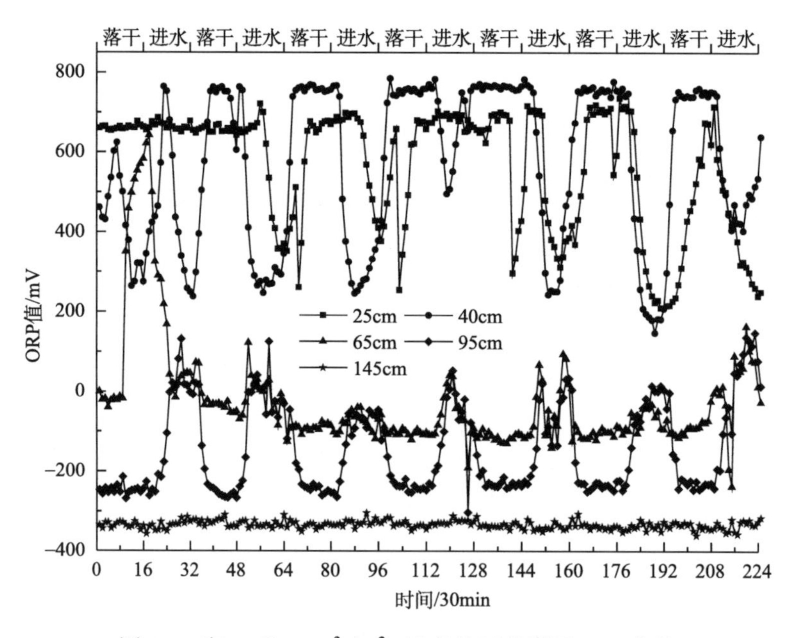

图 4-8　高 HL[$0.18m^3/(m^2·d)$]条件下基质层 ORP 变化

监测结果表明，当 HL=$0.14m^3/(m^2·d)$时，95cm 剖面以上区域 ORP 波动变化非常明显，且各层 ORP 变化具有同步性。然而，观测到一个异常的现象：40cm 剖面 ORP 始终高于 25cm 剖面，用经典土壤学知识无法解释这一现象。这一异常现象的出现，表明即使在基质层上层，渗滤完全不饱和区，ORP的空间变化也存在穿透，氧化还原电位随土壤深度减小的规律并不完全适用于污水地下渗滤系统。

继续提高HL至$0.18m^3/(m^2·d)$，基质层ORP变化与HL=$0.14m^3/(m^2·d)$时基本相同，不同之处是在湿周期25cm与40cm剖面ORP下降幅度增大10%～25%，在干周期65cm与95cm剖面ORP上升幅度减小15%～20%。

总体上，在高HL条件下运行时，基质层40cm以上区域ORP随干湿交替运行呈现下降-上升规律，而65cm与95cm之间区域呈现上升-下降规律。这一现象更加直接地证明了HL越高基质层ORP分区变化越复杂，非线性变化越显著。

4.3.2 间歇运行方式对基质层ORP变化的影响

间接进水是污水地下渗滤系统维持自适应性的重要方式。在$0.04m^3/(m^2·d)$和$0.10m^3/(m^2·d)$两个HL条件下，研究连续进水与干湿交替对ORP变化的影响。

1. 连续进水运行时基质床体ORP变化规律

连续进水条件下基质层ORP变化如图4-9和图4-10所示。

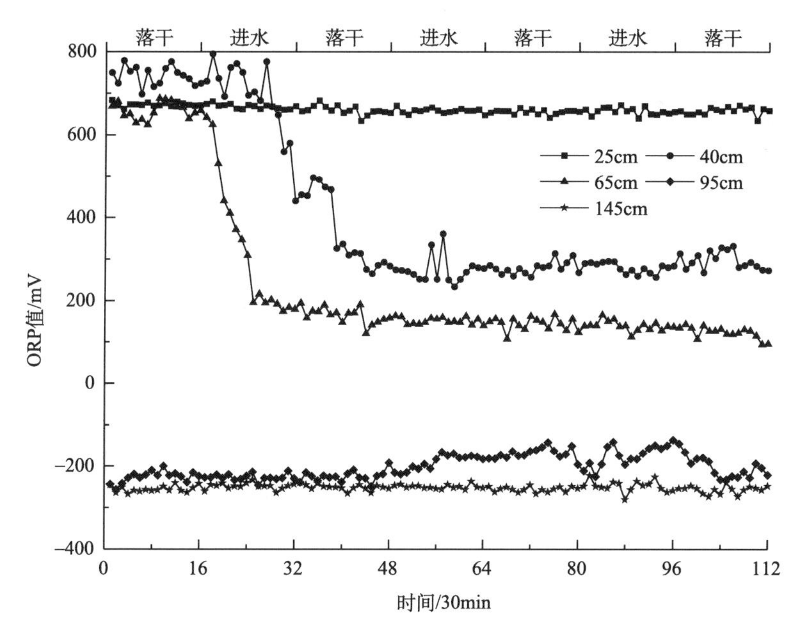

图4-9 HL=$0.04m^3/(m^2·d)$且连续运行条件下基质层ORP变化

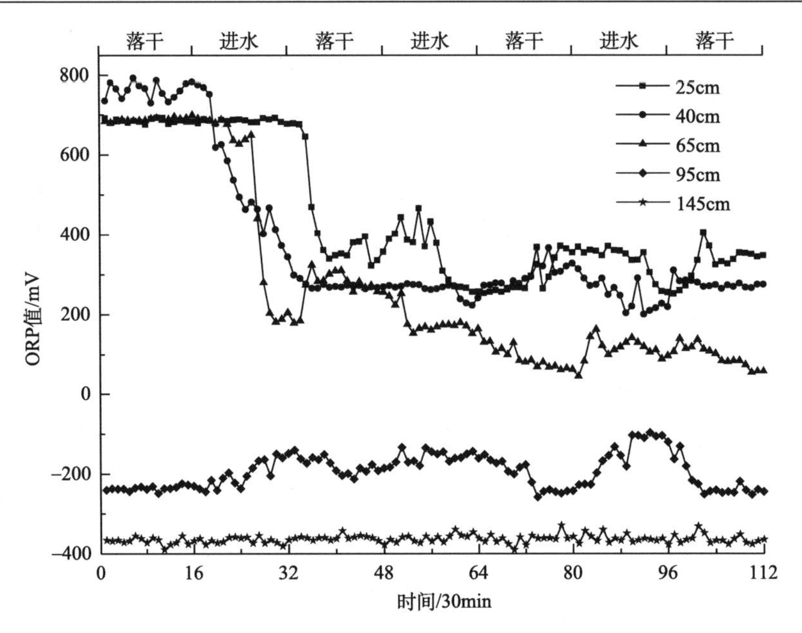

图 4-10　HL=0.10m^3/(m^2·d)且连续运行条件下基质层 ORP 变化

HL=0.04m^3/(m^2·d)时，系统连续进水，基质层散水区 ORP 快速响应，急剧下降。65cm 剖面 ORP 响应时间约为 720min，落干期 ORP 从 680mV 下降至 200mV，最终稳定在 90mV。40cm 剖面 ORP 响应时间约为 1200min，落干期 ORP 从 740mV 下降至 300mV，之后降至 260mV 又缓慢回升，最终稳定在 320mV 左右。25cm 与 145cm 剖面 ORP 基本无变化。与低 HL 相比，HL=0.10m^3/(m^2·d)时，基质层 ORP 变化特征基本相同，但响应时间缩短，稳定值也有较大变化。

2. 干湿交替运行时基质床体 ORP 变化规律

干湿交替运行条件下基质层 ORP 变化如图 4-11 和图 4-12 所示。

HL=0.04m^3/(m^2·d)时，干湿交替运行，除 65cm 剖面外，基质层其他区域 ORP 变化细微。65cm 剖面 ORP 在湿周期下降至−100～0mV，干周期恢复至 200mV 水平，交替变化，总体呈现缓慢下降趋势。

HL=0.10m^3/(m^2·d)时，25cm、40cm 和 95cm 剖面 ORP 均快速变化。在湿周期内，25cm 与 40cm 剖面 ORP 分别由 700mV、780mV 降至 300mV 与 450mV，而 95cm 剖面 ORP 则由−200mV 上升至 50mV；在干周期，上述三个剖面 ORP 均又恢复至初始水平。65cm 剖面 ORP 随进水-落干运行快速下降，当系统适应 HL 冲击后，呈现与 95cm 剖面类似的变化规律，干周期保持在−90mV，湿周期上升至 150mV，交替变化。

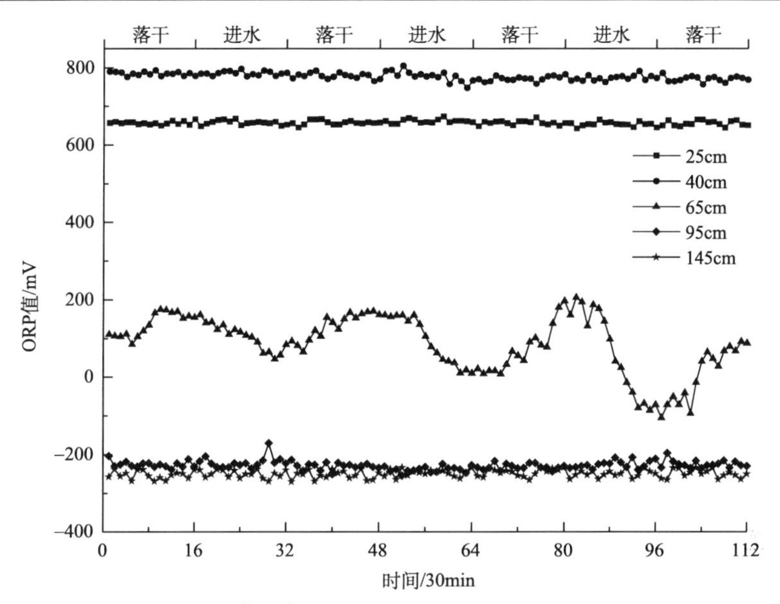

图 4-11　HL=0.04m^3/(m^2·d)且干湿交替运行条件下基质层 ORP 变化

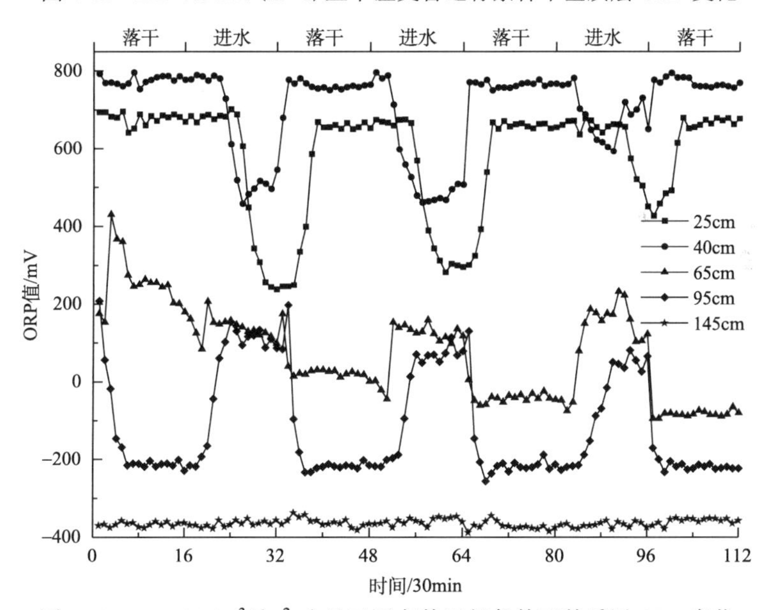

图 4-12　HL=0.10m^3/(m^2·d)且干湿交替运行条件下基质层 ORP 变化

65cm 与 95cm 剖面 ORP 的异常变化现象表明，干湿交替运行与连续进水运行条件下，前者能够诱导 ORP 非线性分区现象发生，与 HL 诱导相比，这种现象更明显。这种 ORP 分区异常必将导致脱氮微生物种群结构混乱，在较长时间内无法提供稳定的脱氮能力，从而降低系统的运行效率(Zhang et al., 2018)。为此，合理设计干湿交替周期，并制定理想的 HL 条件，是维系地下渗滤系统脱氮能力的关键。

4.3.3　环境温度对基质层 ORP 变化的影响

基质层 ORP 波动是多种氧化还原反应的结果，环境温度是敏感性较高的因素之一，分析不同温度下 ORP 的变化情况，对研究基质层氧化还原微环境具有重要意义(Gao et al., 2003)。在 HL=0.04$m^3/(m^2 \cdot d)$且干湿交替运行条件下，分析了环境温度对 ORP 的影响，监测结果如图 4-13～图 4-17 所示。

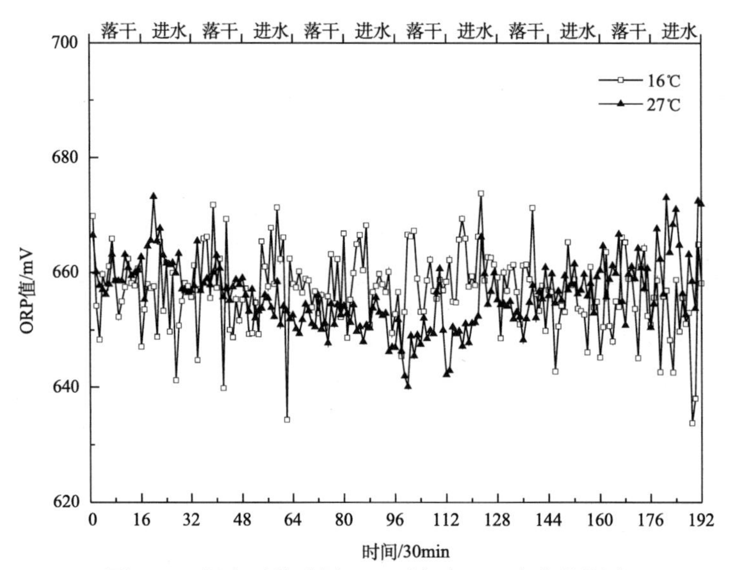

图 4-13　温度对基质层 25cm 剖面 ORP 变化的影响

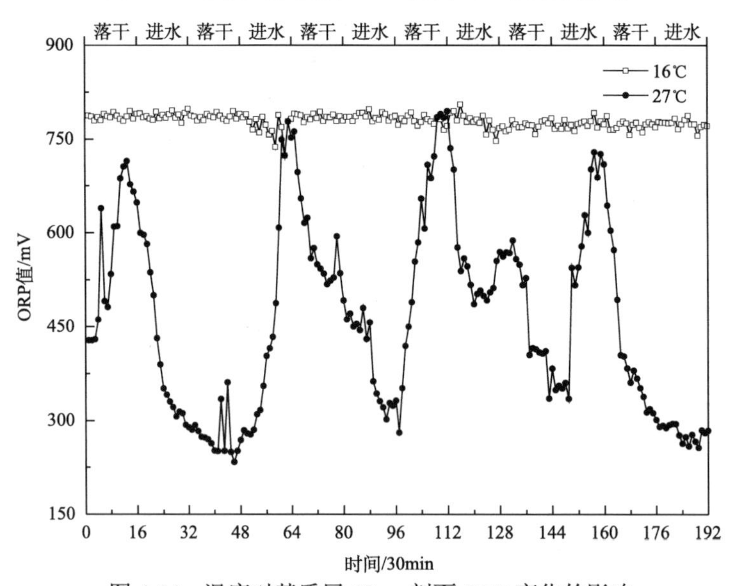

图 4-14　温度对基质层 40cm 剖面 ORP 变化的影响

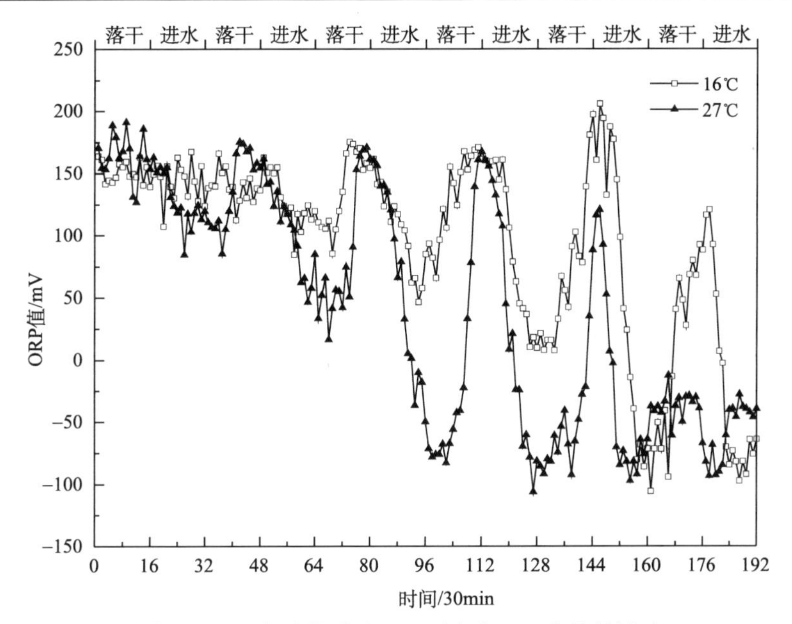

图 4-15　温度对基质层 65cm 剖面 ORP 变化的影响

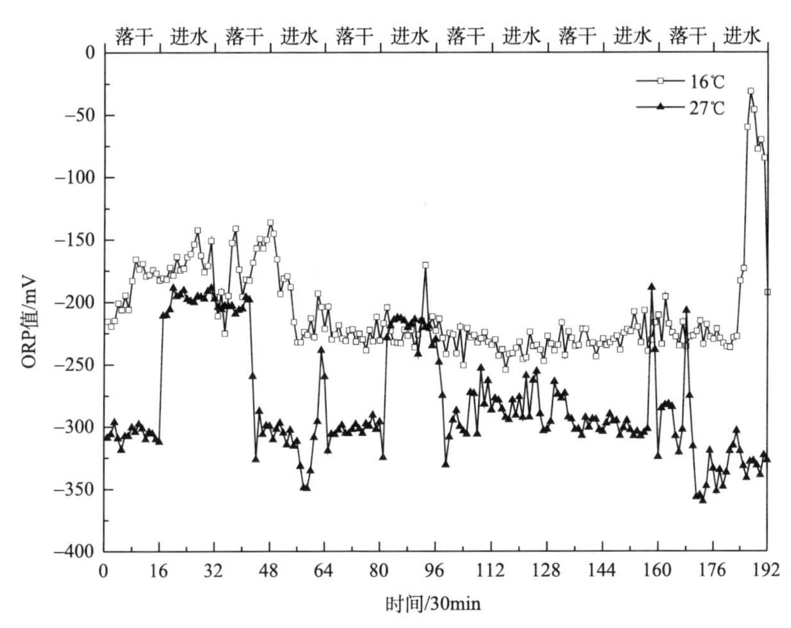

图 4-16　温度对基质层 95cm 剖面 ORP 变化的影响

从监测结果可见，基质层 25cm 剖面 ORP 受温度影响较小，在 16℃、27℃两个温度条件下，该剖面 ORP 基本不变，稳定在 660mV 左右，表明温度对表层 ORP 影响较小，表层含氧量较高，空气扩散能够维持该区域的好氧环境。在 16℃时，

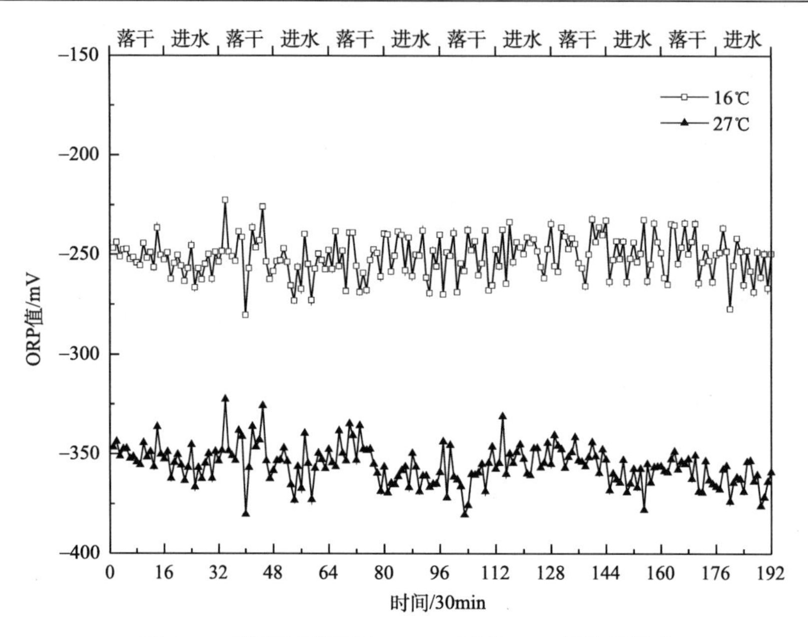

图 4-17　温度对基质层 145cm 剖面 ORP 变化的影响

40cm 剖面 ORP 稳定在 790mV 左右，而 27℃时，却呈现湿周期下降至 250mV、干周期回升至 790mV 的交替变化。究其原因可能是，湿周期基质层 40cm 区域水饱和度增加，土壤含氧量减小，但温度可抑制 DO 转移，有利于维持 ORP 稳定；温度升高时，微生物活性增强，耗氧量增加，复氧速率不能满足系统所需，因此 ORP 呈现交替变化。

基质层 65cm 剖面 ORP 随进水下降、落干上升，但 27℃时的变化幅度大于 16℃的情形。原因是基质层 65cm 区域空气扩散能力已非常有限，ORP 变化主要为进水携带 DO。温度升高时，DO 溢出速度加快，微生物活性增强，故湿周期 ORP 下降幅度大且迅速，落干时回升幅度小且缓慢。

基质层 95cm 和 145cm 剖面 ORP 变化规律相同，27℃时 ORP 均比 16℃时低约 100mV，但均可保持稳定状态，只在 95cm 剖面区域处出现小幅变化。究其原因可能是，温度升高，上层基质内微生物分解有机物消耗氧气速度加快，导致重力区污水残留 DO 小于温度低时。

4.3.4　基质层 ORP 空间波动规律解析

上述连续观测/监测结果表明，地下渗滤系统基质层 ORP 分区具有局部区域非线性不连续的特点，这种氧化还原微环境非线性分区波动现象与基质层理化性质、运行条件、外部环境等存在复杂的关联。

1. 上层基质 ORP 变化规律

在本研究条件下，上层基质指 40cm 剖面以上区域至地表植物。在不同 HL 条件下，上层基质 ORP 变化如图 4-18 和图 4-19 所示。

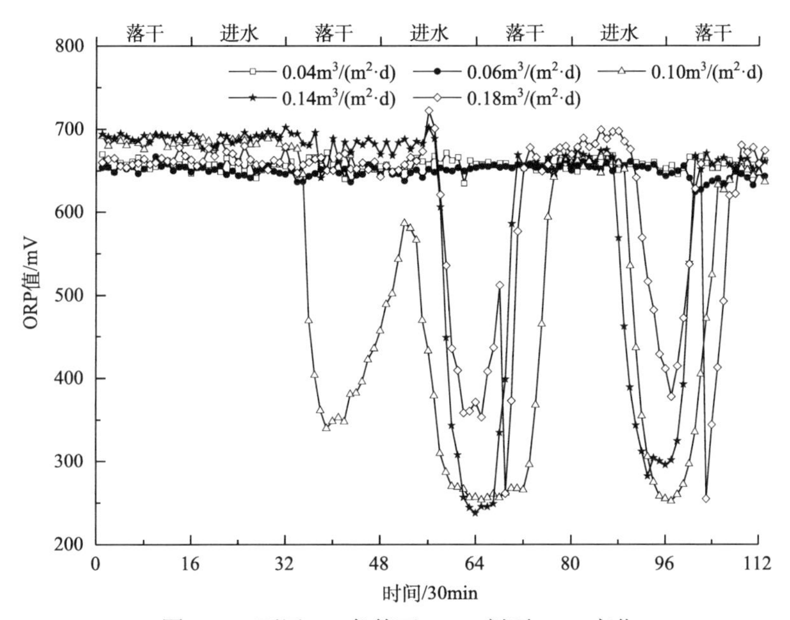

图 4-18　不同 HL 条件下 25cm 剖面 ORP 变化

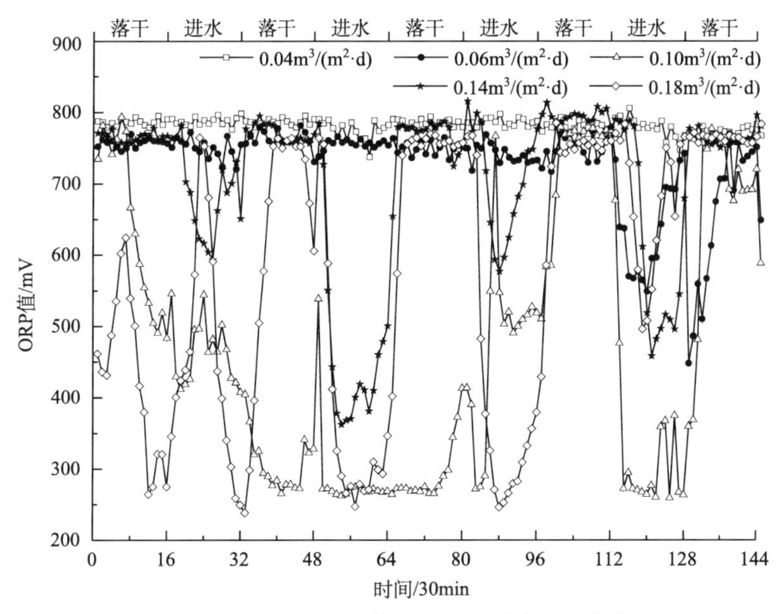

图 4-19　不同 HL 条件下 40cm 剖面 ORP 变化

在中低 HL[0.04～0.10m^3/(m^2·d)]条件下，上层基质 ORP 受干湿交替影响较小，保持在 670～760mV 水平。当 HL>0.10m^3/(m^2·d)时，ORP 下降至 250～400mV 范围，且 HL 越高，下降幅度越大，在干周期时，ORP 逐渐回升，保持在 600mV 左右。继续增加 HL，上层基质 ORP 呈下降-上升交替变化，但 ORP 变化的响应时间不同，一般晚于进水、落干节点，25cm 剖面延迟 3～4h，40cm 剖面延迟 2.5～3.5h。

可见，地下渗滤系统 HL 处于 0.04～0.18m^3/(m^2·d)水平时，上层基质都能保持好氧环境，即使高 HL 运行，ORP 出现进水下降现象，ORP 也处在 200mV 以上，并在干周期迅速恢复。

Niimi 槽式地下渗滤系统散水区为水力毛细爬升区，湿周期内水流在毛管作用下向四周扩散、爬升，导致上层基质含水量增加，部分基质空隙氧气因毛细空间被水流填充而扩散逸出，造成亚表层基质 ORP 值下降。在干周期，毛细爬升作用减弱，在重力势作用下，上层污水扩散下渗，基质层含水量下降，土水势产生变化，结果见表 4-3 和表 4-4 所示。

表 4-3　干湿交替运行条件下 25cm 剖面土水势变化

水力负荷/[m^3/(m^2·d)]	土水势单位/kPa									
	进水					落干				
	1.5h	3.0h	4.5h	6.0h	7.5h	1.5h	3.0h	4.5h	6.0h	7.5h
0.04	−13.41	−13.35	−13.24	−13.03	−13.35	−12.63	−12.73	−12.90	−13.03	−13.18
0.06	−13.34	−21.39	−12.40	−12.10	−12.01	−12.38	−12.69	−12.99	−13.08	−13.31
0.10	−11.62	−11.25	−11.07	−10.66	−10.39	−10.84	−11.19	−11.47	−11.73	−11.97
0.14	−11.41	−10.69	−10.36	−10.22	−10.13	−10.56	−10.96	−11.29	−11.56	−11.84
0.18	−10.28	−9.87	−9.58	−9.45	−9.34	−9.66	−9.94	−10.09	−10.26	−10.44

表 4–4　干湿交替运行条件下 40cm 剖面土水势变化

水力负荷/[m^3/(m^2·d)]	土水势单位/kPa									
	进水					落干				
	1.5h	3.0h	4.5h	6.0h	7.5h	1.5h	3.0h	4.5h	6.0h	7.5h
0.04	−10.03	−9.76	−9.47	−9.24	−9.09	−9.52	−9.84	−10.00	−10.13	−10.26
0.06	−9.63	−9.17	−8.87	−8.74	−8.74	−9.43	−9.80	−10.01	−10.20	−10.34
0.10	−8.33	−8.01	−7.72	−7.45	−7.22	−7.78	−8.15	−11.48	−8.70	−8.94
0.14	−8.09	−7.48	−7.21	−10.23	−6.99	−7.47	−7.88	−8.20	−8.48	−8.77
0.18	−7.03	−6.58	−6.31	−6.18	−6.07	−6.46	−6.73	−6.95	−7.12	−7.31

2. 中层基质 ORP 变化规律

中层基质为 40～95cm 剖面之间区域，包含缺氧与缺氧-厌氧交替微环境。在不同 HL 条件下，中层基质 ORP 变化如图 4-20 和图 4-21 所示。

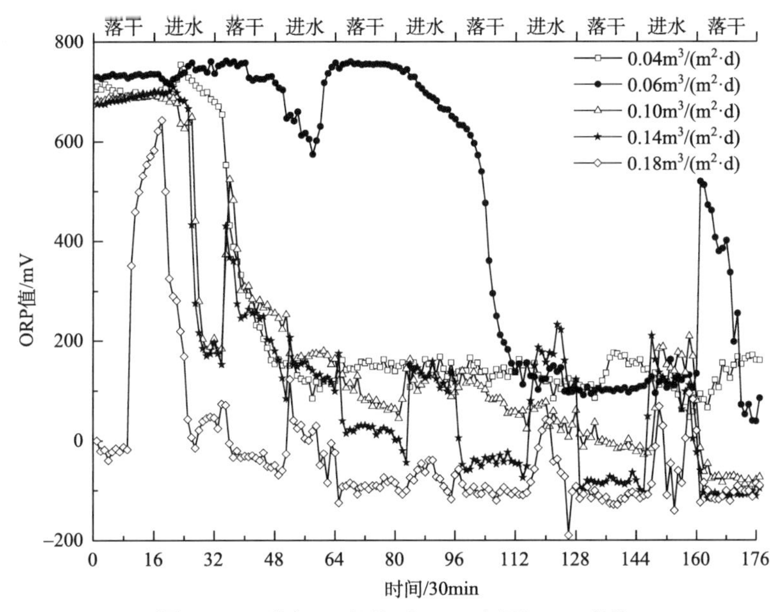

图 4-20　不同 HL 条件下 65cm 剖面 ORP 变化

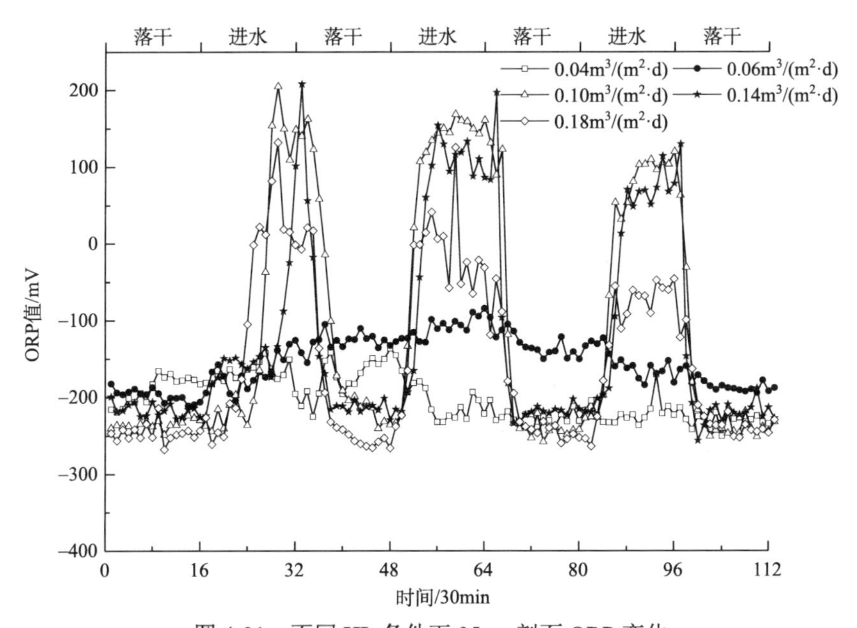

图 4-21　不同 HL 条件下 95cm 剖面 ORP 变化

在不同 HL 条件下，中层基质 ORP 变化异常剧烈。水力负荷越大，湿周期 ORP 上升幅度越小。65cm 剖面微生物活动性强，消耗大部分 DO，导致 ORP 急剧下降，该区域土水势变化见表 4-5 所示。95cm 剖面 ORP 在湿周期上升，产生异常，可能是因为该区域为重力水流区，在重力作用下污水携带残余 DO 进入下层，导致 ORP 升高，该区域土水势变化见表 4-6 所示。

表 4-5　干湿交替运行条件下 65cm 剖面土水势变化

水力负荷/[$m^3/(m^2·d)$]	土水势单位/kPa									
	进水					落干				
	1.5h	3.0h	4.5h	6.0h	7.5h	1.5h	3.0h	4.5h	6.0h	7.5h
0.04	–10.00	–9.62	–9.48	–9.20	–9.09	–10.02	–10.36	–10.58	–10.76	–10.82
0.06	–9.60	–9.07	–8.79	–8.70	–8.75	–9.90	–10.20	–10.48	–10.21	–10.75
0.10	–8.17	–7.79	–7.52	–7.32	–7.16	–8.35	–8.73	–9.03	–9.30	–9.54
0.14	–7.46	–6.91	–6.66	–6.52	–6.42	–7.48	–8.33	–8.67	–8.97	–9.27
0.18	–6.13	–5.76	–5.55	–5.48	–5.41	–6.96	–7.27	–6.95	–7.70	–7.31

表 4-6　干湿交替运行条件下 95cm 剖面土水势变化

水力负荷/[$m^3/(m^2·d)$]	土水势单位/kPa									
	进水					落干				
	1.5h	3.0h	4.5h	6.0h	7.5h	1.5h	3.0h	4.5h	6.0h	7.5h
0.04	–7.90	–7.50	–7.29	–7.06	–6.92	–7.80	–10.35	–8.37	–8.58	–8.63
0.06	–7.48	–7.00	–6.68	–6.56	–6.60	–7.66	–8.02	–8.28	–8.50	–10.75
0.10	–5.97	–5.59	–5.28	–5.01	–4.90	–5.91	–6.33	–6.66	–6.93	–7.18
0.14	–5.41	–4.71	–6.64	–4.17	–6.41	–5.83	–6.30	–6.63	–6.93	–7.24
0.18	–3.82	–3.26	–2.99	–2.84	–5.41	–4.35	–4.74	–5.17	–5.37	–5.57

3. 底层基质 ORP 变化规律

底层基质指 95cm 剖面以下区域，为完全厌氧区。在不同 HL 条件下，底层基质 ORP 变化如图 4-22 所示。

不同 HL 条件下，底层基质 ORP 基本不受影响，始终保持在恒定水平波动，处在–360～–240mV，为完全厌氧状态。低 HL 与高 HL 的区别是前者条件下 ORP 相对较高，稳定在–240mV 左右，后者条件下 ORP 较低，稳定在–360～–300mV 范围。

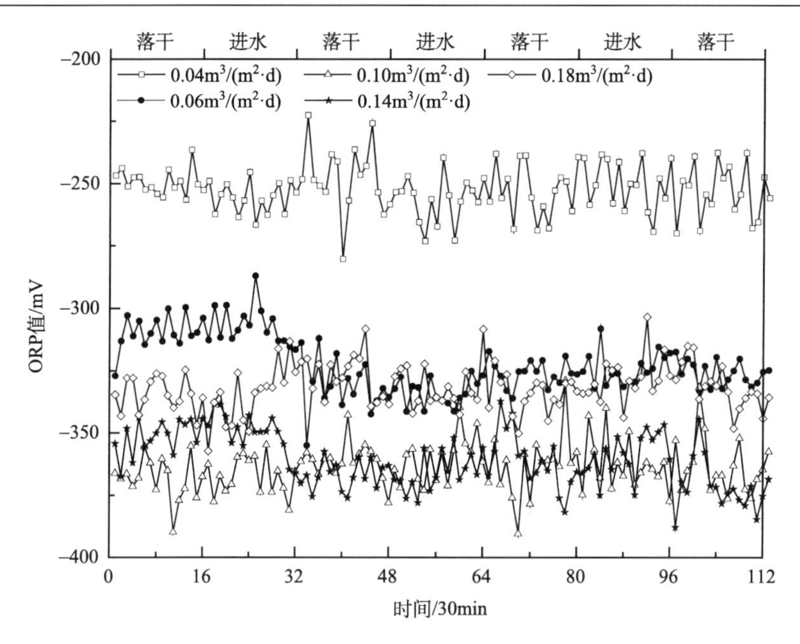

图4-22　不同HL条件下底层基质ORP变化

表4-7为不同HL条件下底层基质土水势变化，结果表明换土水势始终保持饱和或过饱和状态，含水量恒定。

表4-7　干湿交替运行条件下底层基质土水势变化

水力负荷/[$m^3/(m^2·d)$]	土水势单位/kPa									
	进水					落干				
	1.5h	3.0h	4.5h	6.0h	7.5h	1.5h	3.0h	4.5h	6.0h	7.5h
0.04	−5.47	−5.38	−5.32	−5.18	−5.10	−5.05	−5.17	−5.31	−5.41	−5.46
0.06	−5.44	−5.31	−3.68	−4.09	−4.10	−3.66	−5.23	−5.35	−5.37	−5.44
0.10	−4.39	−4.16	−4.07	−4.91	−4.78	−4.89	−4.14	−4.31	−4.40	−4.53
0.14	−4.53	−3.03	−3.77	−3.60	−3.56	−3.14	−1.30	−4.65	−4.77	−4.89
0.18	−3.74	−3.06	−2.60	−2.31	−2.23	−3.08	−1.74	−3.88	−3.92	−4.06

4.3.5　基质Fe-Mn-S体系对ORP的影响

与土壤环境类似，地下渗滤系统基质层氧化还原体系也是由复杂有机-无机单氧化还原体系组成的复杂体系，主要包括O_2/H_2O、Fe/Mn离子、S和H_2体系等(杨国治, 1983)。地下渗滤系统基质不同于普通土壤，且处在进水-落干交替状态，其氧化还原反应更复杂。在复杂水力学作用下，基质Fe、Mn、S离子既可随水流上升，也可随水流向下扩散，迁移范围广泛。研究基质 Fe、Mn、S 离子对 ORP 的影响，具有重要意义。

1. 铁离子环境行为对 ORP 的影响

铁为土壤中活泼的变价金属，不仅参与沉淀-溶解平衡、络合-离解平衡和吸附-解吸平衡，还参与并影响氧化-还原平衡，对 ORP 变化产生深刻的影响(丁昌璞和徐仁扣, 2011)。Fe 在基质层中的主要环境行为及氧化还原反应包括

$$4Fe^{2+}+O_2+4H^+ \longrightarrow 4Fe^{3+}+2H_2O$$

$$3Fe^{2+} \xrightarrow{\text{微生物}} 2Fe^{3+}+\Delta E$$

$$Fe_2O_3+6H^+ \longrightarrow 2Fe^{3+}+3H_2O$$

当基质处于非饱水状态时，铁主要以不可溶的 Fe^{3+}存在，基质呈现红色、黄色、橙色或棕色；当基质处于淹水状态时，Fe^{3+}被还原成可溶性的 Fe^{2+}，导致 ORP 降低。

表 4-8 为 HL=0.14m^3/(m^2·d) 条件下基质 Fe^{2+}含量变化情况。上层基质 Fe^{2+}的含量较低，随着基质深度增加，Fe^{2+}含量逐渐上升，在 65cm 处达到最大，之后逐渐下降。当系统干湿交替运行时，25cm、95cm 与 145cm 剖面 Fe^{2+}含量几乎不发生变化， 40cm 与 65cm 剖面变化较大，随进水上升、落干降低，尤以 45cm 处最显著。从前述研究可知，HL=0.14m^3/(m^2·d) 时，上层基质 ORP 由 700mV 降至 300～400mV，中层基质由–200～–100mV 上升至 100～200mV，表明铁离子的相互转化过程与 ORP 变化具有密切关系。

表 4-8　干湿交替运行时基质 Fe^{2+}含量变化

位置/cm	Fe^{2+}含量单位/(mg/kg)			
	进水 4h	进水 8h	落干 4h	落干 8h
25	2.37	2.84	2.72	2.16
40	12.37	21.12	17.56	6.78
65	25.24	29.65	26.53	23.72
95	18.46	19.63	18.39	18.14
145	5.31	5.46	5.27	5.39

在 ORP 为 400～650mV 的氧化环境下，O 为主控元素，ORP 为–200～0mV 的还原环境下，S 为主控元素，只有在 ORP 为 0～200mV 和 200～400mV 的弱还原与弱氧化环境下，Fe 才为主控元素，并且在还原环境中，得电子的强弱顺序为 O_2>NO_3^->Mn^{4+}> Fe^{3+}>SO_4^{2-}>CO_2。因此，在渗滤系统中，床体底层 Fe^{2+}的含量反而

较低。可见，铁离子的环境行为对渗滤系统 ORP 变化有一定影响，但仅在基质层 40～50cm 区域最明显。

2. 锰离子环境行为对 ORP 的影响

土壤中 Mn 的形态转化决定于环境中的 ORP 变化、pH 及水合反应等一系列的复杂变化，因此 Mn 的形态发生转化与 ORP 变化密切相关(丁昌璞和徐仁扣，2011)。氧化条件下，土壤中的 Mn^{2+}可在氧化剂(主要以 O_2 为主)作用下转化为 Mn^{4+}与过渡态的 Mn^{3+}，但最终都会被氧化成为 Mn^{4+}，形成高价的固态锰氧化物，Mn^{2+}失电子，导致 ORP 升高；还原条件下，Mn^{4+}被还原成可溶性的 Mn^{2+}，并可以渗出土壤，溶解在孔隙水中，使 ORP 降低。另外，由于土壤是一个复杂的多组分体系，微生物含量丰富，多种锰氧化还原菌也会参与 Mn 的氧化还原中，在其利用 Mn 的过程中，发生得失电子、利用 H^+等反应，引起 ORP 变化。锰离子氧化、还原反应主要有

$$MnO_2+4H^++2e^- \longrightarrow Mn^{2+}+2H_2O$$

$$2MnO_4^-+3Mn^{2+}+2H_2O \longrightarrow 5MnO_2+4H^+$$

干湿交替运行导致基质层氧化-还原微环境交替变化，尤其在中层基质内，弱氧化与弱还原环境非常适宜锰细菌的氧化、还原作用及 Mn 的非生物学转化，其转化形式与机理与 Fe 的转化基本相似。

3. 硫离子环境行为对 ORP 的影响

土壤中 S 一般以有机和无机两种形式存在，当好氧环境时，难溶性有机硫被转化为硫酸盐，缺氧还原环境下则为硫化物，强还原条件时，还可进一步被还原产生 H_2S，进而 S^{2-}与 Fe^{2+}生成 FeS 等金属硫化物(杨国治，1983)。S 的氧化还原转化不仅与化学氧化还原有关系，还受限于微生物的氧化还原作用，并且受水分、温度、pH 等影响，与 ORP 变化相互作用。

地下渗滤系统具有良好的氧化还原微环境，基质床体上层的氧化环境有利于有机硫氧化与微生物分解、矿化生成 SO_4^{2-}，而床体下层的厌氧环境中，在硫还原菌的作用下硫酸盐被还原生成硫化物，同时 ORP 降低，而 ORP 越低越有利于此过程的发生。表 4-9 为渗滤系统 HL=0.14m³/(m²·d)时不同基质层出水 SO_4^{2-}含量变化情况。

表 4-9　不同基质层出水 SO_4^{2-}含量

项目	含量/(mg/L)						
	进水	25cm	40cm	65cm	95cm	145cm	出水
SO_4^{2-}	72.12	194.53	186.37	162.37	133.69	127.42	124.26

上层基质出水中 SO_4^{2-} 含量较高，在 95cm 处降至 133.69mg/L，随后保持稳定。上层基质有机硫被微生物氧化作用及化学氧化转化为 SO_4^{2-}，溶解在空隙水中，从而导致上层基质出水 SO_4^{2-} 含量高。下层基质中，在还原菌的作用下 SO_4^{2-} 被还原为 S^{2-}，硫化物不断生成累积，导致 ORP 降低。虽然 ORP 越低越有利于 SO_4^{2-} 还原，但是 SO_4^{2-} 的还原及硫化物的生成还受有机质含量、Fe^{3+}/Fe^{2+} 比值、温度及微生物活性的影响，因此当系统稳定运行后，下层还原环境基本不变，SO_4^{2-}/HS^-、S/HS^- 体系也就基本处于平衡状态，SO_4^{2-} 的含量也就较上层少。

4.3.6　基质层 ORP 变化数值模拟

基质层 ORP 不仅受水力行为、水动力弥散、微生物消耗、扩散复氧等影响，还受运行工艺、工程类型等影响，存在影响因素权重不确定性，难于通过动力学及热力学手段构建 ORP 动态变化模型。因此，在已测数据基础上，通过数值模拟，能够从另一角度准确掌握 ORP 的动态变化过程，探索基质 ORP 时空变化规律，从而为定量描述这一变化提供数据支持。

1. 基质层 ORP 变化 BP 神经网络预测

如何确定隐含层数及神经元个数为 BP 神经网络应用的难点，一个具有足够神经元的单隐含层 BP 神经网络，可通过连接权值与传递函数的合适选择，逼近输入与输出间的可测量、光滑的函数。因此，本节利用 Matlab R2013a 中的人工神经网络应用模块建立单隐含层、16 个神经元的网络结构，在隐含层中采用广泛使用的 S 形曲线非线性传递函数，并选用 trainlm 训练预测模型。

将不同 HL 条件下，按剖面深度对 ORP 监测数据分组，用输出值与实际值的平均相对误差（RD_{avg}）和样本标准差（SD）评价预测结果。首先利用肖维勒准则剔除粗大误差，再用多元线性回归的方法予以填充。将每组数据分成两部分，一部分用以训练 BP 神经网路模型，一部分用以检测其预测效果。

模型训练完成后，各组预测输出值与实际值比较情况如图 4-23～图 4-27 所示［以 $HL=0.04m^3/(m^2·d)$ 和 $0.14m^3/(m^2·d)$ 为例］。

从预测结果可知，65cm、95cm 和 145cm 剖面预测值与实际值相差较小，且变化规律也与真实情况一致。可见，经过训练的 BP 神经网络预测模型可很好地预测稳定运行时各基质层 ORP 的变化情况。

据此，对干湿交替运行条件下 ORP 的变化进行预测，并与实测值进行对照（以 65cm、95cm 剖面为例），结果如图 4-28 所示。

结果表明，预测值与实测值及相关规律吻合度非常高，表明 BP 神经网络预测技术可用于污水地下渗滤系统基质微环境解译。

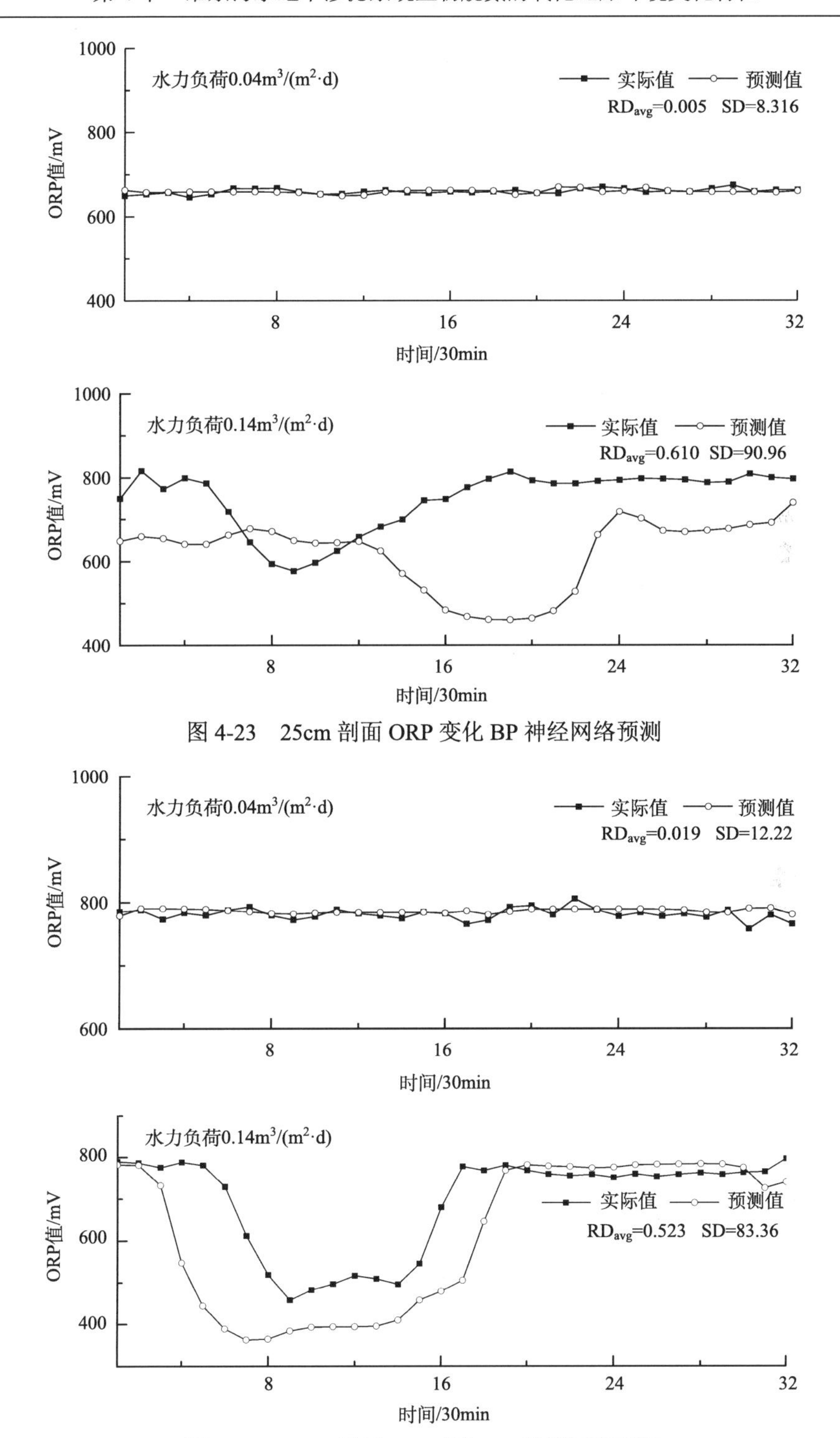

图 4-23　25cm 剖面 ORP 变化 BP 神经网络预测

图 4-24　40cm 剖面 ORP 变化 BP 神经网络预测

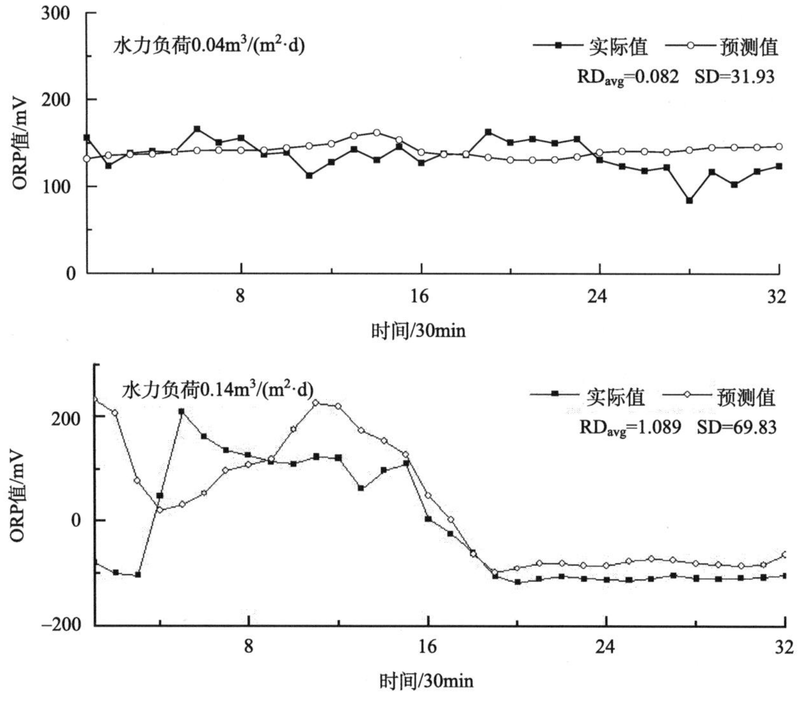

图 4-25 65cm 剖面 ORP 变化 BP 神经网络预测

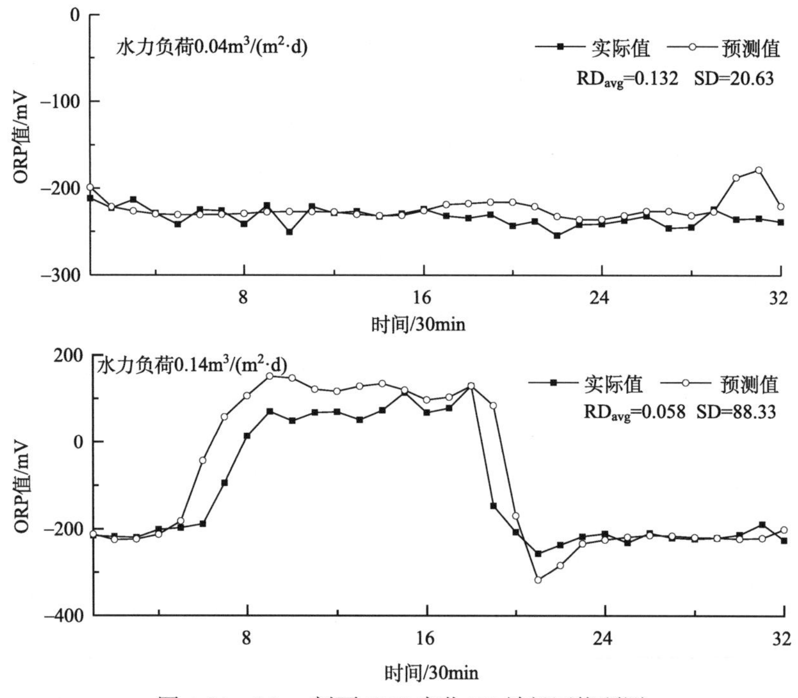

图 4-26 95cm 剖面 ORP 变化 BP 神经网络预测

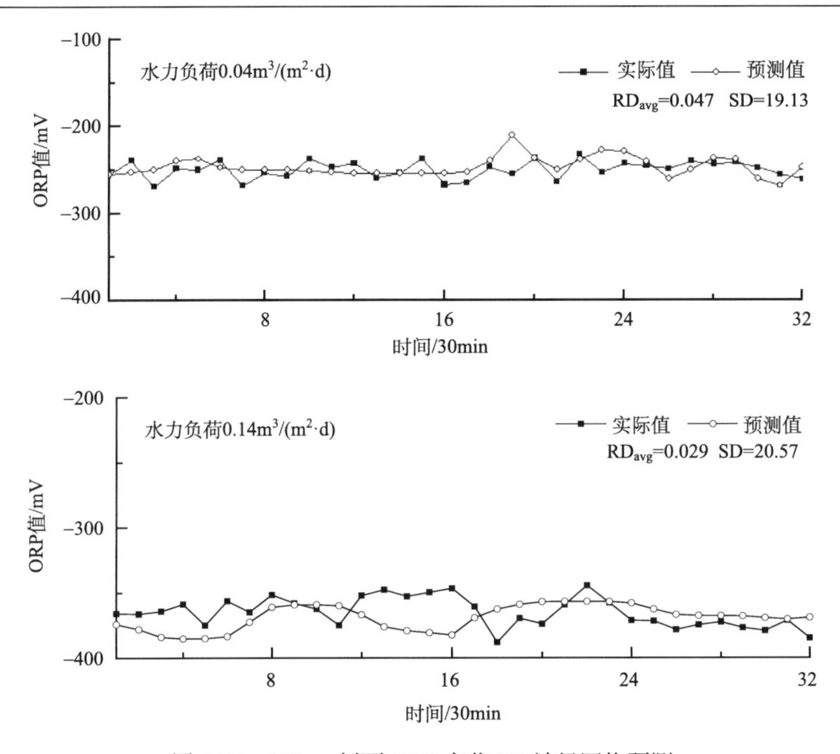

图 4-27　145cm 剖面 ORP 变化 BP 神经网络预测

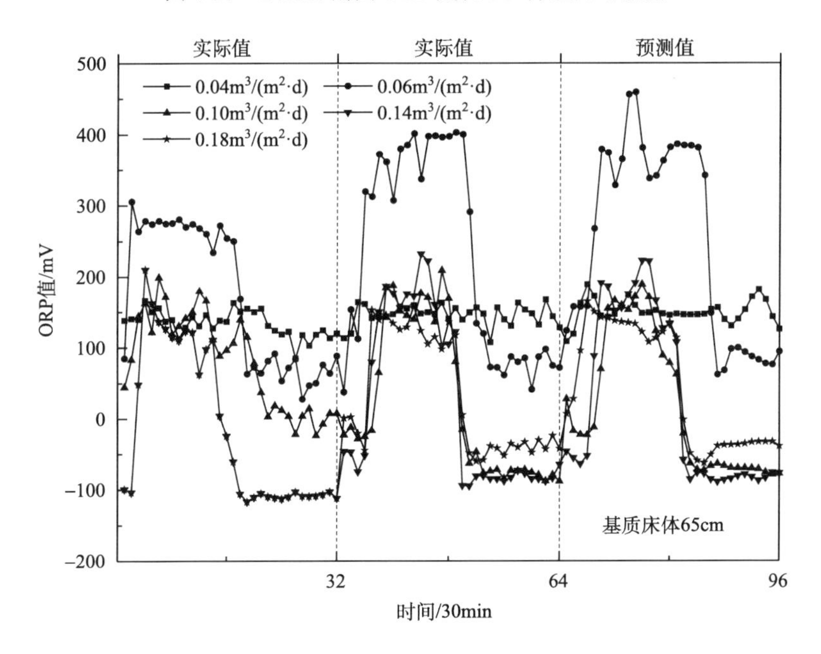

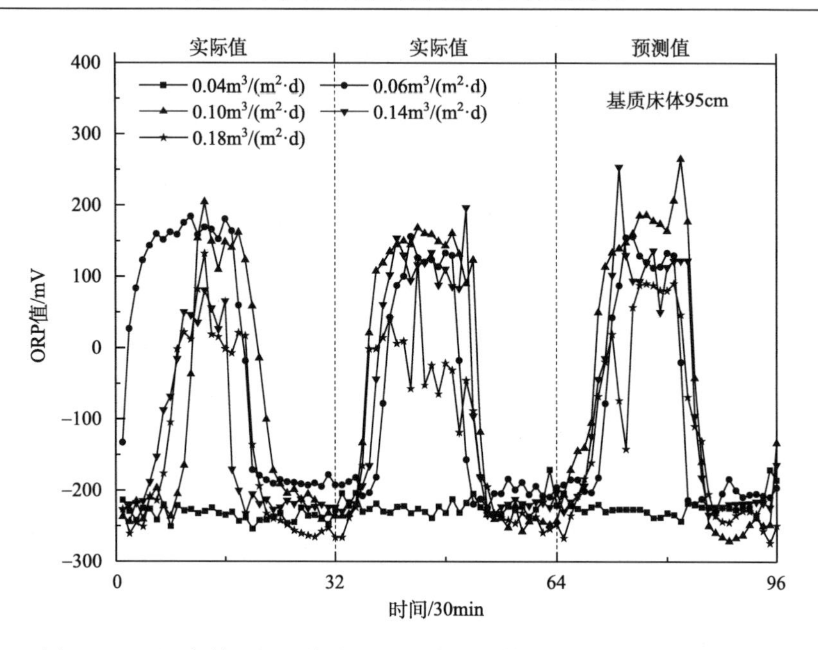

图 4-28　干湿交替运行下基质层 ORP 变化规律 BP 神经网络预测与验证

2. 基质层 ORP 非线性变化回归模型

在 40cm 及 65cm 剖面构建 ORP 与时间 t、水量 q 的单周期回归模型。不同 HL[0.04m³/(m²·d)和 0.14m³/(m²·d)]条件下基质层 40cm 区域单周期 ORP 变化与 t 的关系均呈高斯分布，采用 Origin 8.0 的非线性拟合工具包，对部分稳定周期的 ORP 数据进行拟合处理。数据非线性拟合曲线及相关系数(R^2)如图 4-29 所示，拟合方程参数取值如表 4-10 所示。

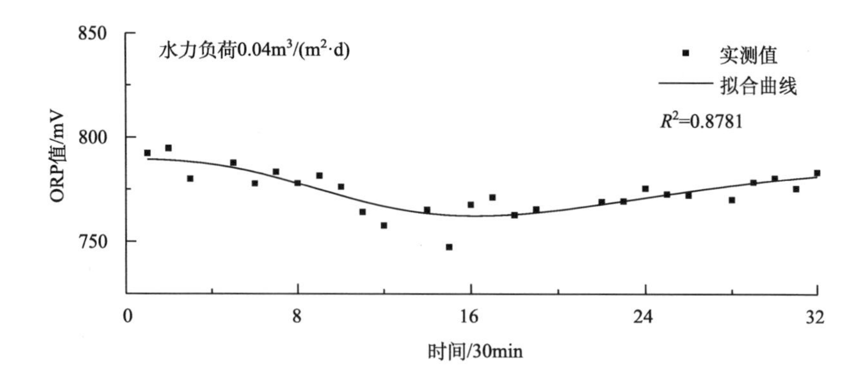

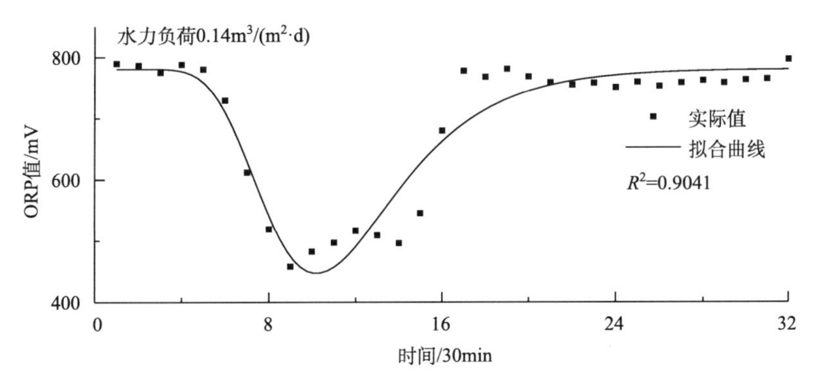

图 4-29　40cm 剖面 ORP 非线性拟合曲线

ORP 非线性拟合曲线方程为

$$f(t)=y_0+A\mathrm{e}^{\left(-\mathrm{e}^{-\frac{t-t_c}{w}}-\frac{t-t_c}{w}+1\right)} \tag{4-5}$$

式中，t 为时间；y_0，A，t_c，w 为常数。

表 4-10　40cm 剖面 ORP 非线性拟合参数

参数	水力负荷	
	0.04m³/(m²·d)	0.14m³/(m²·d)
y_0	789.93	780.74
t_c	16.21	10.20
w	7.01	3.08
A	–27.60	–333.77

从拟合结果可知，在 40cm 剖面，单周期 ORP 分布与高斯函数拟合相关系数为 0.9，不同 HL 条件下拟合方程参数均与 q 相关。借助 Origin 8.0 寻求 q 与各参数之间的关系，并用 q 替代参数，参数替代完成后，基质层 40cm 区域 ORP 与 t、q 的回归模型为

$$f(t,q)=y_0+A\mathrm{e}^{\left(-\mathrm{e}^{-\frac{t-t_c}{w}}-\frac{t-t_c}{w}+1\right)} \tag{4-6}$$

式中，$w=-1.8+23.67\mathrm{e}^{-q/0.09}$；$t_c=8.40+48.01\mathrm{e}^{-q/0.02}$；$A=1984.61-73711.9q+64270.96q^2-1718190.6q^3$；$y_0=788.27+27.21\sin\left[\dfrac{\pi(q-0.05)}{0.09}\right]$。

为验证回归模型的准确性，利用单周期 ORP 值检验模拟结果，采用样本标准差（SD）与平均相对误差（RD_{avg}）来评价模拟效果。验证结果如图 4-30 所示，结

果表明，模拟值与实际值 RD_{avg} 较小，当 HL=0.04m³/(m²·d)时模拟效果最好，HL=0.14m³/(m²·d)时，SD 较大，误差主要出现在干湿交替节点，除此之外模拟效果较准确。

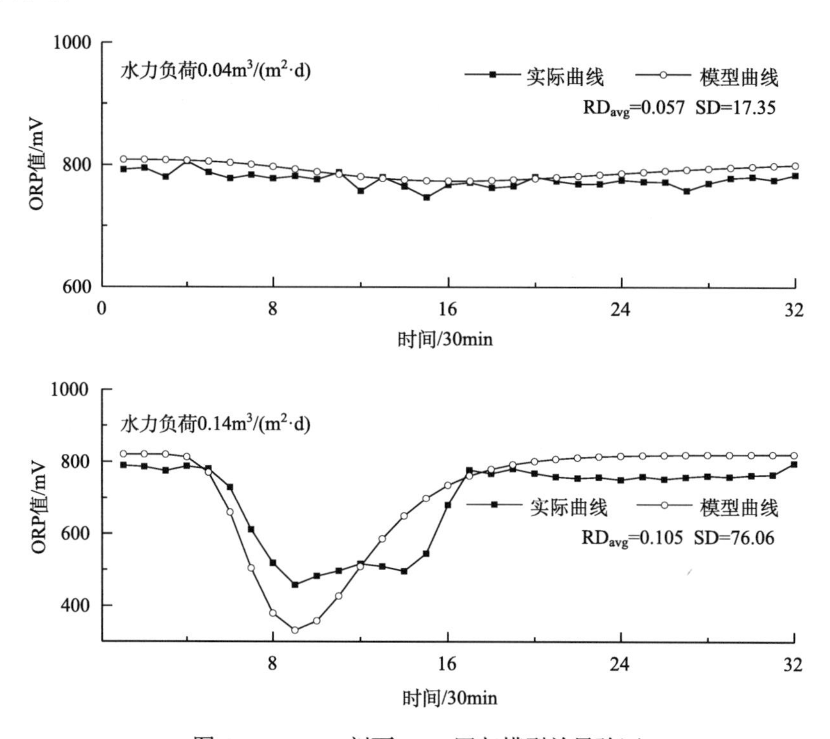

图 4-30 40cm 剖面 ORP 回归模型效果验证

不同 HL[0.04m³/(m²·d)和 0.14m³/(m²·d)]条件下，基质层 65cm 区域 ORP 变化与 40cm 剖面变化规律不同，但与 t 的关系也呈高斯分布。65cm 剖面 ORP 非线性拟合曲线及相关系数(R^2)如图 4-31 所示，拟合方程参数取值如表 4-11 所示。

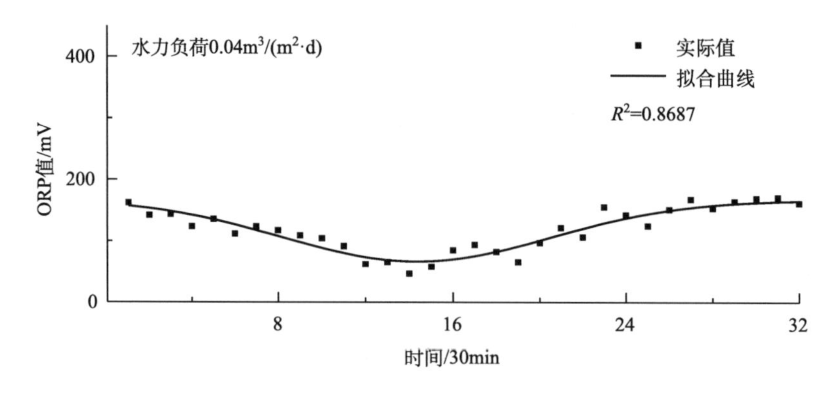

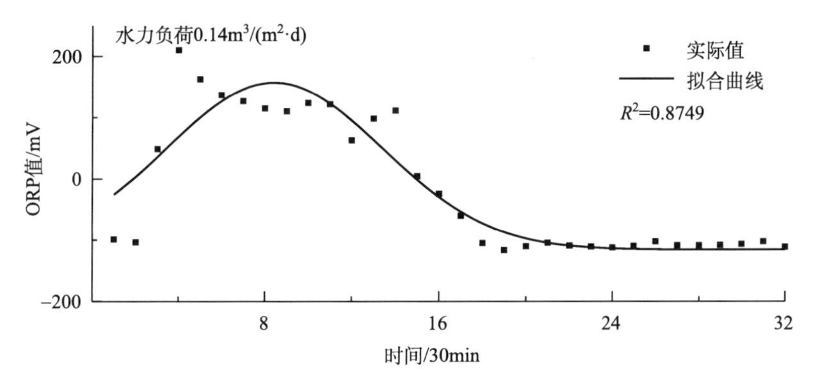

图 4-31　65cm 剖面 ORP 非线性拟合曲线

ORP 非线性拟合曲线方程为

$$f(t) = y_0 + Ae^{-\frac{(t-t_c)^2}{2w^2}} \tag{4-7}$$

式中，t 为时间；y_0，A，t_c，w 为常数。

表 4-11　65cm 剖面 ORP 非线性拟合曲线参数

参数	水力负荷	
	0.04m³/(m²·d)	0.14m³/(m²·d)
y_0	166.68	–116.13
t_c	14.36	8.41
w	6.19	4.99
A	–100.17	272.97

从拟合结果可知，在 65cm 剖面，单周期 ORP 分布与高斯函数拟合相关系数均大于 0.8，拟合相关性良好。基质层 65cm 区域 ORP 与 t 、q 的回归模型为

$$f(t,q) = y_0 + Ae^{-\frac{(t-t_c)^2}{2w^2}} \tag{4-8}$$

式中，$t_c = 10.93 + 3.01\sin\frac{\pi(q+0.01)}{0.09}$；$y_0 = 436.98 - 7537.58q + 24995.45q^2$；$A = \frac{194.71 - 5205.68q}{1 - 21.63q}$；$w = 4.61 + 1.99\sin\frac{\pi(q-0.01)}{0.04}$。

同样，利用单周期 ORP 检验模拟结果，用样本标准差（SD）与平均相对误差（RD_{avg}）评价模拟效果，验证回归模型的准确性。验证结果如图 4-32 所示，表明模拟效果良好。

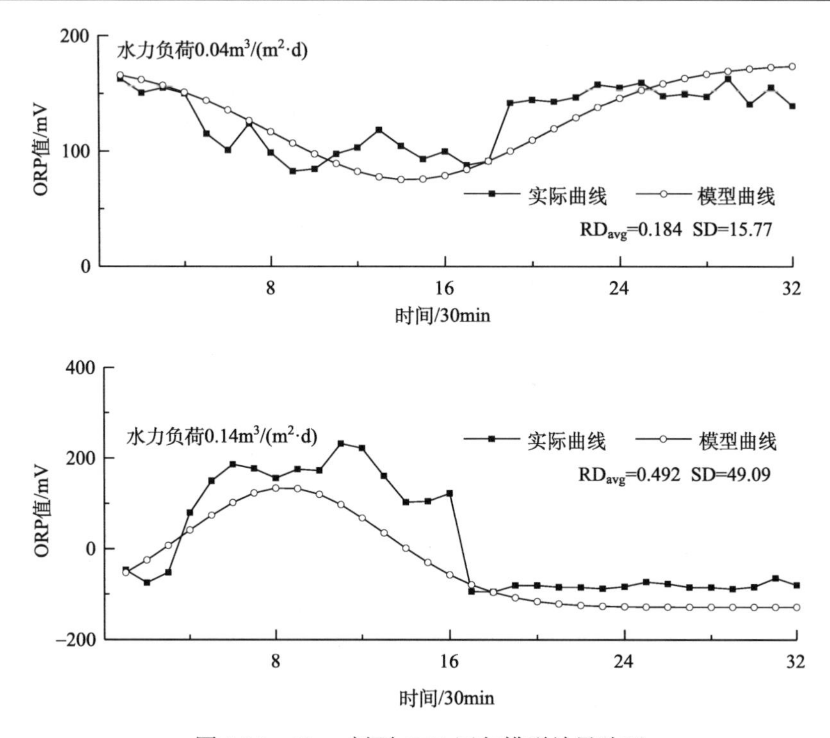

图 4-32 65cm 剖面 ORP 回归模型效果验证

4.4 小 结

微生物是地下渗滤系统脱氮的主体，维系稳定与合理的脱氮菌群结构是保障系统脱氮效率的关键。基质层 ORP 是表征系统氧化还原微环境的主要指标，通过监测不同工况条件下基质层 ORP 的变化规律，就能够间接了解系统内部硝化-反硝化微生物的空间分布是否合理，从而为从宏观运行上调控系统脱氮提供理论依据。

本章系统研究了污水地下渗滤系统基质层 ORP 动态变化的规律及主要影响因素，主要结论如下。

(1)水力负荷波动对基质层 ORP 变化有直接影响，总体规律是沿基质层垂直方向呈现周期性变化，不同剖面 ORP 变化幅度存在显著差异，这表明水力负荷波动对脱氮微生物空间分布的影响是使其整体结构向上或向下平移。当 ORP 分区上移时，硝化与反硝化作用均较充分；当 ORP 分区下移时，硝化作用受限。水力负荷为 0.04m^3/(m^2·d)、0.08m^3/(m^2·d)时，上层基质(>40cm)ORP 降幅较小，中层基质(65～95cm)ORP 小幅上升；当水力负荷为 0.10～0.18m^3/(m^2·d)时，上层基质

(>40cm) ORP 大幅下降至350mV左右，干周期时迅速回升，且始终保持好氧环境；中层基质(65～95cm) ORP 与水力负荷变化相关性呈正态分布，负荷为 $0.18m^3/(m^2 \cdot d)$ 时，上升幅度反而减小。下层基质(<145cm) ORP 随水力负荷加大整体小幅下降。

(2) 干湿交替运行有利于地下渗滤系统氧化微环境快速恢复，能够在较短时间内提高上、中层基质复氧速率，有助于改善基质层65～95cm区域的氧化还原微环境状况，同时压缩下层基质厌氧区间，从而维系硝化微生物的生理形状与结构完整，但干周期内下层反硝化微生物代谢的有效水力停留时间缩短。在干湿交替运行方式下，基质层ORP呈周期波动变化，且存在明显分层现象：上层基质(>40cm) ORP 随湿-干周期变化呈现下降-上升交替变化，中层基质(40～95cm) ORP 则呈上升-下降交替变化，底层基质(<95cm) ORP 稳定在–350～–200mV，基本不受进水-落干运行影响，但其作用范围整体下移。

(3) 基质层ORP受到环境温度变化、Fe-Mn-S离子赋存形态的共同影响，进而与脱氮微生物体系相互作用，形成相对复杂的体系。温度变化能够改变微生物活性和 Fe^{2+}/Fe^{3+}、Mn^{2+}/Mn^{4+}、S^{2-}/SO_4^{2-} 氧化还原反应速率，最终影响基质层ORP变化。由于 Fe^{2+}/Fe^{3+}、Mn^{2+}/Mn^{4+} 与 S^{2-}/SO_4^{2-} 的生物与非生物作用，基质层布局同区域电子供受体得失电子能力存在差别，对ORP的影响也存在优先顺序，因而不同离子体系对基质层ORP优先影响区域也不同。Fe^{2+}/Fe^{3+} 与 Mn^{2+}/Mn^{4+} 体系影响区域相互交错，主要为基质层30～50cm范围，而 S^{2-}/SO_4^{2-} 则主要作用于下层基质。依据上述研究结果，可将基质层氧化还原微环境区分为4个反应区：好氧区、缺氧区、缺氧-厌氧交替区和完全厌氧区，各分区在一定程度上重合或过渡甚至局部穿透，并不存在泾渭分明的界限。

(4) 利用BP神经网络模型及模拟手段，构建了ORP变化与时间(t)、水量(q)关系的回归模型，预测了长期运行下地下渗滤系统不同基质层ORP的变化规律。结果表明：在干湿交替运行、水力负荷为 $0.10～0.18m^3/(m^2 \cdot d)$ 条件下，基质层ORP变化与实测规律一致，回归模型能准确模拟基质层40～95cm区域的ORP变化，但不适用于小水力负荷条件。模型预测的结果提示，长期运行条件下，工艺和运行参数的波动对上、中层基质的氧化还原微环境影响最明显，而这一区域恰好是脱氮微生物空间分布最具有结构性特征、生理活动最活跃的区域，因此对于长期稳定运行的地下渗滤系统，大幅度改变其工艺参数，系统微生物结构紊乱时间将延长，不利于脱氮。

第 5 章　污水地下渗滤系统生物脱氮动力学过程

5.1　引　　言

SWIS 中硝化及反硝化反应进行的程度与系统的氧化还原环境、细菌浓度、NH_4^+-N、NO_3^--N 及有机物的浓度等因素有关(Shinya et al., 2007)。倪吾钟等(2000)的研究结果表明，氧化和还原条件下均能进行 NO_3^--N 的反硝化作用，还原条件下脱氮的动力学模型可表示为 $N=N_{max}(1-e^{-kt})$ (N 为 ^{15}N 损失量，k 为速率常数，t 为时间)；氧化条件下脱氮的动力学模型可表示为 $N=0.2020t/(1+0.04683t)$。也有学者观点不同，Van 等(2001)认为，当有机氮充足时，反硝化速率仅与反硝化细菌的浓度有关，和 NO_3^--N 浓度成零级反应，反硝化速率可表示为 $(dN/dt)_{DN}=K_{DN}X$，其中 $(dN/dt)_{DN}$ 为反硝化速率，K_{DN} 为反硝化速率常数，X 为反硝化细菌浓度。由于 SWIS 有着较为复杂的水–土介质环境，且 NO_2^--N 和 NO_3^--N 在系统中积累很少，直接测定硝化和反硝化速率十分困难，因此，不能简单应用水环境介质条件下的成熟模型来描述 SWIS 的生物脱氮动力学过程。

本章通过建立 SWIS 中硝化及反硝化模型，动态描述系统的脱氮过程，确定影响硝化和反硝化动力学常数的主要因素，为采用灵活有效的强化脱氮的工程措施提供理论指导。

5.2　实验材料与方法

5.2.1　实验材料

进水水质如表 2-10 所示，基质材料及铺设方法分别同 2.2.1 节和 2.3.3 节。

5.2.2　实验方法

SWIS 运行稳定后，调节水力负荷由低到高依次为 3cm/d、4cm/d、5cm/d、…10cm/d，每个负荷周期稳定运行 20 天，每 3 天在底部水样取样口取样一次，结果取平均值。

5.3　结果与讨论

5.3.1　硝化动力学过程及影响因素

在均匀水体反应器中，硝化动力学过程可用 Monod 方程来描写，如式(5-1)所示：

$$\mu_{\mathrm{N}} = \mu_{\max} \frac{NX}{K_{\mathrm{SN}} + N} \tag{5-1}$$

式中，μ_{N} 为亚硝化菌的增殖速率，mg/(L·d)；X 为亚硝化菌浓度，mg/L；$\mu_{\max}$ 为亚硝化菌最大比增殖速率，1/d；K_{SN} 为饱和速率常数，mg/L；N 为基质中 NH_4^+-N 的浓度，mg/L。

同时，氨态氮减少或氧化速度如式(5-2)所示：

$$q_{\mathrm{N}} = -\frac{\mathrm{d}N}{\mathrm{d}t} \tag{5-2}$$

式中，q_{N} 为 NH_4^+-N 的氧化速率，mg/(L·d)。

硝化菌的产率分数如式(5-3)所示：

$$Y_{\mathrm{N}} = -\frac{\mu_{\mathrm{N}}}{q_{\mathrm{N}}} = \frac{\left(\dfrac{\mathrm{d}X}{\mathrm{d}t}\right)_T}{\dfrac{\mathrm{d}N}{\mathrm{d}t}} \tag{5-3}$$

由上述公式可得

$$q_{\mathrm{N}} = -\frac{\mu_{\mathrm{N}}}{Y_{\mathrm{N}}} = -\frac{\mu_{\max} NX}{Y_{\mathrm{N}}\left(K_{\mathrm{SN}} + N\right)} \tag{5-4}$$

若令 $K_{\mathrm{N}} = -\dfrac{\mu_{\max}}{Y_{\mathrm{N}}}$，则

$$q_{\mathrm{N}} = -\frac{\mathrm{d}N}{\mathrm{d}t} = \frac{K_{\mathrm{N}} NX}{K_{\mathrm{SN}} + N} \tag{5-5}$$

式(5-5)即为硝化反应的 Monod 方程。一般情况下，K_{SN} 较小(0.3～1.2)，即 $N \gg K_{\mathrm{SN}}$，故可简化为

$$-\frac{\mathrm{d}N}{\mathrm{d}t} = K_{\mathrm{N}} X \tag{5-6}$$

式(5-6)表示硝化反应呈零级反应。若将上式在 $[N_0, N_E]$ 及 $[0, t]$ 上积分后得

$$N_0 - N_E = XtK_{\mathrm{N}} \tag{5-7}$$

式中，N_0 为硝化初期 NH_4^+-N 的浓度，mg/L；N_E 为硝化 t 时间 NH_4^+-N 的浓度，mg/L。

式(5-7)反映出 NH_4^+-N 被硝化的量与硝化菌浓度、NH_4^+-N 氧化速率及硝化时间的乘积成正比。将式(5-7)变化为

$$t=\frac{N_0-N_E}{XK_{\mathrm{N}}} \tag{5-8}$$

若 NH_4^+-N 被完全氧化，即 $N_E=0$，则有

$$t'=\frac{N_0}{XK_{\mathrm{N}}} \tag{5-9}$$

即 NH_4^+-N 完全氧化所需时间与进水 NH_4^+-N 浓度成正比，与硝化细菌浓度和最大氨氧化速度的积成反比(李晨华等, 2007)。

如果 SWIS 中的硝化过程符合零级动力学方程(5-6)，则可做如下推理：稳定状态下，硝化过程由 NO_2^--N 转化为 NO_3^--N 的速率很快，NO_2^--N 很少积累，表明亚硝酸细菌氧化 NH_4^+-N 为 NO_2^--N 是硝化反应的限速步骤。对硝化反应过程中 NH_4^+-N 浓度作平衡表示，如式(5-10)和式(5-11)所示：

$$\xrightarrow{Q_{N_0}} V\frac{\mathrm{d}N}{\mathrm{d}t} \xrightarrow{Q_{N_E}} \tag{5-10}$$

$$Q_{N_0}-Q_{N_E}+V\frac{\mathrm{d}N}{\mathrm{d}t}=0 \tag{5-11}$$

式中，Q_{N_0} 为进入 SWIS 的 NH_4^+-N 量；Q_{N_E} 为出水的 NH_4^+-N 量；V 为 SWIS 的体积。

$$-\frac{\mathrm{d}N}{\mathrm{d}t}=\frac{(N_0-N_E)}{V}Q=\frac{N_0-N_E}{t} \tag{5-12}$$

将式(5-12)代入式(5-5)得

$$\frac{N_0-N_E}{t}=\frac{K_{\mathrm{N}}N_E X}{K_{\mathrm{SN}}+N_E} \tag{5-13}$$

将式(5-13)变形为

$$\frac{1}{N_0-N_E}=\frac{K_{\mathrm{SN}}}{XtK_{\mathrm{N}}}\times\frac{1}{N_E}+\frac{1}{XtK_{\mathrm{N}}} \tag{5-14}$$

SWIS 启动后，可认为 X、t、K_{N} 为常数，并令 $K_0=XtK_{\mathrm{N}}$，则式(5-14)变为

$$\frac{1}{N_0-N_E}=\frac{K_{\mathrm{SN}}}{K_0}\times\frac{1}{N_E}+\frac{1}{K_0} \tag{5-15}$$

取不同进水 NH_4^+-N 浓度，测定出水 NH_4^+-N 浓度值，计算 $\frac{1}{N_0-N_E}$，结果见表 5-1。

表 5-1　SWIS 进出水中 NH_4^+-N 浓度

N_0 /(mg/L)	N_E /(mg/L)	$1/N_E$	N_0-N_E	$\frac{1}{N_0-N_E}$
25.3	7.2	0.139	18.1	0.0552
28.2	7.3	0.137	20.9	0.0478
32.8	8.4	0.119	24.4	0.0409
35.0	9.1	0.109	25.9	0.0386
38.5	9.6	0.104	28.9	0.0346

将表 5-1 的结果代入式(5-15)可得

$$K_0=41.14,\quad K_{SN}=9.15$$

因此，$K_N=\dfrac{41.14}{Xt}$。因此，SWIS 硝化动力学方程为

$$-\frac{dN}{dt}=\frac{41.14}{Xt}X=\frac{41.14}{t} \tag{5-16}$$

说明 NH_4^+-N 的脱除过程仅为运行时间的函数，且出水 NH_4^+-N 浓度与时间成正比，显然违反了 SWIS 生物脱氮的基本规律，因此，SWIS 硝化过程不符合零级反应动力学方程。

考察不同水力停留时间下 NH_4^+-N 出水浓度的变化情况，用 $\ln\left(\dfrac{N_0}{N_E}\right)$-HRT①作图，并通过 SPSS 13.0 软件拟合，结果见图 5-1。

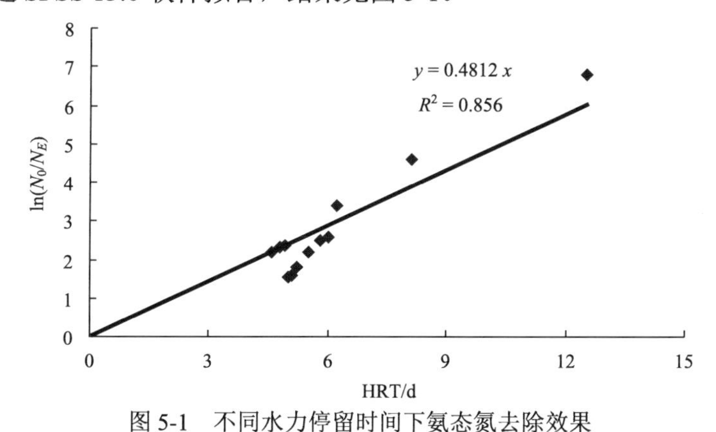

图 5-1　不同水力停留时间下氨态氮去除效果

图 5-1 的结果表明，SWIS 中硝化动力学方程符合一级动力学方程：$N_E=N_0e^{-kt}$，$k=0.4812$。水力停留时间越长，NH_4^+-N 的脱除效果越好。

① HRT 为水力停留时间(hydraulic retention time)。

影响硝化动力学参数的因素很多，如进水氮负荷、水力负荷、温度及硝化细菌活性等。进水氮浓度与水力负荷之间相互作用、相互制约(何连生等, 2006)。如进水氨态氮浓度较高，要达到一定的出水浓度，则要适当延长系统的 HRT，而延长 HRT 的结果就是要减小水力负荷。k 是一个与温度有关的常数，温度对硝化细菌的活性影响大，因此考察温度对 k 的影响(图 5-2)。k_T 可以表示为(马丽珠等, 2009)

$$k_T = k_{20} F^{(T-20)} \tag{5-17}$$

式中，k_T 为温度 T 时的降解常数；k_{20} 为温度 20℃时的降解常数；F 为温度系数，对于土地处理系统，其典型值为 1.035；T 为温度。

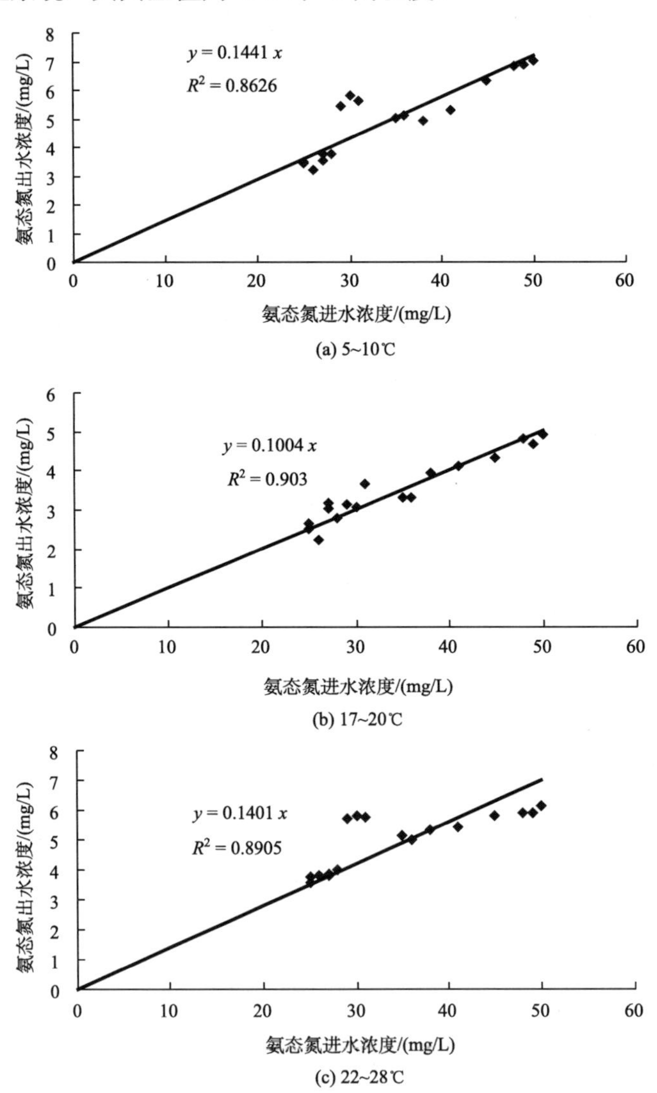

图 5-2　不同温度下氨态氮进水浓度与出水浓度的相关关系

SWIS 中硝化动力学方程符合一级动力学方程，可写成

$$N_E = N_0 \mathrm{e}^{-k_{20}F(T-20)t} \tag{5-18}$$

其中，F 已知，N_E 和 N_0 可通过实验获得，便可求出常数 k_{20}，进而可求出 5～10℃、17～20℃和 22～28℃的 k_T 值分别为 0.1014、0.295 和 0.269。

理论上，氨态氮的降解速率随温度升高而升高，但 22～28℃求出的 k_T 值比 17～20℃的低，分析是因为进水 BOD 负荷较低，加上蒸发量大所致。三种温度范围的 k_{20} 平均值为 0.2218，因此式(5-17)可写成 k_T=0.2218×1.035$^{(T-20)}$。

5.3.2 反硝化动力学过程及影响因素

在微生物附着和悬浮生长污水处理系统中，反硝化动力学过程采用 Monod 方程和修正 Arrhenius 方程来模拟(Fountoulakis et al., 2009)。

$$\mu_{\mathrm{D}} = \frac{1}{X}\left(\frac{\mathrm{d}X}{\mathrm{d}t}\right)_T = \mu_{\mathrm{D_{max}}} \frac{D}{K_{\mathrm{SD}} + D} \tag{5-19}$$

式中，μ_{D} 为反硝化细菌比增殖速率，1/d；X 为反硝化细菌浓度，mg/L；$\mu_{\mathrm{D_{max}}}$ 为反硝化细菌最大比增殖速率，1/d；D 为 NO_3^--N 的浓度，mg/L；K_{SD} 为饱和速度常数，mg/L；T 为反应时间。

反硝化细菌的增殖速度

$$\mu = \mu_{\mathrm{D_{max}}} = \left(\frac{\mathrm{d}X}{\mathrm{d}t}\right)_T = \mu_{\mathrm{D_{max}}} \frac{DX}{K_{\mathrm{SD}} + D} \tag{5-20}$$

NO_3^--N 的还原速率方程可表示为

$$q = -\frac{\mathrm{d}D}{\mathrm{d}t} \tag{5-21}$$

式中，q 为 NO_3^--N 的还原速度，mg/(L·d)；D 为 NO_3^--N 浓度，mg/L；t 为反应时间。

反硝化细菌的产率系数

$$Y_{\mathrm{D}} = \frac{-\left(\dfrac{\mathrm{d}X}{\mathrm{d}t}\right)_T}{\dfrac{\mathrm{d}D}{\mathrm{d}t}} = -\frac{m}{q} \tag{5-22}$$

因此，

$$q = -\frac{\mathrm{d}D}{\mathrm{d}t} = -\frac{\mu}{Y_{\mathrm{D}}} = -\frac{\mu_{\mathrm{D_{max}}} \dfrac{DX}{K_{\mathrm{SD}}}}{Y_{\mathrm{D}}} \tag{5-23}$$

令

$$K_{\mathrm{D}} = \frac{\mu_{\mathrm{D_{max}}}}{Y_{\mathrm{D}}} \tag{5-24}$$

则
$$q=-\frac{K_{\mathrm{D}}DX}{K_{\mathrm{SD}}+D} \tag{5-25}$$

即
$$-\frac{\mathrm{d}D}{\mathrm{d}t}=-\frac{K_{\mathrm{D}}DX}{K_{\mathrm{SD}}+D} \tag{5-26}$$

在稳定条件下，由于反硝化细菌增殖速率很低，X 可视为常数。令 $K_0=K_b\times X$ 为最大反硝化速率[mg/(L·d)]。

$$-\frac{\mathrm{d}D}{\mathrm{d}t}=-\frac{K_0D}{K_{\mathrm{SD}}+b}=-\frac{K}{K_{\mathrm{SD}}/D+1} \tag{5-27}$$

$$\frac{1+K_{\mathrm{SD}}/D}{K_0}\mathrm{d}D=-\mathrm{d}t \tag{5-28}$$

式(5-28)在$[D_0,D]$与$[0,t]$上积分得

$$\int_{D_0}^{D}\frac{1+K_{\mathrm{SD}}/D}{K_0}\mathrm{d}D=\int_0^t\mathrm{d}t \tag{5-29}$$

$$\int_{D_0}^{D}\left(\frac{1}{K_0}+\frac{K_{\mathrm{SD}}}{K_0}.\frac{1}{D}\right)\mathrm{d}D=t \tag{5-30}$$

$$\frac{\ln\left(\frac{D_0}{D}\right)}{D_0-D}=\frac{1}{K_{\mathrm{SD}}}+\frac{K_0}{K_{\mathrm{SD}}}.\frac{t}{D_0-D} \tag{5-31}$$

式(5-31)是关于$\frac{\ln\left(\frac{D_0}{D}\right)}{D_0-D}$与$\frac{t}{D_0-D}$的直线方程。将其变形为

$$\frac{\mathrm{d}D}{\mathrm{d}t}=K_{\mathrm{SD}}.\frac{\ln\left(\frac{D_0}{D}\right)}{t}-K_0 \tag{5-32}$$

式(5-32)即反硝化过程的 Monod 动力学方程，该方程反映出反硝化速度与基质浓度成正相关关系，即 NO_3^--N 浓度越大，反硝化速度越快。

SWIS 中，NO_3^--N 出水浓度与 HRT 的关系如图 5-3 所示。

从图 5-3 可以看出，随着 HRT 的增加，NO_3^--N 的出水浓度逐渐减小，说明连续的淹水状况有利于系统反硝化反应的进行。SWIS 的反硝化过程符合一级动力学方程。NO_3^--N 出水浓度与 HRT 之间的回归方程为 $y=16.3475\mathrm{e}^{-0.2548t}$ ($R^2=0.8848, p<0.05$)。

反硝化动力学参数 k 受进水硝酸盐浓度、温度、pH、有机碳、DO、水深和微生物等众多因素影响。但有学者认为，尽管反硝化速率受硝酸盐传质过程的限制，通过对进入人工湿地污水中可溶性有机碳(DOC)含量的检测，证明 DOC 值偏低是湿地反硝化过程低效的主要原因(Thurman, 1985)。而且，投加干草、香蒲、

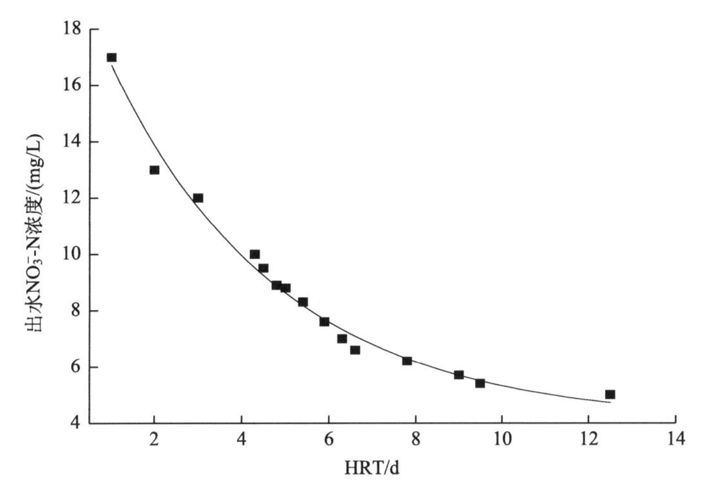

图 5-3　不同水力停留时间下 NO_3^--N 去除效果

芦苇等植物枯叶后，大大提高了系统的反硝化速率。因此，碳源是影响反硝化动力学过程的主要因素(孙铁珩等, 2002)。由二次进水补充碳源而导致 SWIS 反硝化动力学参数 k 的变化情况将在第 6 章中具体讨论。

SWIS 中，硝化与反硝化过程符合一级动力学方程。因此，可利用一级反应动力学方程来计算所需的 HRT 和水力负荷。HRT 的长短和水力负荷的大小直接影响 SWIS 的大小和出水效果，在达到要求的出水效果前提下，可适当缩短水力停留时间，增加水力负荷，减小 SWIS 的占地面积，提高污水处理效率。

5.4　小　　结

(1) SWIS 硝化过程可用一级动力学模型描述，$N_E = N_0 e^{-0.4812t}$。温度是影响动力学常数变化的主要因素，动力学常数与温度之间的关系式为 $k_T = 0.2218 \times 1.035^{(T-20)}$。

(2) SWIS 反硝化过程中，NO_3^--N 出水浓度与 HRT 之间呈负指数关系，可用方程 $y = 16.3475e^{-0.2548t}$ 来描述；碳源是引起反硝化动力学常数变化的主要因素。

第 6 章　污水地下渗滤系统脱氮的影响因素及运行控制

6.1　引　　言

污水进入 SWIS 之后，有机氮和氨态氮先和基质发生吸附作用，而后在较长的时间里，经历了由有机氮到无机氮，由硝化到反硝化的过程，最终在反硝化细菌的作用下转化成 N_2 或 N_xO 被去除。硝化及反硝化细菌的作用受进水方式、污水负荷及 ORP 等因素的影响较大(戴树桂, 2003; 蔡碧婧等, 2007; 刘艳丽等, 2008; Willm et al., 2009)。

干湿交替的工作方式最早源于快渗系统，它有两个主要目的：一是恢复系统的渗透性能，保持稳定的处理水量；二是对系统进行富氧，使系统内部交替形成氧化、还原环境，以利于污染物的降解，后来这种方法被引入 SWIS(邹仲勋等, 2008)。但有关干湿交替运行对 SWIS 脱氮效果影响的研究尚鲜有报道，仅凭经验确定干湿周期。如果干湿比过低，则导致局部土层负荷过载，吸附作用不充分，直接影响处理效果。干湿比过大则导致系统占地面积过大，处理效率下降(尹海龙等, 2006)。同时，由于启动期与稳定运行中 SWIS 基质环境和微生物特征存在较大差异，干湿比的设置也必将不同。同时，SWIS 对表面水力负荷和 BOD 负荷有一定的适应性和限量性。超过生态条件的负荷极限时，必然会破坏脱氮微生物赖以生存的环境。为了避免污水穿透系统污染地下水及承接水体，造成二次污染，污水 SWIS 在设计时必须考虑系统的环境容量，根据系统的环境同化容量来限制系统所承受的水力及污染物负荷。较长的水力停留时间、较小的表面水力负荷和 BOD 负荷有利于污水中的氨态氮与基质充分接触，促进硝化与反硝化作用。

本章在构建 SWIS 的基础上，采用单因次实验方法，考察干湿比、表面水力负荷、有机负荷、温度、布水方式和生物基质层有机质含量对 SWIS 脱氮效果的影响情况，以及碳源对反硝化动力学常数变化的影响，优化运行及控制参数设计。

6.2　实验材料与方法

6.2.1　实验材料

进水水质如表 2-10 所示，基质材料及铺设方法同 2.3.1 节和 2.3.3 节。

6.2.2 实验方法

采用单因次实验方法，分别讨论干湿比、表面水力负荷、有机负荷、温度、布水方式和生物基质层有机质含量对脱氮效果及基质 ORP 的影响情况，以及碳源对反硝化动力学常数变化的影响，从而提出基于提高脱氮效果的系统运行及控制参数优化设计方法，具体实验方法如下。

1. 干湿比控制

SWIS 的干化与配水时间之比即为干湿比。一般来讲，干湿比的确定方法如下：采用饱和吸附或入渗速率稳定需要的时间作为淹水期，用吸附恢复所需时间来确定落干期。但由于系统启动及稳定期微生物分布特征不同，干湿比的优化设置也必将有所区别。因此，本研究以氨态氮的去除为参照，通过自动控制阀的程序设置控制落干和配水时间，设置系统启动及稳定运行期的落干和配水时间比为 1∶1、2∶1、3∶1 和 4∶1，由低干湿比逐步过渡到高干湿比，一个干湿周期分别为 2d、3d、4d 和 5d。

2. 进水负荷控制

实验用污水为沈阳某高校的生活污水，水质见表 2-10。由于受降雨、取水时间等因素影响，实验期间的水质变化较大。BOD 浓度变化范围为 175～280g / (m^2·d)，因此，以较具代表性的BOD负荷 9.3g/(m^2·d)、12.0g/(m^2·d) 和 16.8g/(m^2·d) 为研究对象；通过控制进水流量计，设置进水水力负荷为 0.04m^3/(m^2·d)、0.065m^3/(m^2·d)、0.081m^3/(m^2·d) 和 0.10m^3/(m^2·d)。每个水力负荷和 BOD 负荷周期为 40d，依次由低负荷向高负荷过渡。

3. 碳氮比控制

将葡萄糖、氯化铵、磷酸二氢钾、亚硝酸钠和硝酸钾按一定比例配制成碳氮比(CNR)为 4∶1、6∶1、8∶1、10∶1 的生活污水。人工配制的污水中，保持葡萄糖、磷酸二氢钾、亚硝酸钠和硝酸钾的浓度不变，改变氯化铵的浓度。进水水质如表 6-1 所示。

表 6-1　主要进水水质指标　　(单位：mg/L)

水质指标	COD	氨态氮	硝态氮	亚硝态氮	总磷
浓度	282±10.7	30.8±0.3～74.3±0.9	2.67±0.3	0.50±0.1	3.0±0.4

4. 温度控制

SWIS 模拟系统位于沈阳某高校的阳光棚内，由于无采暖设施，系统的温度波动较大。本实验研究始于 2007 年 4 月，历时两年，室内温度波动范围 4.5～27.2℃。以 60d 为单位，考察温度对系统 ORP 及脱氮效果的影响。

5. 布水方式控制

一次布水管设在距模拟装置顶部 55cm 处，二次布水管分别设在 65cm 和 75cm 处，每两根模拟土柱设置一种布水方式，平行运行。通过控制分流比(一次与二次布水流量之比)，以 SWIS 的 ORP 及脱氮效率为参比指标，确定最佳二次分流位置和分流比。

6. 生物基质层有机质含量控制

活性污泥∶炉渣∶农田土以 1∶2∶7 的配比配制生物基质，其中在农田土中添加适量牛粪，使生物基质的有机质含量分别为 2.0%(不添加牛粪)、4.5%、7.0%、9.5%。

7. 曝气量控制

对进水进行不同程度的曝气处理，形成不曝气水(空白)、微曝气水和强曝气水。不曝气水(空白)：人工配制的生活污水，不经过任何处理，DO 浓度为 (6.0±0.1) mg/L。微曝气水：使用 45L/min 的空气泵对污水进行持续曝气，气相体积含量为 3.6%，气体含量测量方法使用杜磊(2016)的方法。强曝气水：使用 70L/min 的空气泵对污水进行持续曝气，气相体积含量为 6.3%。

8. 取样及测试方法

进出水水样每 3 天取一次(根据需要增加采样频率)，立即检测。在水样采集的同时，用 PHS-10A 型氧化还原电位计测试系统 ORP 的变化，水质检测执行《水和废水监测分析方法》(第四版)，水样和 ORP 的分析结果均为三次取样测定的平均值。

6.3　结果与讨论

6.3.1　干湿比对脱氮效果的影响

1. 干湿比对启动期脱氮效果的影响

SWIS 中氨态氮的去除与基质中的硝化细菌数量、性能及空气向基质的复氧速率等因素有关。从氨态氮的去除机理来看，属微生物生化反应，因此，系统氨态氮的启动周期可参照均匀混合型反应器的判断，即为出水达标后稳定一周左右(潘晶, 2008)。干湿比设为 1∶1、2∶1、3∶1 和 4∶1，相应的一个干湿周期分别为 2d、3d、4d 和 5d，考察 SWIS 氨态氮的启动周期情况，如图 6-1 和图 6-2(实验条件：进水 BOD 负荷 12.0g/(m^2·d)，表面水力负荷 0.04m^3/(m^2·d)，平均温度 15.2℃)所示。

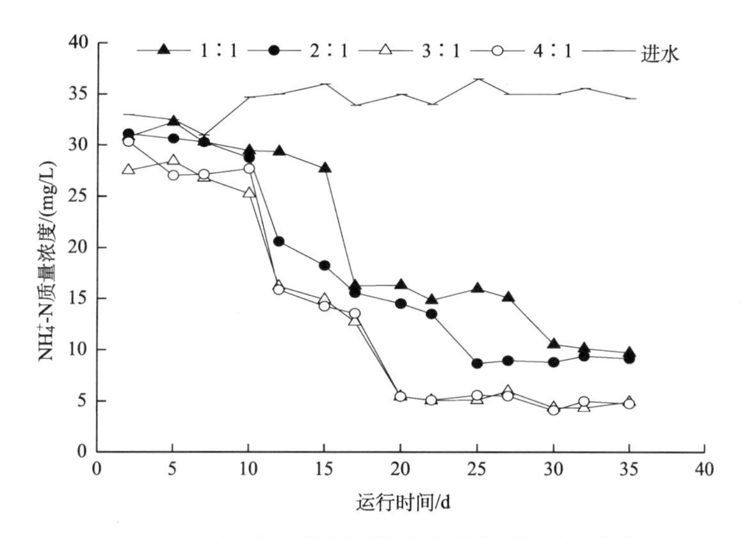

图 6-1　SWIS 中不同干湿比时氨态氮的启动期浓度变化情况

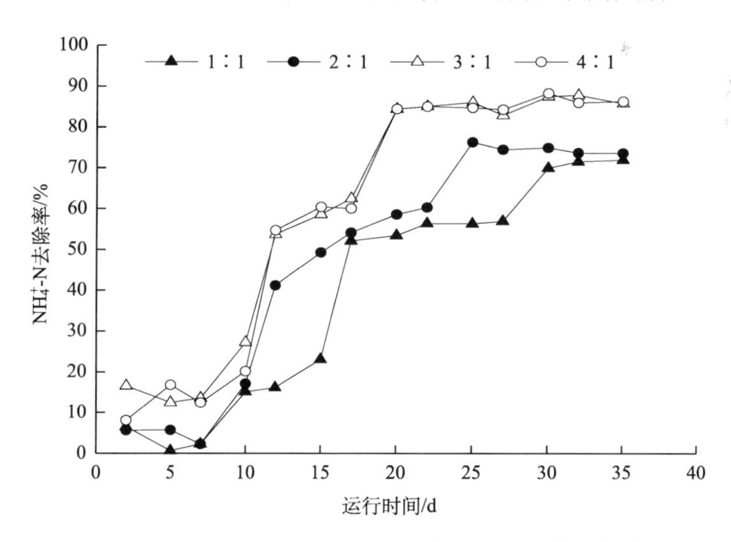

图 6-2　SWIS 中不同干湿比时氨态氮的启动期去除率情况

干湿比为 1∶1、2∶1、3∶1 和 4∶1 时，系统氨态氮的启动周期分别为 28d、24d、20d 和 19d。启动初期氨态氮的去除效果不理想，这可能是由于生物膜在系统启动初期正处于形成阶段。污水经过渗滤基质时，微生物吸附污水中溶解性和胶体有机物并将其氧化分解，生物膜不断成熟(Snakin et al.,1996; Zhang et al.,2007a; Fang et al., 2008)。当干湿比为 1∶1 和 2∶1 时，系统启动期较长。经分析其原因可能是，随着干化时间的缩短，系统的好氧环境未能恢复或恢复效果较差，使得在下一运行周期时硝化作用受到抑制。而当干湿比增加至 4∶1 时，启动周期与 3∶1 相比并没有明显提前。因此，适宜 SWIS 氨态氮启动的干湿比为 3∶1，启动期为 20d。

2. 干湿比对稳定运行期脱氮效果的影响

一般认为，在 SWIS 中氮污染物的去除途径主要包括生物降解、挥发、过滤与吸附，其中生物降解是系统脱氮的主要机制。根据在水中的存在形式，氮可以分为有机氮和无机氮(氨态氮)，前者中的大部分可由氨化细菌氧化为氨态氮，后者则可先通过吸附作用得到部分去除，后在硝化和反硝化细菌联合作用下去除。一般情况下，生活污水中的有机氮污染物浓度不是很高，而且可生化降解的所占比重较大，因此好氧生物降解更能发挥作用。选择适当的干湿比，一方面可以恢复床层基质的渗滤性能，使氨态氮得到较好的去除；另一方面也可使床体富氧完全，能够对氨态氮进行生物降解(王洪和李海波, 2008)。在实际工程应用中，干湿比的周期设置直接影响污水的处理量和处理场地的大小。因此，考察稳定期不同干湿比下 SWIS 的脱氮效果(实验条件同上一节)，结果见表 6-2。

表 6-2　干湿比对脱氮效果的影响

项目	1∶1		2∶1		3∶1		4∶1	
	出水/(mg/L)	去除率/%	出水/(mg/L)	去除率/%	出水/(mg/L)	去除率/%	出水/(mg/L)	去除率/%
NH_4^+-N	4.6±0.3	89.2±5.0	4.0±0.8	90.6±4.4	2.8±1.1	93.3±2.7	2.2±1.7	94.9±2.4
TN	8.2±1.5	80.8±4.3	9.2±2.1	78.3±2.3	8.8±2.3	79.3±5.2	11.6±2.1	72.8±6.3

NH_4^+-N 的去除率随着干化时间的延长而逐渐提高。由于系统中氨态氮的去除主要依赖于亚硝化和硝化细菌的生物氧化作用，随着干化时间的延长，系统的好氧环境得以恢复，刺激了微生物的生长和硝化作用，因此 NH_4^+-N 的去除率增大(Galvez et al., 2003)。在较低干湿比时，出水中氨态氮的含量仍满足《城市污水再生利用景观环境用水水质》(GB/T 18921—2002)标准。而总氮去除率的变化趋势则不如氨态氮的明显，随干化时间的延长总体呈下降趋势。分析是因为总氮的脱除过程更为复杂，除了与基质层通气状况相关外，受床体 ORP 和有机物浓度的影响较大(Dirk et al., 1997; 肖恩荣等, 2008)。较长的系统干化时间导致床体富氧

状况良好，ORP 升高，有机物浓度降低，可利用碳源减少，因此在一定程度上抑制了反硝化作用。总体来看，虽干湿比对 NH_4^+-N 的去除影响较大，但在 1∶1～4∶1 的干湿比条件下，出水 NH_4^+-N 及 TN 含量均满足《城市污水再生利用城市杂用水水质》(GB/T 18920—2002)和《城市污水再生利用景观环境用水水质》(GB/T 18921—2002)标准。考虑到在实际应用中，适当降低干湿比可明显改善系统的处理能力，因此推荐稳定期的干湿比为 1∶1。

就对氮的去除来说，应结合系统中的营养物质含量及好氧环境的恢复情况来选择干湿比。我国南北方的气候与土壤特性存在较大差异(南方湿润多雨，土壤以黏土为主，北方则相对干燥，且主要为砂土)，干湿比的设置亦有不同。三峡地区 SWIS 的干湿比为 5∶10；广州地区的干湿比宜取 5∶7；北京昌平地区冬季干湿比宜选 5∶4，暖季 5∶10；山东莱阳地区宜为 5∶7。在本实验条件下最适宜的干湿比为 1∶1，与南方的有较大差异，这是由于生物基质的渗透性能好于黏土，因此所需的污水投配时间一般较短，而以黏土为主的南方应选择较长的配水时间。美国环境保护署(EPA)提供的资料指出，为使 SWIS 的入渗速率达到最大，夏季的配水时间和干化时间应分别为 12d 和 5d，冬季则宜取 12d 和 7d。研究所获得的 1∶1 干湿比适用于北方以草甸棕壤为主要介质的 SWIS，并且由于土壤干化时间相对较短而较大程度地提高了污水处理量。

6.3.2　进水负荷对脱氮效果的影响

1. 表面水力负荷对脱氮效果及基质 ORP 的影响

SWIS 对表面水力负荷有一定的适应性和限量性。超过生态条件的负荷极限时，必然会破坏系统微生物赖以生存的环境。在系统生态环境所能承受的范围内，较长水力停留时间有利于污水中的氨态氮与土壤中各种基质充分接触，发生硝化与反硝化作用，最终转化为氮气等释放到大气中。

进水的有机负荷为 12.0g/(m^2·d)，干湿比为 1∶1，将水力负荷分别控制在 0.04m^3/(m^2·d)、0.065m^3/(m^2·d)、0.081m^3/(m^2·d)和 0.10m^3/(m^2·d)，在系统稳定运行两个干湿比周期后，分析 SWIS 对氨态氮和总氮的去除情况，见表 6-3。

表 6-3　表面水力负荷对脱氮效果的影响

水力负荷/[m^3/(m^2·d)]	考核指标	进水质量浓度/(mg/L)	出水质量浓度/(mg/L)	去除率/%
0.04	NH_4^+-N	32±5.8	0.8±0.8	97.4±1.8
	TN	48±6.2	4.9±1.5	89.8±2.4

续表

水力负荷/[$m^3/(m^2·d)$]	考核指标	进水质量浓度/(mg/L)	出水质量浓度/(mg/L)	去除率/%
0.065	NH_4^+-N	43±3.3	1.4±1.1	96.8±0.5
	TN	52±7.5	5.7±1.7	89.0±2.9
0.081	NH_4^+-N	35±2.0	1.3±0.5	96.3±3.4
	TN	48±4.4	5.5±1.7	88.5±4.0
0.10	NH_4^+-N	36±5.9	7.5±2.0	79.2±5.9
	TN	50±6.6	19.7±2.8	60.5±4.4

四种水力负荷下，SWIS对NH_4^+-N和TN的平均去除率分别为92.4%和82.0%，高于以往报道(平均去除率分别为72.3%和53.2%)，分析是SWIS的生物基质及基质层构建方式有效改善了系统的ORP，调控了脱氮菌群的结构，从而提高了脱氮效率。在SWIS中，去除率随着水力负荷的增加稍有降低。因为当水力负荷增加时，相应的出水速度也增加，水力停留时间缩短，污水与基质的接触时间相对减小，部分被吸附的氮污染物未来得及被降解即随出水带出，所以选择适当的水力负荷对SWIS非常重要(Li et al., 2015)。美国环境保护署推荐的地下渗滤系统最高的水力负荷仅为0.066$m^3/(m^2·d)$，而将水力负荷提高到0.081$m^3/(m^2·d)$，SWIS仍然保证稳定、良好的脱氮效果，说明采用的基质级配方式在有效提高地下渗滤系统的水力渗透性能的同时保持了良好的脱氮能力，具有较强的抗水力负荷冲击能力。相比之下，若要使传统型SWIS的出水氨态氮和总氮含量达到《城市污水再生利用城市杂用水水质》(GB/T 18920—2002)和《城市污水再生利用景观环境用水水质》(GB/T 18921—2002)标准，则水力负荷只能维持在0.04$m^3/(m^2·d)$以下，这样在相同处理水量、同等脱氮效果的情况下，本研究构建的SWIS占地面积将缩小一半以上。

水力负荷的大小直接影响污水的处理量和在系统的停留时间，水力负荷越大，单位时间污水的投配量越多，在干化时间一定的情况下系统的ORP就会呈现不同的情况，如图6-3所示。

由图6-3可以看出，随着水力负荷的增加，SWIS的ORP呈下降趋势。说明水力负荷越大，系统的还原环境越明显，故水力负荷不宜过大，否则不但处理效果差，也将不利于硝化反应的进行。综合表6-3和图6-3来看，SWIS最佳的水力负荷范围是0.065～0.081$m^3/(m^2·d)$，此负荷条件下系统ORP环境适宜硝化-反硝化反应的进行，脱氮效率较高。

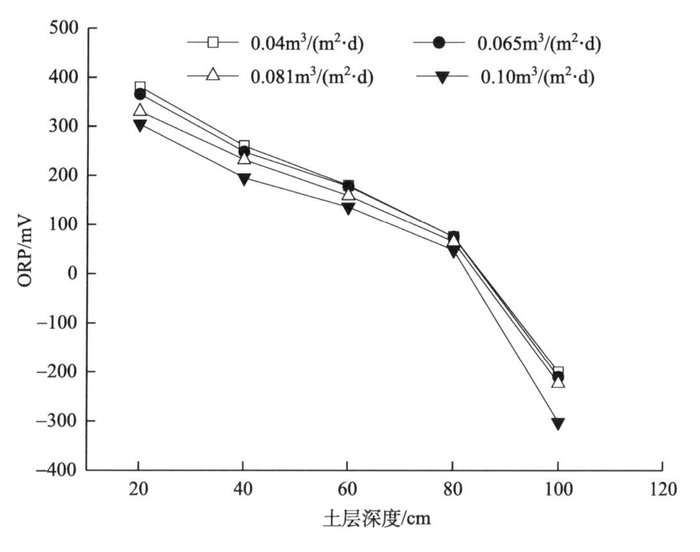

图 6-3　SWIS 中水力负荷对 ORP 的影响

2. BOD 负荷对脱氮效果及基质 ORP 的影响

控制水力负荷为 0.08m^3/(m^2·d)，进水的 BOD 负荷分别为 9.3g/(m^2·d)、12.0g/(m^2·d)及 16.8g/(m^2·d)，干湿比为 1∶1，在一个干湿比周期结束后，考察 SWIS 在不同 BOD 负荷下对氨态氮及总氮的去除情况，见表 6-4。

表 6-4　SWIS 中不同 BOD 负荷下的氮去除情况

BOD 负荷/[g/(m^2·d)]	考核指标	进水质量浓度/(mg/L)	出水质量浓度/(mg/L)	去除率/%
9.3	NH_4^+-N	32±7.8	0.9±0.8	97.2±1.5
	TN	48±8.1	6.8±1.2	85.8±1.2
12.0	NH_4^+-N	43±4.3	1.9±2.4	95.6±2.2
	TN	52±5.4	5.5±1.5	89.4±2.0
16.8	NH_4^+-N	35±6.3	5.1±3.6	85.5±3.3
	TN	48±5.6	15.1±1.3	68.5±3.7

生活污水中的氮以有机氮和氨态氮的形式进入土壤后经微生物氨化、硝化和反硝化作用以及基质的吸附、过滤和沉淀作用后被去除，其中，硝化、反硝化作用是 SWIS 除氮的主要途径。而氮的脱除与基质中的脱氮菌群数量、性能及基质的孔隙度等因素有关。生物基质中的脱氮菌群丰富、数量大，基质孔隙度良好，可有助于空气向系统的富氧。因此，本研究构建的 SWIS 维持了较高的 NH_4^+-N 和

TN 去除率。在进水 BOD 负荷为 9.3～16.8g/(m^2·d)时，虽然随着污染负荷的增加去除率略有降低，但平均去除率仍可达 92.7%和 81.2%。以往报道的地下渗滤系统处理城镇生活污水的有机负荷率(BOD)仅为 1.5～6.0g/(m^2·d)(戴树桂,2003；蔡碧婧等, 2007；刘艳丽等, 2008; Willm et al., 2009)，与此相比，SWIS 的 BOD 负荷承受能力明显提高，但为了使出水中氮浓度满足《城市污水再生利用景观环境用水水质》(GB/T 18921—2002)标准，建议进水 BOD 负荷不超过 12.0g/(m^2·d)。

实验过程中，进入模拟系统的污水水质和水量经常发生改变，在同一操作条件下选择了 3 种不同的 BOD 负荷，以两个干湿周期结束为起点，测定 SWIS 中 ORP 的变化。

由图 6-4 可见，各土层深度的 ORP 值均随着进水 BOD 浓度的增大而降低。分析认为：进水 BOD 浓度高，相应的氧化降解有机物所需的 O_2 量就高，当需氧量大于基质层溶解氧量时，系统就处于一种缺氧的还原状态，ORP 值就会下降。因此，当 SWIS 在实际工程应用时，可根据进水 BOD 污染负荷与 ORP 的相关关系，针对不同的进水浓度设计不同的 ORP 调控方法，调控系统的氧化还原环境处于最有利于脱氮的水平，从而可改善系统的处理效果。

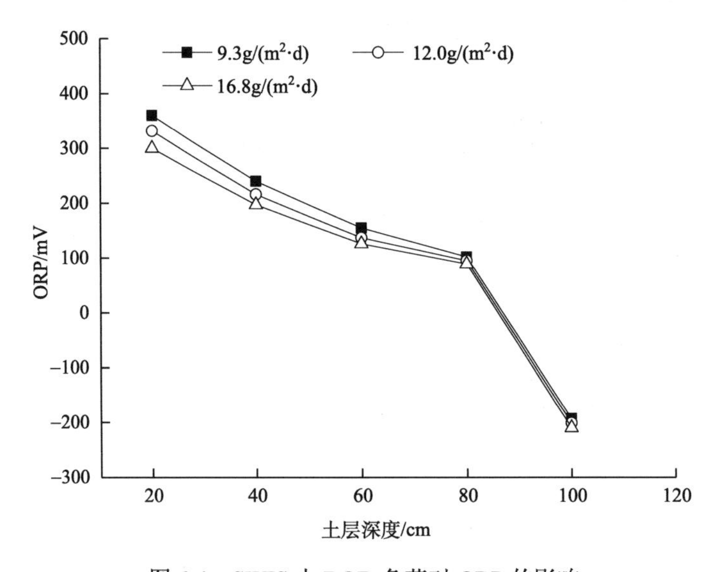

图 6-4　SWIS 中 BOD 负荷对 ORP 的影响

6.3.3　碳氮比对脱氮效果的影响

SWIS 在不同 CNR 条件下对 NH_4^+-N 的去除率如图 6-5 所示。

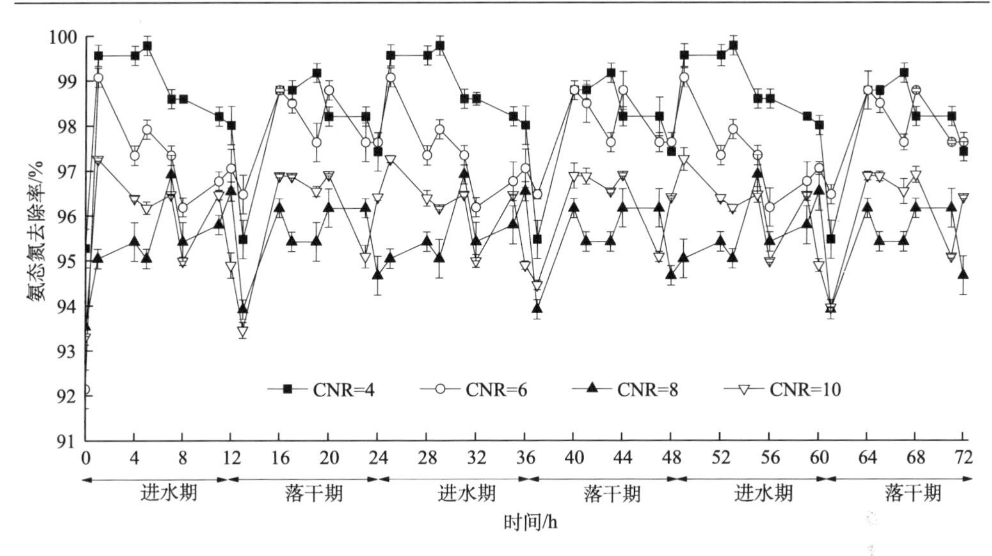

图 6-5　碳氮比对 SWIS 中 NH_4^+-N 去除率的影响

NH_4^+-N 的去除主要是通过硝化作用将 NH_4^+-N 转化为 NO_3^--N 以及土壤的吸附作用。由于土壤颗粒带有负电荷，NH_4^+-N 很容易被吸附，土壤微生物通过硝化作用，将 NH_4^+-N 转化为 NO_3^--N。如图 6-5 所示，SWIS 对 NH_4^+-N 的去除率非常高(>92.14%)。SWIS 对 NH_4^+-N 的去除过程中，进水初期与落干初期(≤1h)，去除率相对较低，可能是由于水力负荷的突然改变，打破了系统中的平衡状态，导致系统对 NH_4^+-N 的去除率下降。但随着进水与落干的进行(>1h)，系统对 NH_4^+-N 的去除率有所提高。从图 6-5 中也可看出，当 CNR=4 时 NH_4^+-N 的去除效果最好，此时，进水中氮源充足，系统中硝化作用进行得比较充分，对 NH_4^+-N 的去除率较高。总体趋势是随着 CNR 的增加，NH_4^+-N 去除率降低，可能是由于随着进水中含碳有机物的增多，促进了异养菌的生长而自养型硝化细菌的生长受到抑制，使得氨态氮的去除率略有下降(刘国华等, 2015)。陈庆昌等(2008)在研究中发现，碳氮比越大，人工湿地系统对 NH_4^+-N 的去除效果越差，结论基本一致。

TN 的去除主要通过氨化、硝化及反硝化反应。SWIS 对 TN 的去除效果如图 6-6 所示。

从图 6-6 中可以看出，SWIS 对污水的 TN 去除效果明显，最高去除率出现在 CNR=4 时(99.25%)，而当 CNR=10 时，SWIS 对 TN 的去除率最低。当 CNR 在 4 与 6 时，SWIS 对 TN 的去除率明显高于 8 与 10 的情况。总体趋势是随着 CNR 的增加，SWIS 对 TN 的去除率下降，但仍保持着较高的去除率。

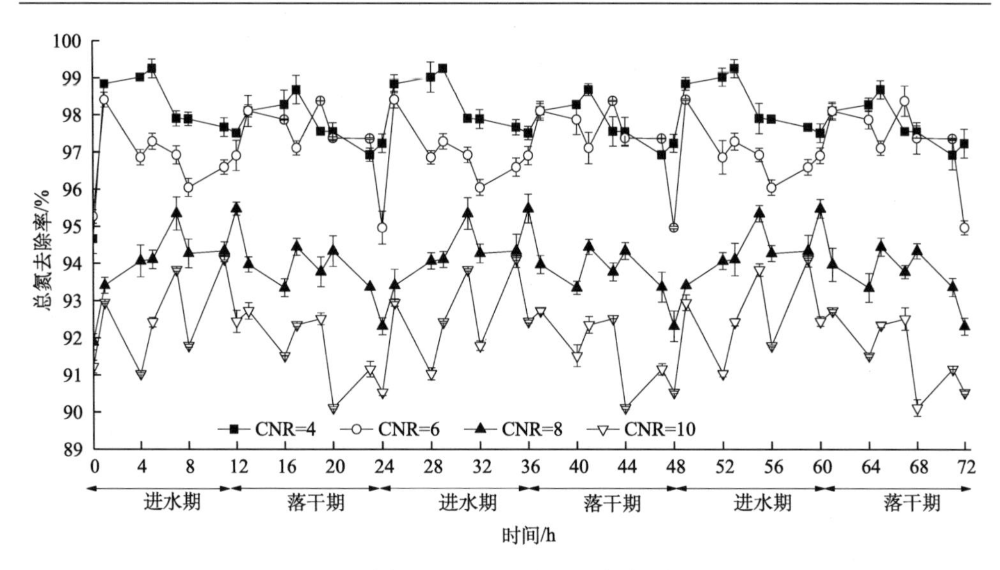

图 6-6　碳氮比对 SWIS 中 TN 去除率的影响

研究结果表明：SWIS 具有较强的抗负荷冲击能力。即使 NH_4^+-N 和 TN 的去除率随 CNR 有所波动，但出水浓度均低于《城市污水再生利用景观环境用水水质》(GB/T 18921—2002)标准，如表 6-5 所示。

表 6-5　NH_4^+-N 与 TN 的出水浓度　　（单位：mg/L）

项目	4∶1	6∶1	8∶1	10∶1	标准
NH_4^+-N	1.20±1.12	1.47±0.52	1.83±0.42	1.32±0.39	≤5
TN	1.71±1.14	1.76±0.50	2.52±0.48	2.59±0.39	≤15

6.3.4　温度对脱氮效果的影响

SWIS 作为一种基于生态学原理的污水处理技术，对氮污染物的去除主要依靠微生物作用，温度对生物活性及脱氮效果影响较大。因此，实验监测了 SWIS 在全年不同月份的脱氮情况及 ORP 的变化[实验条件：进水 BOD 负荷 12.0g /(m^2·d)，表面水力负荷 0.065m^3/(m^2·d)，干湿比 1∶1]，如表 6-7 和图 6-6 所示。

从表 6-6 可以看出，在历时两年的实验中，SWIS 始终保持了较好的脱氮效果，表明 SWIS 中的基质层构建方法及采用的控制运行方法较科学。SWIS 脱氮效果的波动主要是因为生物脱氮过程受温度的影响较大。从 1 月到 3 月和 10 月到 12 月，室内平均气温仅 4.5～7.4℃，抑制了硝化及反硝化细菌的活性，SWIS 中

表 6-6 SWIS 中氮去除率随温度变化情况

项目	时间段			
	2007.04～2007.06	2007.07～2007.09	2007.10～2007.12	2008.01～2008.03
平均室温/℃	17.2	25	4.5	5.2
NH_4^+-N 去除率/%	90.2±0.2	85.1 ± 1.0	86.2± 0.6	87.0±0.2
TN 去除率/%	84.5±0.5	78.2 ±0.8	81.5 ±1.1	81.0±0.3

项目	时间段			
	2008.04～2008.06	2008.07～2008.09	2008.10～2008.12	2009.01～2009.03
平均室温/℃	17.9	27.2	6.1	7.4
NH_4^+-N 去除率/%	89.6±0.5	85.9 ± 1.1	87.3 ± 0.5	87.2 ± 0.1
TN 去除率/%	83.4±0.8	77.6 ± 1.0	81.0 ±0.4	80.2 ±0.7

NH_4^+-N 和 TN 的去除率仅 87.1%和 80.5%，出水浓度分别为 4.8mg/L 和 8.8mg/L；到了 4 月至 6 月，室内平均气温升至 17.6℃，脱氮效率也是全年最高的，分别为 89.9%和 84.0%，出水浓度分别为 3.7mg/L 和 7.1mg/L；7 月至 9 月，室内平均气温是全年中最高的，平均 26.1℃，但由于该季节用水量偏大，造成进水的 BOD 负荷较低[仅 7.2g/(m^2·d)]，微生物赖以生存的底物有限，生物膜生长缓慢，因此脱氮效率低，仅为 85.5%和 78.3%，出水浓度分别为 5.4mg/L 和 9.8mg/L。当然，由于模拟装置位于室内，所得的实验结果与工程应用之间还有一定的偏差，但结论可为工程应用提供一定的指导。若要获得较高的氮去除率，建议在气温≥4℃下运行 SWIS，17～20℃环境下脱氮效果最稳定，且进水 BOD 负荷应≥7.2g/(m^2·d)。

ORP 是多种物质进行氧化还原反应的结果，污水处理过程中的氧化还原反应主要是微生物的合成和呼吸作用，而微生物对环境温度很敏感，如污水硝化处理中的细菌以硝化细菌为主，其生长繁殖的最适温度为 20～37℃；此外，ORP 连同溶解氧、pH 作为过程控制参数都是温度的函数，因此研究温度对调控 SWIS 氧化还原环境的影响，揭示脱氮机理有着重要作用。

基于 ORP 变化的周期性，在 5～10℃、17～20℃及 22～28℃温度下，监测两个干湿周期中 20cm、60cm 及 100cm 处的 ORP 变化情况，结果见图 6-7。

从图 6-7 可以看出，3 种土层深度下 ORP 值都遵循一定的规律，即随着系统的进水-落干交替起伏，且均随着温度的升高而降低，100cm 土层深度最为明显。原因可能是 100cm 深度的取样口距离出水口最近，受来自底部的氧气传输影响较大，而氧气的溶解及转移速度又随温度的降低而增大，从而使得 ORP 升高。因此，温度可显著影响 SWIS 的氧化还原环境。工程应用中可利用温度与 ORP 之间的相关性，有针对性地采取措施，如在适当位置设二次布水，以水温带动周围局部基质环境的温度改变，从而调控系统的 ORP 向着有利于脱氮的方向改变。

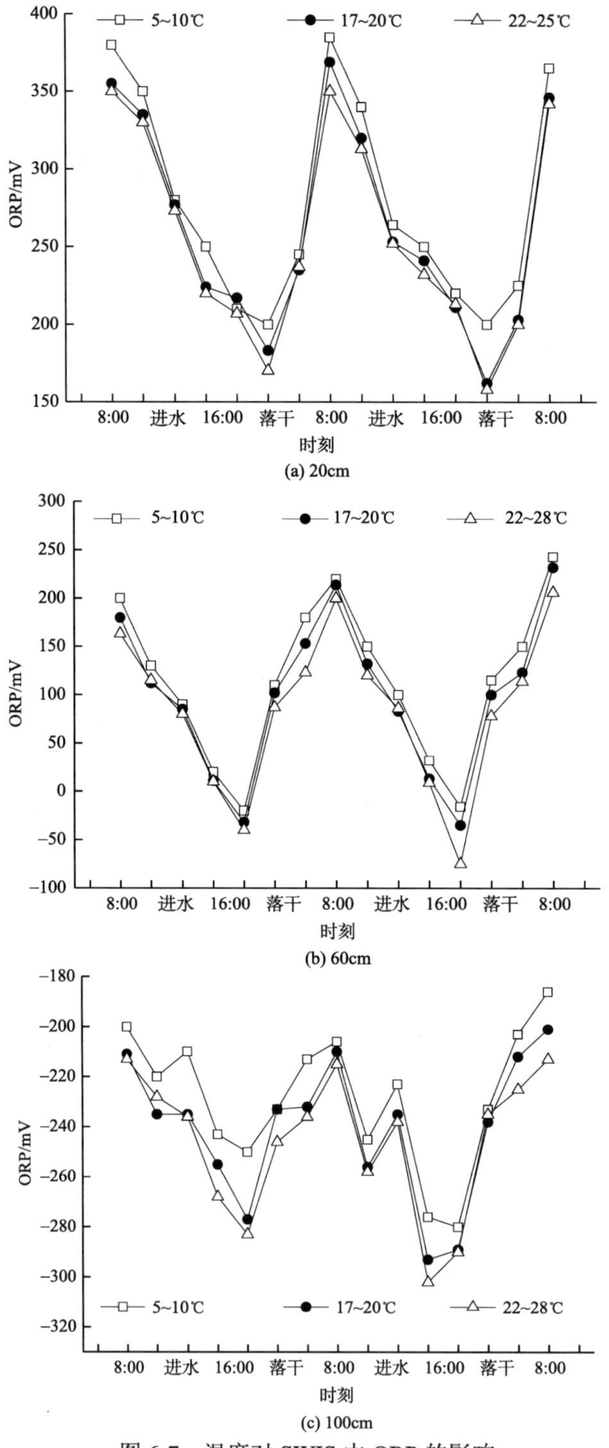

图 6-7　温度对 SWIS 中 ORP 的影响

6.3.5　布水方式对脱氮效果的影响

在 SWIS 中，污水自多孔布水管进入系统后，其中大于 85%的可降解有机物已在 0～20cm 的区域降解，这就导致污水进入缺氧区后的碳源严重不足，进而影响系统的脱氮效果。若想强化 SWIS 脱氮，除了改善系统的基质配置，在反硝化阶段投加碳源也是可行的方法。常用的碳源有甲醇、有机废水等(Van et al., 2001)。若投加甲醇或有机废水，即增加 SWIS 的运行成本和负荷，又会影响处理效果。由于生活污水中也含有大量的可降解有机物，理论上可作为反硝化的碳源。因此，在 SWIS 中采取分流布水的措施增加反硝化作用所需的碳源，如图 6-8 所示。

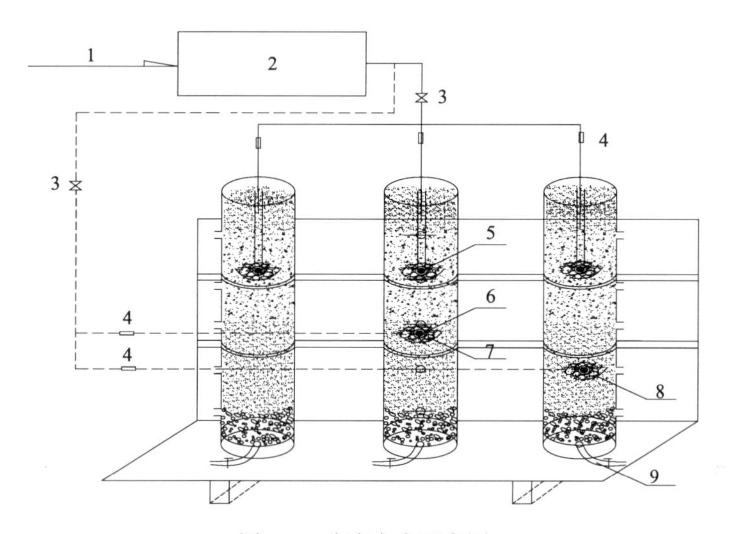

图 6-8　分流布水示意图

1. 进水；2. 高位水箱；3. 控制阀；4. 流量计；5. 一次布水管；6. 二次布水管；7. 卵石；8. 不透水皿；9. 出水口

为便于与其他强化脱氮方法相对比，实验在图 6-8 所示的模拟装置中进行。一次布水管位于垂直渗滤区 55cm 深度，二次布水管分别布设在垂直渗滤区 65cm 和 75cm 深度，每两根土柱平行做一种布水方式实验，分流比均为 1∶1，同时设对照组，实验周期为 30d。实验条件：进水 BOD 负荷 12.0g/(m^2·d)，其他水质指标如表 2-10，表面水力负荷为 0.065m^3/(m^2·d)，干湿比为 1∶1，温度为 16.3℃。不同分流位置对氮去除效果的影响情况见图 6-9 和图 6-10。

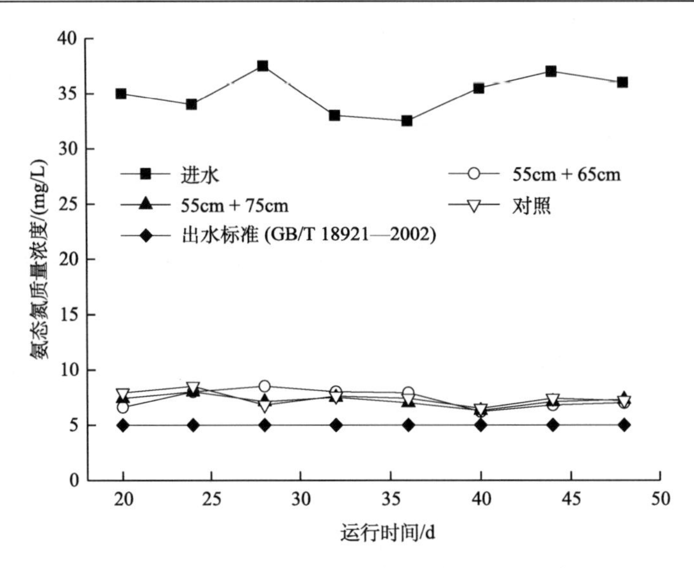

图 6-9　分流位置对氨态氮去除效果的影响

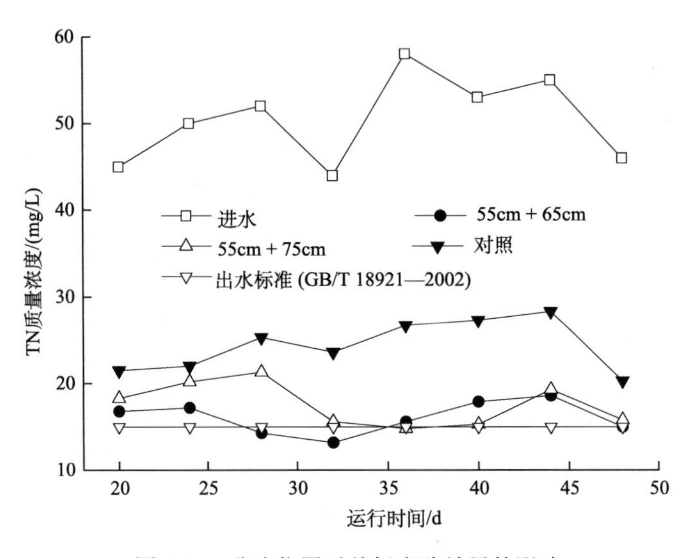

图 6-10　分流位置对总氮去除效果的影响

由于有了二次布水，出水氨态氮含量有所上升。分析是因为下层进水带来了一定量的溶解氧和大量有机物，有机物的降解过程消耗了溶解氧，导致该区域土层中 ORP 下降(图 6-11)，因此氨态氮浓度较对照相比略有升高，平均出水浓度从 7.2mg/L 提高到 8mg/L。相比之下，总氮的去除率受分流的影响较大。对照组中，总氮平均出水浓度为 26.2mg/L，去除率为 50.4%；55cm + 65cm 分流布水方案(A)实施后，总氮平均出水浓度为 16.5mg/L，去除率提高到 67.8%；55cm + 75cm 分流布水方案(B)实施后，总氮平均出水浓度为 18.2mg/L，去除率提高到 64.3%。A、B 方案脱氮效果皆好于对照组，且 A 优于 B。因此，采用 A 方案，即在垂直渗滤区 65cm 处设二次布水管。

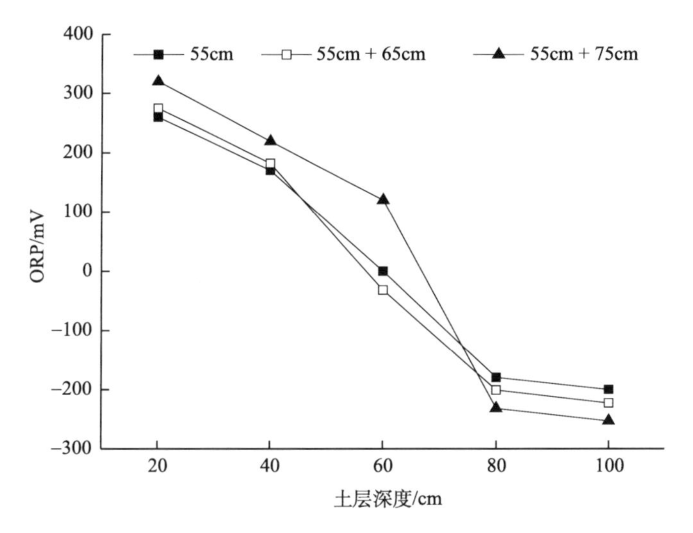

图 6-11　布水位置对 ORP 的影响

确定了二次布水方案以及布水位置后，通过控制阀和流量计分设一、二次布水量，研究分流比(一次布水管水量∶二次布水管水量)对系统去除总氮效果的影响(总氮脱除效果受分流布水的影响较氨态氮大，因此以总氮的去除效果为参考指标)，实验条件同上，结果如图 6-12 所示。

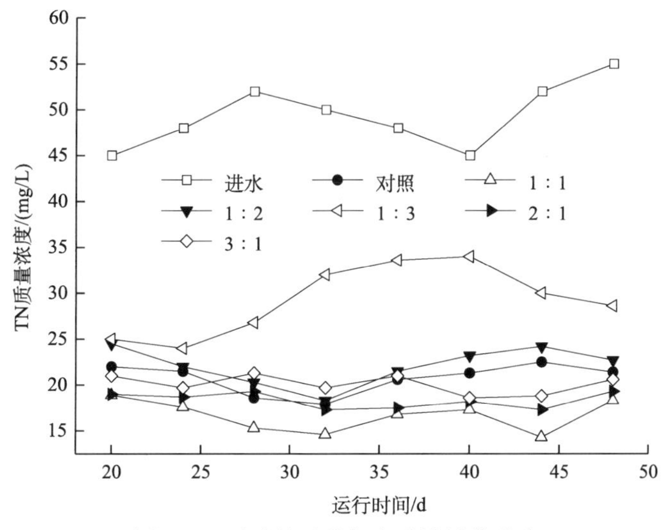

图 6-12　分流比对总氮去除效果的影响

SWIS 中总氮的去除由多种因素共同影响，但许多报道均表明，硝化-反硝化作用是其中最重要的影响因素，而总氮去除率的高低也反映了系统内部硝化和反硝化的进行程度。由图 6-12 可以看出，分流比分别为 3∶1、2∶1 和 1∶1 时，出水的总氮浓度都低于不采取分流措施，总氮的去除率由 59.37%分别提高到 59.6%、62.1%和 68.4%。当分流比为 1∶2 和 1∶3 时，出水的总氮浓度都高于不采取分流措施，总氮的去除率由 59.4%分别降到 47.2%、29.1 %。

污水进入 SWIS 后，在好氧微生物的作用下，有机物被吸附、降解，当污水进入缺氧区后，碳源严重不足，通过适当比例中间分流措施，补充系统碳源，以加强反硝化作用(何连生等, 2006)。但是当分流比过大时，进入厌氧区的污水中的有机氮和氨态氮来不及被氧化，便被排出系统，所以总氮去除率比不采取分流措施时降低。前述图 6-9～图 6-12 的实验结果表明，采取适当的分流布水措施有助于改善 SWIS 的 ORP，提高脱氮(尤其是总氮)的去除效率，由实验可得最佳布水方式是垂直渗滤区 55cm+65cm 分流布水，最佳分流比为 1∶1，此时，系统总氮去除率由一次布水时的 51.6%提高到 68.1%。

如第 5 章所述，碳源是影响反硝化动力学常数的主要因素。因此，为揭示分流布水提高总氮去除效果的作用机理，测定和表征补加碳源前后 SWIS 反硝化动力学常数 k 的变化。

由于硝化细菌的繁殖速度远大于亚硝化细菌，因此，NO_2^--N 在系统中很少积累。假设有 77%的 NH_4^+-N 转化成了 NO_3^--N，由此可得出 C_0。由图 6-9 可知，分流布水前后，SWIS 的氨态氮去除率变化较小，因此可忽略 C_0 的差异。对出水 NO_3^--N 浓度 C 进行测定，并对反硝化过程的一级动力学模型进行线性拟合，结果见图 6-13 和表 6-7。

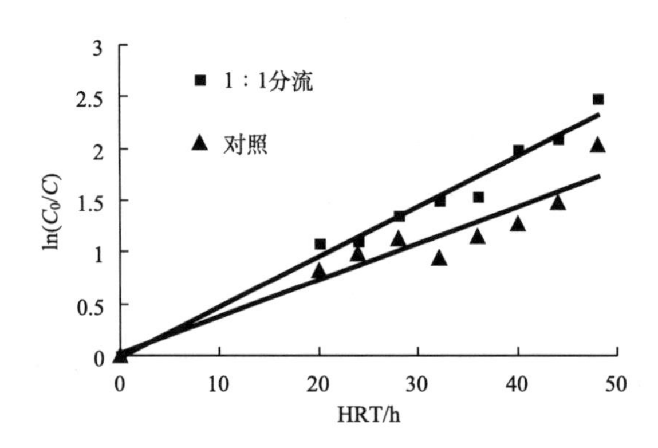

图 6-13　分流布水对反硝化动力学的影响

表 6-7　分流布水对反硝化动力学参数的影响

系统	拟合方程	R^2
分流布水前(对照系统)	$\ln C_0 / C = 0.0355\,t$	0.904
1∶1 分流布水后	$\ln C_0 / C = 0.0488\,t$	0.978

由图 6-13 和表 6-7 可见，1∶1 分流布水后，反硝化动力学常数 k 大于未分流的情况。反硝化速率常数 k 与温度、进水硝态氮浓度等性质有关，在本实验条件下，对比系统的 C_0 及操控条件相同，因此，可认为反硝化速率常数的差异只与碳源多少有关。由于在 65cm 处二次进水，补给了反硝化作用的碳源，分流布水提高了反硝化动力学常数，强化了总氮去除效果。

根据一级动力学模型和本实验条件下得到的反硝化速率常数可知，在 SWIS 达到稳定后，无分流比的系统占地面积(反硝化速率常数 0.0355)与 1∶1 分流比的系统占地面积(反硝化速率常数 0.0488)之比约为 1.4∶1，即采取二次布水措施，若达到相同的总氮去除效果，可节省约 28%的占地面积。

在硝化和反硝化过程中可能产生 NO_3^- 和 NO_2^-，作为反应的中间产物，两者的浓度一般很低。有研究表明(张之崟和雷中方, 2006)，有效运行的系统中出水的 NO_2^- 浓度宜控制在 0.1～0.5mg/L。分流布水增加了碳源，但由于二次进水的水流路径短，污水的硝化作用可能进行不完全，导致出水 NO_2^- 的积累。因此，分析在进水水质相同的条件下，分流与否对 NO_3^- 和 NO_2^- 出水浓度的影响，如图 6-14 和图 6-15 所示。

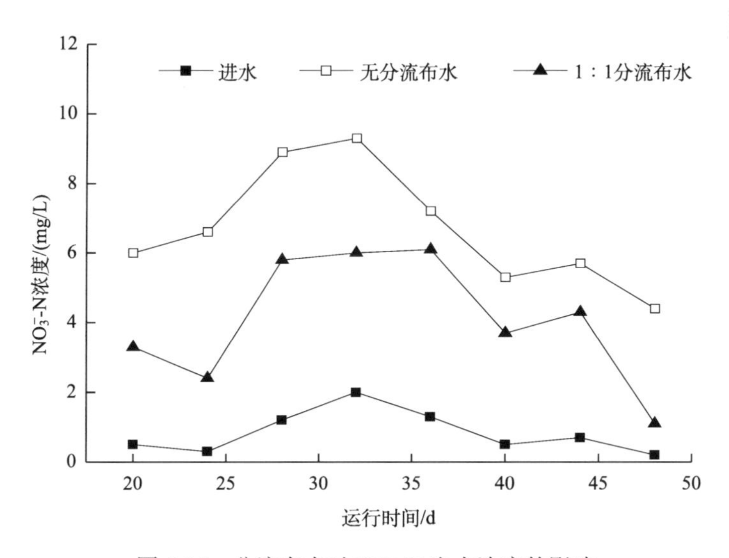

图 6-14　分流布水对 NO_3^--N 出水浓度的影响

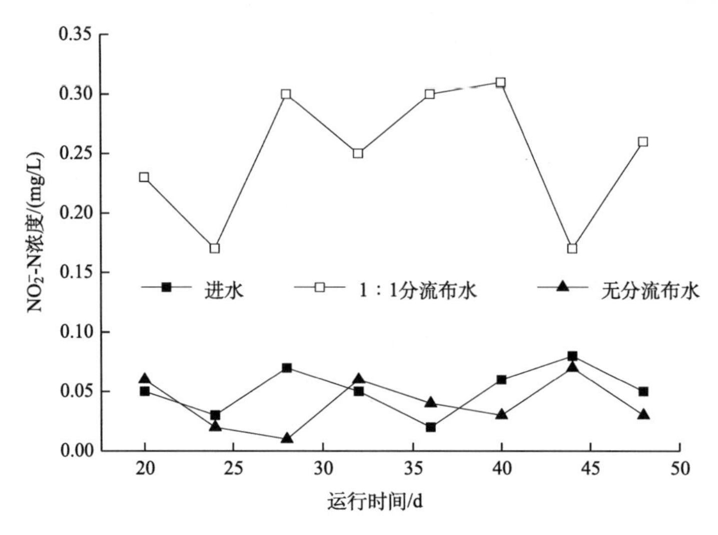

图 6-15　分流布水对 NO_2^--N 出水浓度的影响

从图 6-14 和图 6-15 可以看出，进水中 NO_2^- 和 NO_3^- 浓度都极低，而通过硝化和反硝化反应产生了 NO_2^- 和 NO_3^-。出水的硝态氮和亚硝态氮浓度与土壤氧化还原环境有直接的关系，若系统中 ORP 较低，则氨氮被氧化的比例就会相应缩小，形成的亚硝态氮就可能在有足够碳源的情况下被还原成 N_2O 或 N_2。由图 6-14 可知，进水硝态氮浓度<2.0mg/L，无论分流布水与否，SWIS 出水的硝态氮浓度均远远高于进水，分析是 SWIS 中良好的硝化反应导致的。不过分流布水 SWIS 出水中的硝态氮浓度比对照系统的低得多，这说明采取分流布水措施的确可以大大促进反硝化反应的进行。由图 6-15 可知，进水中的亚硝态氮浓度<0.10mg/L，对照系统出水中的亚硝态氮浓度也较低，而分流布水 SWIS 的则较高，分析是因为在分流布水 SWIS 中，水力流通路径较短，当分流污水进入处理系统后主要在缺氧环境中下渗，因而不利于硝化反应的顺利进行，导致出水中硝化反应的中间产物——亚硝态氮浓度较高。

因此，尽管分流布水时 SWIS 出水氨态氮、亚硝态氮浓度略高于对照系统，硝化反应受到一定程度的抑制，但反硝化能力优于对照系统。SWIS 中，强化反硝化作用的方法主要有两个，一是优化基质组配，二是调整进水的碳氮比。由第 3 章的研究结论可知，优化基质层结构，科学设置运行控制参数可有效改善系统的氧化还原特性，脱氮效果得到有效强化。该方法简便、操作性强。由本章的研究结论可知，分流措施可调节进水碳氮比，提供给反硝化反应必需的碳源，提高反硝化速率常数，从而强化脱氮效率。该方法施工灵活，可在工程实施时一并放入分流管，也可在工程运行一段时间后再放。但由于增加了布水管数量及流量调节装置，增加了工艺的建设成本，同时，由于要调节与优化布水管及分流管的流量分配，增大了运行控制及操作难度。而且，二次布水设计影响了氨态氮的出水浓度，在优化的布水位置及布水负荷条件下，总氮的脱除效率仍低于 SWIS 约 10%。因此，在实际工程应用中，优化基质组成和基质层结构并改善系统 ORP 环境是强化 SWIS 脱氮效果的常用方法。

6.3.6　生物基质层有机质含量对脱氮效果的影响

在好氧区生物基质层有机质含量不同的条件下，系统稳定运行时的出水水质及污染物去除率[去除率=(进水浓度-出水浓度)/进水浓度×100%]见表 6-8。

表 6-8　生物基质层有机质含量对脱氮效果的影响

有机质含量/%	NH_4^+-N		NO_2^--N		NO_3^--N		TN	
	出水/(mg/L)	去除率/%	出水/(mg/L)	去除率/%	出水/(mg/L)	去除率/%	出水/(mg/L)	去除率/%
2.0	1.5±0.7	92.7±0.3	1.5±0.7	92.7±0.3	2.0±0.05	33.3±1.6	4.8±0.1	80.8±0.4
4.5	3.0±0.6	85.4±2.8	3.0±0.6	85.4±2.8	0.7±0.05	76.7±1.6	6.7±0.1	73.2±0.4
7.0	5.0±0.6	75.6±2.8	5.0±0.6	75.6±2.8	0.4±0.07	86.7±2.3	9.2±0.2	63.2±0.8
9.5	5.5±0.5	73.2±2.3	5.5±0.5	73.2±2.3	0.2±0.05	90.3±1.6	10.8±0.2	56.8±0.8

由表 6-8 可以看出，随着有机质含量的增加，系统对 NH_4^+-N、TN 等污染物的去除率降低。

随着有机质含量由 2.0%升高到 9.5%，NH_4^+-N 和 TN 的去除率分别由(92.7±0.3)%、(80.8±0.4)%降低到(73.2±2.3)%、(56.8±0.8)%。污水地下渗滤系统对氮素的去除主要通过脱氮微生物的硝化-反硝化过程实现，硝化过程是在硝化细菌的作用下将 NH_4^+-N 转化为 NO_3^--N 的过程，主要发生在渗滤基质好氧区；反硝化过程是在反硝化细菌的作用下将 NO_3^--N 还原为 N_2 的过程，主要发生在渗滤区下层的厌氧区，只有硝化反应与反硝化反应均完全进行时，系统才能具有较好的脱氮效果(张建等, 2002b)。由于有机质的降解与硝化反应的进行均需好氧条件，故当基质层内有机质含量升高时，有机质的降解需要消耗部分溶解氧，使基质层内氧化还原电位降低，硝化过程受到抑制，NH_4^+-N 的去除率降低；随着土壤有机质含量的升高，有机物不能在基质表层好氧区被完全降解，随水流进入厌氧区，为反硝化反应提供充足的碳源，且氧化还原水平逐渐降低，利于反硝化反应的进行，出水中 NO_3^--N 的浓度减少进一步说明反硝化反应进行得较完全，但反硝化反应需要以硝化反应的产物(NO_3^--N)作为反应物，当硝化反应受到抑制时，硝化反应与反硝化反应不能充分发挥其联合作用，系统脱氮效率降低。

在生物基质层中添加牛粪后，随着有机质含量的增加，污水中含氮污染物的去除效果均有所下降，因此在研究基质改良时，不建议在生物基质层中过量外加碳源。

6.3.7　曝气量对脱氮效果的影响

不同曝气强度下系统的脱氮效果见图 6-16。

生活污水中的氮以有机氮和氨态氮为主要形式存在。生活污水中的氮进入系统后，经过微生物的氨化、硝化、反硝化和共反硝化作用以及基质的吸附、过滤和沉淀作用被去除。其中，生物硝化-反硝化是 SWIS 脱氮的主要途径(李英华等, 2013)。曝气为好氧硝化作用提供了有利环境，抑制了厌氧反硝化作用，因此，微曝气和强曝气系统的 NH_4^+-N 和 NO_2^--N 去除率高于空白系统，微曝气和强曝气系统的 NO_3^--N 去除率低于空白系统。NO_3^--N 和 NO_2^--N 的初始浓度高于进水，这

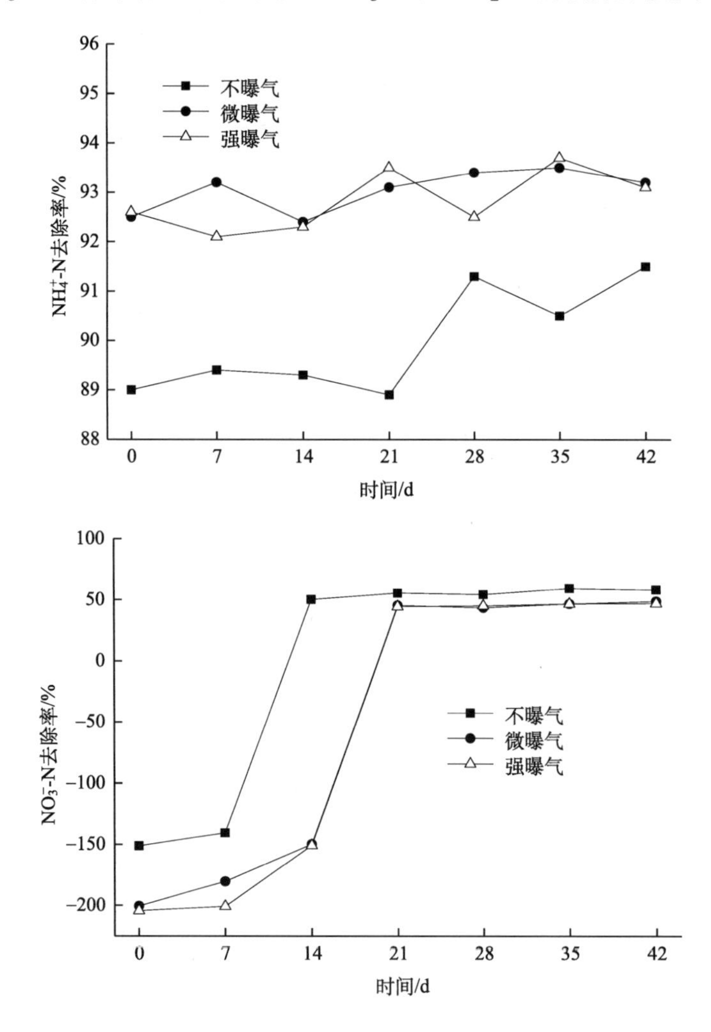

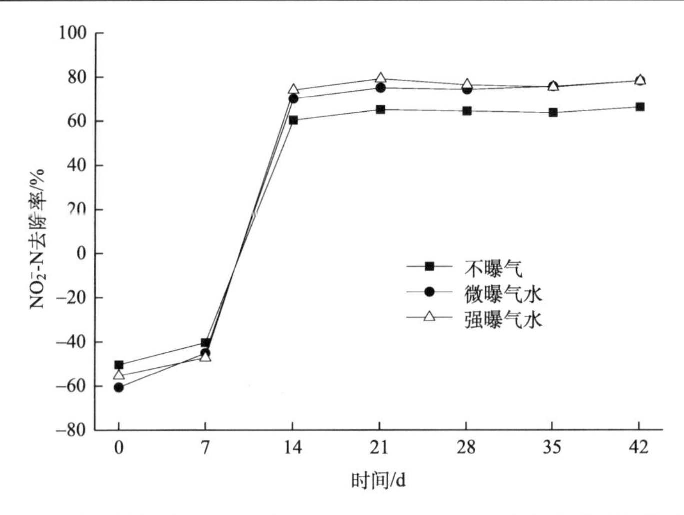

图 6-16 不同曝气处理下 NH_4^+-N、NO_3^--N、NO_2^--N 去除率随时间的变化

是因为进水的主要氮源是 NH_4^+-N，NH_4^+-N 在亚硝化细菌作用下产生 NO_2^--N，一部分 NO_2^--N 在硝化细菌作用下产生 NO_3^--N，导致 NO_3^--N 和 NO_2^--N 在 SWIS 中积累。

此外，曝气量与污染物去除率的相关性分析如表 6-9 所示。曝气量与 NH_4^+-N 去除率具有显著正相关关系，与 NO_2^--N 去除率不显著相关，与 NO_3^--N 去除率有较弱的负相关关系。曝气量与 NH_4^+-N 去除率为较强的正相关关系，与 NO_3^--N 去除率有较弱的负相关关系。

表 6-9　曝气量与污染物去除率的偏相关分析

控制变量	相关性分析	NH_4^+-N 去除率	NO_3^--N 去除率	NO_2^--N 去除率
时间	相关系数	0.854	–0.384	0.095
	显著性(双尾)	0.000	0.094	0.689

6.4　小　　结

(1) SWIS 运行中，干湿比对系统启动及稳定期脱氮效果影响较大。干湿比为 1∶3 时，系统氨态氮的启动周期为 20d；稳定运行且干湿比为 1∶1 时，出水 NH_4^+-N 及总氮含量均满足《城市污水再生利用景观环境用水水质》(GB/T 18921—2002) 标准。

(2) BOD 负荷为 12.0g/(m^2·d)，表面水力负荷为 0.04～0.10m^3/(m^2·d) 时，SWIS 对 NH_4^+-N 和 TN 的平均去除率分别为 92.4%和 82.0%。随着水力负荷增加，SWIS 中 ORP 呈下降趋势，脱氮效率降低；水力负荷为 0.08m^3/(m^2·d)，BOD 负荷为

9.3～16.8g/(m^2·d)时，SWIS对NH_4^+-N和TN的平均去除率为92.7%和81.2%。SWIS中ORP随进水BOD负荷的增加而降低，脱氮效率有所下降。

(3)随着进水碳氮比的增加，NH_4^+-N和TN去除率降低，碳氮比=4时两者的去除效果最好。

(4)温度对SWIS脱氮效率有较大影响。脱氮效率最高点发生在每年4～6月，随着系统的进水-落干，ORP交替起伏，且随着温度升高而降低。

(5)采用分流布水方式可提高SWIS的总氮脱除效果，最佳布水方式是垂直渗滤区55cm + 65cm分流布水，最佳分流比为1∶1，总氮去除率由一次布水时的51.6%提高到68.1%；反硝化速率常数k由无分流的0.0355提高到0.0488。

(6)在生物基质层中添加牛粪后，随着有机质含量的增加，污水中NH_4^+-N、TN等含氮污染物的去除效果均有所下降，因此在研究基质改良时，不建议在生物基质层中过量外加碳源。

(7)微曝气和强曝气处理组的NH_4^+-N和NO_2^--N去除率高于空白(未曝气处理)，微曝气和强曝气处理的NO_3^--N去除率低于空白。相关分析表明，曝气量与NH_4^+-N去除率为较强的正相关关系，与NO_3^--N去除率有较弱的负相关关系。

第 7 章　污水地下渗滤系统释放氧化亚氮的环境效应与影响因素

7.1　引　　言

红外线经地球表面反射后，在向太空散射过程中易被大气层中的 CO_2、CH_4、N_2O 等温室气体拦截并吸收，使很大一部分辐射能又返回到地球表面，导致全球温度上升，这种温室气体使地球表面温度升高的效应称为“温室效应”。CO_2、CH_4、N_2O 是主要的温室气体(李海防等, 2007)。N_2O 是大气中重要的成分之一，虽然含量很低(属于痕量气体)，但其增温效应约是 CO_2 的 150～200 倍，具有更强的增温潜势，同时 N_2O 的分解产物 NO 能与臭氧层中的 O_3 发生反应引起臭氧层破坏，给人类的生存环境造成破坏。研究表明，土壤是 N_2O 的重要来源(Albrecht et al., 2003; DelGrosso et al., 2005; 张振贤等, 2005)。

目前，关于土地处理系统 N_2O 的释放机理方面还没有定论。根据国内外文献报道，N_2O 主要在以下三种生物化学过程中产生(廖千家骅和颜晓元, 2010)：①硝化过程，N 作为电子受体，由 NH_4^+-N 转化为 NO_2^-、NO_3^- 的过程，N_2O 作为反应副产物产生；②反硝化过程，NO_3^--N 转化为 N_2 的过程，N_2O 作为中间产物产生；③非生物作用的氮转化过程，即化学脱氮作用，NO_3^-、NO_2^- 能与有机物及无机物发生反应，最终生成 N_2O 或 N_2。根据以往研究发现，N_2O 主要来源于微生物反应过程，其排放速率等于硝化反应和反硝化反应过程中 N_2O 排放速率之和，其产生机理如图 7-1 所示(瞿胜等, 2008)。

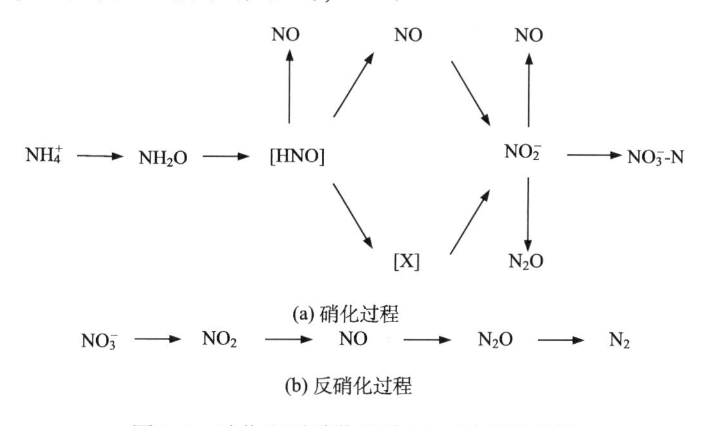

图 7-1　硝化和反硝化释放 N_2O 过程示意图

如图 7-1 所示，硝化过程是在好氧条件下，亚硝化细菌和硝化细菌将 NH_3 或 NH_4^+-N 转化为 NO_2^--N 和 NO_3^--N 的过程，其反应产物主要存在于土壤、水体中；而反硝化过程需要在厌氧条件下进行，在反硝化细菌作用下 NO_3^--N 转化成氮气(N_2)或氧化氮(N_2O 和 NO)的过程，N_2O 存在于土地处理系统的深层或厌氧层，通过土壤中气体通道逸出系统。

污水地下渗滤系统是液、固、气三种形态并存的复杂综合体，“黑箱”过程极其复杂，各种反应类型交错产生。因此，污水地下渗滤系统释放 N_2O 受到诸多条件影响，如操作条件、基质组配和预处理方式等。本章利用稳定同位素示踪方法，从揭示污水地下渗滤系统释放 N_2O 的机理出发，系统阐释湿干比、进水负荷、碳氮比、生物基质层有机质含量等因素对释放 N_2O 通量及空间分布的影响。

7.2　实验材料与方法

7.2.1　实验材料

本章实验在 2.3.3 节基础上增加集气系统。集气系统包括两部分：一是内径 34cm、高 20cm 的圆柱形集气罩[图 7-2(a)]，二是埋入基质层的分层气体采样器[图 7-2(b)]。集气罩上开有一个 Φ10mm 的采气孔，采气时在 U 形槽内加满水，采用水封来保证密闭罩的气密性。分层气体采样器有 3 个集气管，埋设于土层下，各集气管相距 25cm，上部采气孔平时密封，只在采样时短暂开启。

(a)集气罩　　(b)分层气体采样器

图 7-2　集气系统照片

图 7-3 为分层气体采样器示意图。分层气体采样器由三层 PVC 套管组成，各层 PVC 套管高度、直径均不同，由内到外高度分别是 75cm、50cm、25cm，直径分别是 2cm、3cm、4cm。每层 PVC 管底部设有直径为 1cm 的横向 PVC 支管，支管底部均匀分布集气孔，用尼龙网包裹支管，以防止水和土壤颗粒堵塞装置。装置从外到内、从上往下分别采集基质好氧层、兼性厌氧层及厌氧层的土壤孔隙气体，分别从上层取气口、中层取气口、下层取气口进行取气。实验各进水条件不同，基质层的好氧层、兼性厌氧层及厌氧层深度也有所不同，根据各组不同实验条件，预先将分层气体采样器埋设在不同深度处。取气时打开装置顶部阀门，用注射器与取气口的软管连接取气，非取气期将阀门关闭，使系统保持密封。

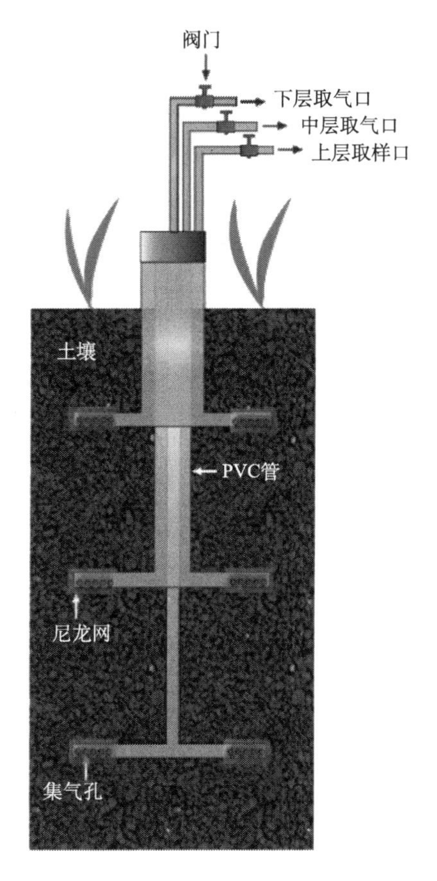

图 7-3　分层气体采样器示意图

7.2.2 实验方法

1. 土壤 NH_4^+-N 及 NO_3^--N 含量测定方法

取土样 8g，过 2mm 筛，加入 2mol/L 的 KCl 溶液 40mL 浸提土壤，振荡 1h 后静置、过滤，得上清液。使用自动间断分析仪测定溶液的 NH_4^+-N 及 NO_3^--N 含量。测定 NH_4^+-N 采用靛酚蓝比色法，测定 NO_3^--N 采用紫外分光光度法。根据以下公式算得土壤 NH_4^+-N 及 NO_3^--N 含量

$$W_N = \frac{c \times V}{m} \tag{7-1}$$

式中，W_N 为土壤硝态氮或氨态氮含量，mg/kg；c 为浸提液的硝态氮或氨态氮浓度，mg/L；V 为浸提液体积，40mL；m 为土样质量，8g。

2. ^{15}N 稳定同位素示踪和样品采集方法

系统稳定运行后(以出水水质稳定为标准，稳定周期约为 20d)，将 8g ^{15}N 丰度为 99%的 $K^{15}NO_3$ 溶解于少量进水中，此进水通过蠕动泵在两小时内均匀进入系统中，然后开始正常进水，并采集气体样品、出水样品及土壤样品。

在进水期的 0 时刻将集气罩放置于表层土壤上，采集气体样品，并于 0.5h 后再次采集气体样品，6h 时将集气罩打开使土壤复氧。10min 后，再次重复上述采气过程，此为一个进水期的采气过程。在落干期的 0 时刻(进水期的 12h 时)将集气罩放置于表层土壤上，采集气体样品，并于 0.5h 后再次采集气体样品，此为一个落干期的采气过程。重复采气 6 个干湿周期(进水期+落干期)。

采气的同时采集出水样品及土壤样品。在进水期的 0 时刻采集出水样品，6h 时及 12h 时再次采集出水样品并分别记录此段时间间隔内的出水体积，此为一个周期的采水样过程。在进水期的 0 时刻采集土壤样品，分别从基质不同深度处(表层土下 30cm、45cm、60cm 及 75cm)采集土壤样品，均匀混合，并记录土壤含水率，12h 时再次重复上述采土样步骤，此为一个周期的采土样过程。分别采集 6 个周期的出水和土壤样品。

3. N_2O 浓度和释放速率测定方法

N_2O 浓度的分析采用岛津公司(日本)生产的气相色谱分析仪 GC-2014 测定，其中检测器为 ^{63}Ni 电子捕获检测器(ECD)，色谱柱为 80/100 目 Porapak Q 填充柱。载气和反吹气使用高纯氮气(99.999%)，流速 50mL/min。

$$C_v = \frac{S_1}{S_0} \times R \tag{7-2}$$

式中，C_v 为气体样品中 N_2O 的体积分数；S_1 为样品峰面积；S_0 为标气峰面积；R 为 N_2O 标气体积分数，为 0.333×10^{-6}。

$$C=\frac{44}{22.4}\times\frac{273}{273+T}\times C_v \tag{7-3}$$

式中，C 为气体样品中 N_2O 的质量浓度，mg/m^3；44 为 N_2O 的摩尔质量，g/mol；22.4 为气体摩尔体积，L/mol；T 为气体样品温度，℃；C_v 为气体样品中 N_2O 的体积分数。

N_2O 释放速率（单位时间单位面积 N_2O 的释放量）计算公式如下：

$$F=\frac{\Delta m}{A\times\Delta t}=\frac{V\times\Delta c}{A\times\Delta t}=\frac{H}{\Delta t}\times(C_2-C_1) \tag{7-4}$$

式中，F 为 N_2O 释放速率，$mg/(m^2\cdot h)$；V 为集气系统的体积，m^3；Δt 为集气系统密闭时间，h；Δc 为Δt 时间内系统中 N_2O 质量浓度的变化，mg/m^3；A 为集气系统的占地面积，m^2；H 为集气系统的高度，m；C_1、C_2 为采气装置密封前、后 N_2O 的质量浓度，mg/m^3；Δm 为 N_2O 的质量在 Δt 时间内的变化量。

N_2O 气体转化率（N_2O 产生量占进水 TN 的百分比）计算公式如下：

$$w=\frac{m_1}{m_2}\times100\% \tag{7-5}$$

式中，w 为 N_2O 转化率，%；m_1 为 1h 内 N_2O 的产生量，mg；m_2 为集气 1h 内进水中总氮的量，mg。

4. ^{15}N-N_2O 丰度和释放速率测定方法

^{15}N-N_2O 的分析使用痕量气体预浓缩系统（trace gas pre-concentrator）和质谱仪（IsoPrime100）测定。大致步骤为：根据气相色谱仪测定出来的 N_2O 浓度，有选择的用 20mL 或者 50mL 注射器从气袋中抽取 20～30mL 气体转移到已抽好真空的 20mL 顶空瓶中。按顺序将样品瓶放在自动进样器的样品架上，运行程序自动进行纯化、采样、分析和数据采集。

^{15}N-N_2O 丰度计算公式如式（7-6）（习丹，2016）：

$$AP_{N_2O}=\frac{100\times(R^{45}+2\times R^{46}-{}^{17}R-2\times{}^{18}R)}{2+2\times R^{45}+2\times R^{46}} \tag{7-6}$$

式中，AP_{N_2O} 为 ^{15}N-N_2O 丰度，%；R^{45} 为质谱仪给出的 N_2O 分子同位素信号峰面积比值（45/44）；R^{46} 为质谱仪给出的 N_2O 分子同位素信号峰面积比值（46/44）；^{17}R 为 N_2O 中 $^{17}O/^{16}O$ 的比值，为 3.8861×10^{-4}；^{18}R 为 N_2O 中 $^{18}O/^{16}O$ 的比值，为 2.0947×10^{-3}。

^{15}N-N_2O 释放速率计算公式如式（7-7）：

$$F_{N_2O}^{15}=F_{N_2O}\times\frac{AP_{N_2O}}{100} \tag{7-7}$$

式中，$F_{N_2O}^{15}$为^{15}N-N_2O释放速率，mg/(m^2·h)；F_{N_2O}为N_2O释放速率，mg/(m^2·h)；AP_{N_2O}为^{15}N-N_2O丰度，%。

因为系统中的^{15}N仅使用$K^{15}NO_3$进行标记，而NO_3^-为反硝化反应底物，因此^{15}N-N_2O只可能来自于反硝化过程，系统进水中未标记的硝态氮与$^{15}NO_3^-$相比含量很低，可忽略不计。

定义NO_3^-中$^{15}NO_3^-$含量占土壤总NO_3^-含量之比为F_n：

$$F_n = \frac{M_{^{15}NO_3^-}}{M_{^{14}NO_3^-} + M_{^{15}NO_3^-}} \tag{7-8}$$

式中，M为硝态氮含量。反硝化过程N_2O释放速率计算公式如式(7-9)：

$$F_{N_2O}^{D} = \frac{F_{N_2O}^{15}}{F_n} \tag{7-9}$$

式中，$F_{N_2O}^{15}$为^{15}N-N_2O释放速率，mg/(m^2·h)；$F_{N_2O}^{D}$为反硝化过程释放N_2O的速率，mg/(m^2·h)。

7.3　结果与讨论

7.3.1　基于^{15}N稳定同位素示踪的污水地下渗滤系统释放氧化亚氮机理

1. SWIS中$^{15}NO_3^-$的归趋

使用$K^{15}NO_3$对系统进行标记后，6个干湿周期内系统出水硝态氮含量和硝态氮^{15}N丰度随时间的变化情况分别如图7-4和图7-5所示。出水硝态氮含量较高，

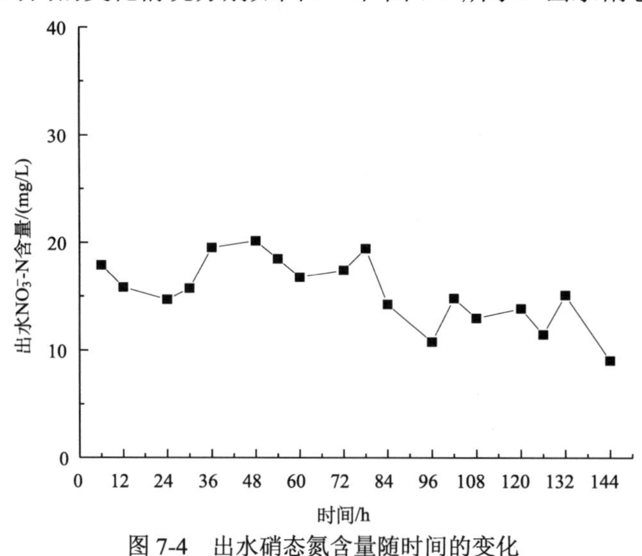

图7-4　出水硝态氮含量随时间的变化

且随着时间的延长，出水硝态氮含量有先上升后略下降的趋势，可能是因为在第一个进水期，大量 $K^{15}NO_3$ 随进水慢慢进入系统，扰乱了系统脱氮微生物的平衡，反硝化阶段碳源不足，$^{15}NO_3^-$ 去除不彻底，出水浓度上升。随着时间推移，系统逐渐趋于稳定，出水 NO_3^- 浓度下降。

如图 7-5 所示，系统标记后第一个干湿周期出水硝态氮 ^{15}N 丰度接近于 ^{15}N 的自然丰度(0.366%)，说明这段时间内系统出水为基质土壤孔隙所蓄有的标记前所进的水，$K^{15}NO_3$ 标记的进水进入系统后，先在重力、毛细力的共同作用下向上升，然后才慢慢向四周扩散。在第二、三个干湿周期，出水硝态氮 ^{15}N 丰度快速上升，说明 $K^{15}NO_3$ 标记的进水在重力作用下逐渐到达基质底部的出水口；在第四个干湿周期，出水硝态氮 ^{15}N 丰度达到最高，接近 80%，此时土壤孔隙所蓄有的标记前所进污水才完全排出系统。第五、六个干湿周期出水硝态氮 ^{15}N 丰度逐渐下降，说明 $K^{15}NO_3$ 标记的进水逐渐排出系统，被系统后期所进的未标记的污水所稀释。

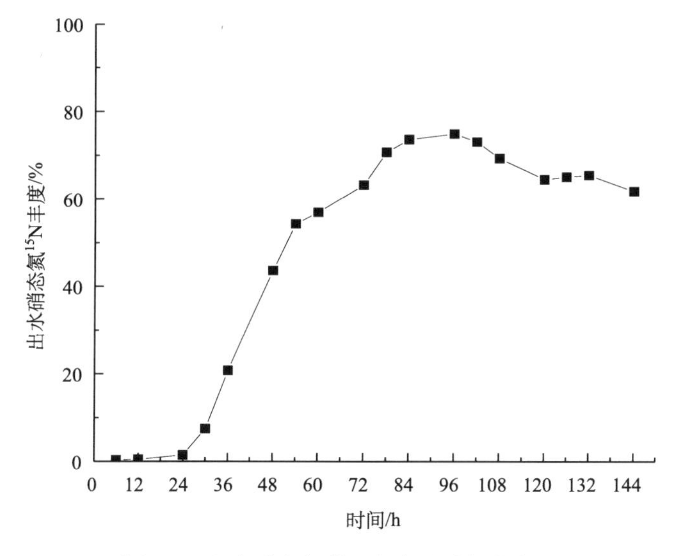

图 7-5　出水硝态氮 ^{15}N 丰度随时间的变化

对系统进行标记后，6 个干湿周期内系统基质土壤硝态氮含量和硝态氮 ^{15}N 丰度随时间的变化情况分别如图 7-6 和图 7-7 所示。土壤硝态氮含量可能与土壤水分状况有关，土壤孔隙含有的水中硝态氮浓度高，则土壤硝态氮含量高(李勇先, 2003)。在 0 时刻土壤硝态氮含量约为 5mg/kg，随着含有高浓度 $K^{15}NO_3$ 的进水进入系统，基质土壤硝态氮含量显著上升，达到约 17.5mg/kg。一个干湿周期(24h)后进水中硝态氮含量很低，土壤硝态氮含量开始随之逐渐降低，到第六个干湿周期降低到初始水平。

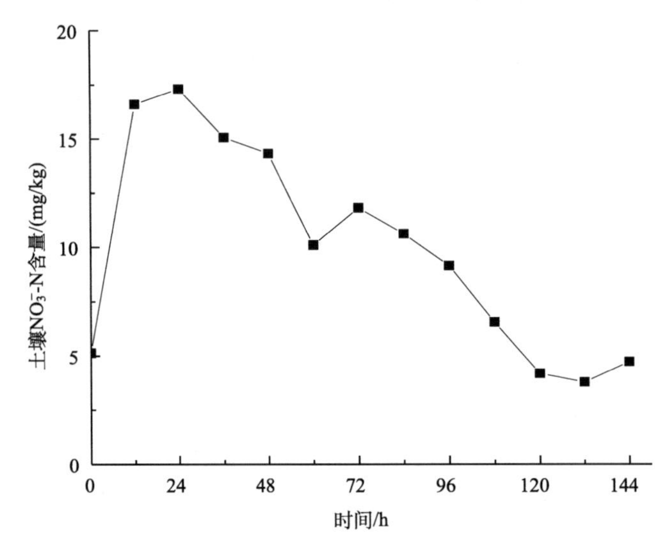

图 7-6 基质土壤硝态氮含量随时间的变化

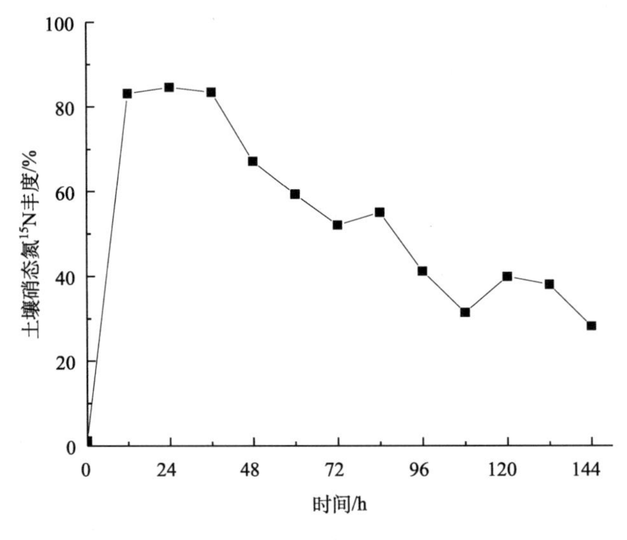

图 7-7 基质土壤硝态氮 ^{15}N 丰度随时间的变化

如图 7-7 所示，0 时刻土壤硝态氮 ^{15}N 丰度接近于 ^{15}N 的自然丰度(0.366%)，随着 $K^{15}NO_3$ 标记的污水进入系统，土壤硝态氮 ^{15}N 丰度快速上升，在 24h 时达到最高，为 84.59%，说明 $^{15}NO_3^-$ 已随进水进入土壤。随着时间的延长，土壤硝态氮 ^{15}N 丰度逐渐下降，但在第六天结束时土壤硝态氮 ^{15}N 丰度仍较高，为 28.22%，说明部分 $^{15}NO_3^-$ 仍被土壤基质所截留。

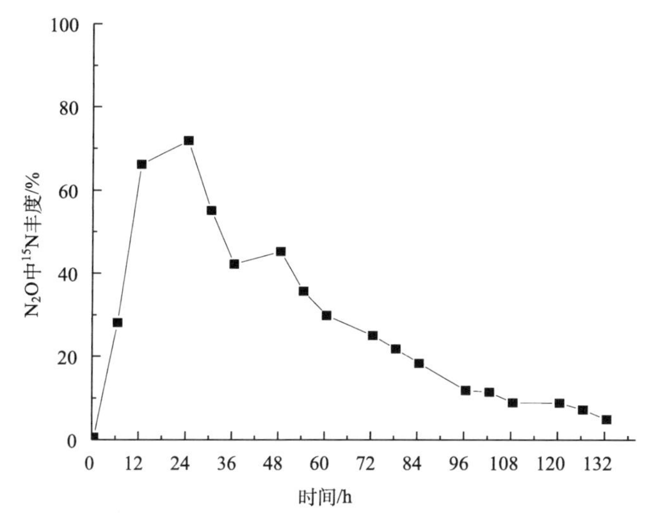

图 7-8　N_2O 中 ^{15}N 丰度随时间的变化

系统标记后，六个干湿周期内 N_2O 中 ^{15}N 丰度随时间的变化情况如图 7-8 所示。在 0 时刻 N_2O 中 ^{15}N 丰度接近于 ^{15}N 的自然丰度(0.366%)，随着时间推移，N_2O 中 ^{15}N 丰度迅速上升，可见基质中 $^{15}NO_3^-$ 含量显著升高对反硝化过程中 $^{15}N_2O$ 的产生有很大的影响，因为系统中 ^{15}N 的来源只有 $^{15}NO_3^-$，$^{15}NO_3^-$ 作为反硝化反应的反应物生成 $^{15}N_2O$。在中后期 N_2O 中 ^{15}N 丰度逐渐下降，这与图 7-6 中的趋势相吻合。

2. SWIS 释放 N_2O 的定量辨识与机理

向系统中加入 $K^{15}NO_3$ 后，基质土壤无机氮含量随时间变化、N_2O 释放速率随时间变化及无机氮含量对 N_2O 释放速率的影响如图 7-9 所示。

从图 7-9 可以看出，向系统添加 $K^{15}NO_3$ 后，土壤 NO_3^- 和 NH_4^+ 含量随即增加，N_2O 的释放速率也加快。NH_4^+ 含量在第一天的进水期达到最高峰，NO_3^- 含量在第一天的落干期达到最高峰。这表明随着土壤无机氮含量的增加，N_2O 的释放迅速增加，土壤无机氮含量的增加为硝化、反硝化作用提供了充足底物，促进 N_2O 的大量释放。而 N_2O 释放速率的最高峰出现在第一天的落干期，这与土壤 NO_3^- 的累积峰一致，并且随后土壤 NO_3^- 含量降低，N_2O 的释放速率也减慢，但 NH_4^+ 含量先降低后升高，表明土壤 NO_3^- 含量是 N_2O 释放速率的限制性因素，而 NO_3^- 作为反硝化作用的底物进一步表明反硝化作用强度决定了 N_2O 的释放速率。系统代谢 NO_3^- 消耗了大量有机物，导致实验中后期碳源不足，无法为反硝化作用提供足够的电子供体，反硝化强度降低，N_2O 的释放速率也减慢。且中后期土壤 NH_4^+ 含量升高，也是碳源不足使氨去除效率降低导致的(陈虎等, 2016)。

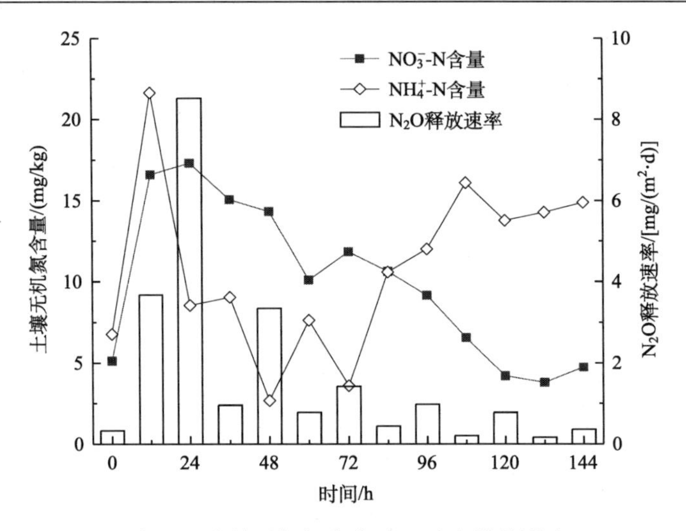

图 7-9　土壤无机氮变化对 N_2O 释放的影响

从图 7-9 中还可以发现，落干期的 N_2O 释放速率相对于进水期的 N_2O 释放速率更高，这是因为土壤水分影响土壤气体的交换，在进水期土壤含水量过于饱和，土壤孔隙堵塞阻碍 N_2O 扩散，使 N_2O 进一步还原为 N_2(康新立等, 2013；马芬等, 2015)。

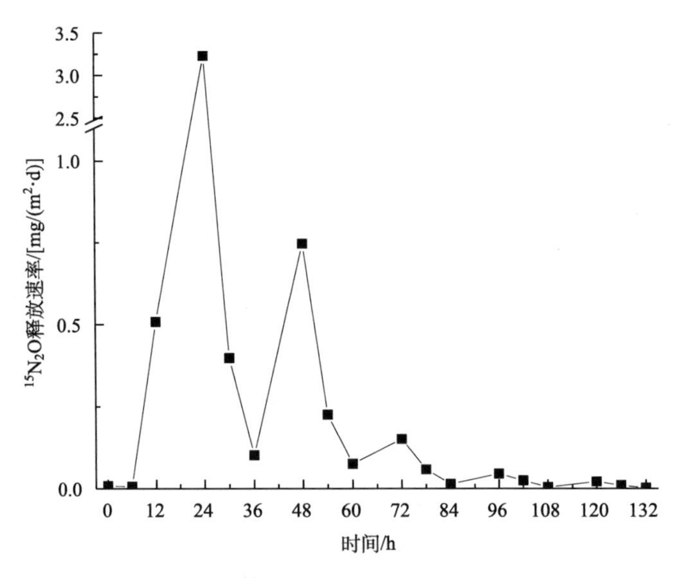

图 7-10　$^{15}N_2O$ 释放速率随时间的变化

图 7-10 为系统加入 $K^{15}NO_3$ 后，$^{15}N_2O$ 释放速率随时间的变化情况。如图 7-10 所示，在 0h 和 6h 时刻，$^{15}N_2O$ 释放速率接近于 0，这是因为在初期土壤 $^{15}NO_3^-$

含量接近于 ^{15}N 的自然丰度(图 7-7)。随着时间推移，土壤硝态氮 ^{15}N 丰度上升，$^{15}NO_3^-$ 的累积为反硝化反应提供了充足的底物，因此 $^{15}N_2O$ 释放速率急速升高，在 24h 时(第一个落干期末期)达到最高峰。在下一个周期的进水期又显著下降，在落干期又快速上升，这与土壤的水分状况有关。进水期基质层水分含量增加，土壤孔隙含水率增大，阻碍了 $^{15}N_2O$ 的释放。在落干期基质通透性较好，$^{15}N_2O$ 释放加快。实验中后期，$^{15}N_2O$ 释放速率降低，说明 $^{15}NO_3^-$ 转化为 $^{15}N_2O$ 的过程减慢，可能与基质土壤 $^{15}NO_3^-$ 含量降低有关。

根据式(7-8)计算反硝化过程 N_2O 释放速率，结果如图 7-11 所示。在进水初期，反硝化过程 N_2O 释放速率很低，可能是经历了落干期后系统营养物质不足、基质透气性好，不利于反硝化微生物活动导致的。在 12h 时反硝化过程 N_2O 释放速率迅速上升，此时 $^{15}NO_3^-$ 含量的升高加快了反硝化反应速率，且干湿交替的进水状况导致的不稳定环境使 N_2O 大量产生并释放，至第 24h 时反硝化过程 N_2O 释放速率达到最大，之后随着时间推移慢慢下降(欧阳扬和李叙勇，2013)。从图 7-11 中可发现，在落干期时反硝化过程 N_2O 释放速率在进水期时相对较低，这与图 7-9、图 7-10 的结论一致。

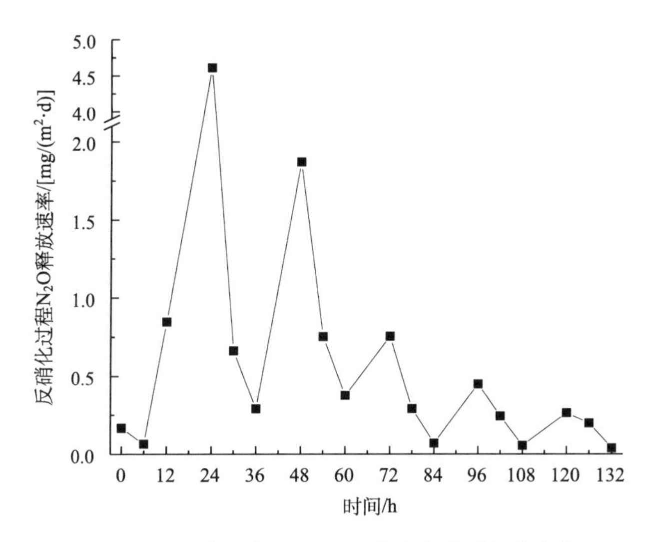

图 7-11 反硝化过程 N_2O 释放速率随时间的变化

因此，基质 NO_3^- 含量是 N_2O 释放速率的限制性因素，反硝化过程主导 N_2O 的释放通量，其作用强度决定了 N_2O 的释放速率。

7.3.2 干湿比对氧化亚氮释放通量的影响

1. 干湿比对 N_2O 产率及转化率的影响

在不同干湿比条件下（控制干湿比为 3∶1、2∶1、1∶1、1∶2、1∶3 和 0）N_2O 产率及转化率的变化情况如图 7-12 所示。

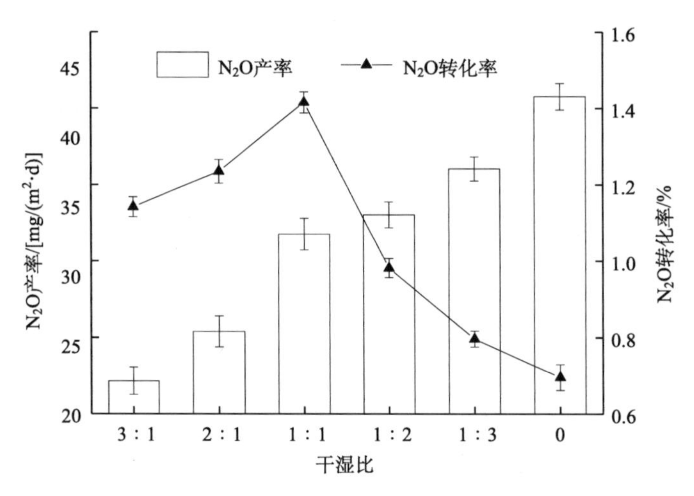

图 7-12 不同干湿比条件下 N_2O 产率及转化率的变化

由图 7-12 可以看出，随着干湿比从 3∶1 减小到 0（连续运行），N_2O 的产率由 (22.4±1.0) mg/(m^2·d) 升高到 (43.9±0.9) mg/(m^2·d)；但 N_2O 的转化率呈现先升高后降低的趋势，最高转化率在干湿比为 1∶1 的条件下取得，其值为 (1.4±0.02)%，在连续运行条件下取得最小转化率 (0.7±0.03)%。

当地下渗滤系统干湿比较大时（≥3∶1），系统落干时间较长，土壤基质含水率较低、通透性强，基质内形成良好的好氧环境，硝化细菌代谢旺盛、活性较强，利于其生长繁殖与硝化反应的进行，硝化反应阶段产生的 N_2O 较高（王守红等, 2013）；但好氧环境不利于反硝化细菌的生长，甚至对其活性产生抑制作用，反硝化反应进行不完全，出水中 NO_3^--N 的含量较高也从侧面证实反硝化反应进行不彻底，在此条件下，反硝化反应阶段的 N_2O 产生量较少；此外，由于落干时间过长，投配到渗滤区的污水水量相对较少，系统总氮输入量较低，与较小的干湿条件相比，基质内微生物营养物质不充足，整体活性较弱，故在较大的干湿比条件下，N_2O 的产生量较少。

当干湿比过小时（≤1∶3），系统布水时间长，落干时间很短（甚至没有落干时间），复氧过程难以进行，基质内氧化还原电位处于较低水平，污水投配量大，营养物质充足，有利于反硝化细菌的生长代谢，较强的生物活性促使反硝化反应进行得较彻底，从而出水中 NO_3^--N 含量较低，反硝化过程中 N_2O 产率较高(王守红等, 2013)；但系统基质内含氧量低，硝化细菌活性受到抑制，硝化反应不能完全进行，由于反硝化细菌需要以硝化反应的产物作为反应物，故在硝化反应受到抑制的情况下，硝化-反硝化过程受硝化反应的影响而不能完全进行，最终导致脱氮效果较差，N_2O 转化率较低。

干湿比过高或过低，即落干时间过长或布水时间过长，使得基质土壤的含水率过低或过高(甚至出现淹水状态)，在这两种情况下，硝化-反硝化反应均受到抑制，N_2O 转化率比较低，该实验结果与以往的一些研究结果相一致。许芹等(2013)通过对湿地中 N_2O 释放的研究发现，土壤含水率能够通过影响微生物的活性和 O_2 含量间接地影响 N_2O 生成，基质含水率低和长期处于淹水状态都不利于硝化-反硝化反应的进行，使 N_2O 释放较少。孙志高等(2007)通过对湿地土壤 N_2O 产生的研究发现，沼泽湿地淹水状态会使 N_2O 产率减少，N_2 产率升高。当干湿比在 1∶1 左右时，基质含水率、氧化还原水平适中，好氧区、厌氧区分区明显，污水投配量适度，微生物营养充足，微生物活性较高，硝化-反硝化反应得以顺利进行，N_2O 转化率较高。这与许芹等(2013)的研究结果相似：当基质含水率适中时，有利于基质与大气进行气体交换，硝化过程与反硝化过程均能高效进行，并且以 N_2O 为主要产物。此外，合适的干湿比使基质中含水率适度，气体的排放途径不受堵塞，产生的 N_2O 气体能够顺利释放到大气中(许芹等, 2013)。

随着干湿比的减小，布水时间延长，单位时间内污水的处理量增加，氮素输入量大幅度增加，虽然 N_2O 的转化率随着干湿比的减小呈现出先升高后降低的趋势，但 N_2O 转化率的降低幅度比氮素输入量的增加幅度小，故 N_2O 产率逐渐升高。在出水水质较好的条件下，视污水处理量的要求选取适宜的干湿比，以减少 N_2O 的排放。

2. 不同干湿比条件下全周期内 N_2O 产率的变化

不同干湿比条件下 N_2O 气体的产率随运行时间的变化情况如图 7-13 所示。

由图 7-13 可以看出，干湿交替运行条件下，随着运行时间的延长，N_2O 产率表现出周期性变化，这主要是因为在干湿交替过程中，基质内氧化还原电位周期性变化，且系统落干时间越长，基质内氧化还原电位越高，越有利于硝化细菌的生长代谢，N_2O 产率越高(王守红等, 2013)。同时，由于基质吸附的污染物有限，当落干时间较长时，微生物因营养匮乏而活性降低，N_2O 产率较低；而在连续运行条件下，N_2O 产率较稳定，其变化主要受温度的影响，即在温度较高的白天，N_2O 产率偏高，而夜间温度较低，产率偏低。

综合考虑出水水质、N_2O 释放及系统的处理能力，当干湿比在 1∶1～1∶2 时，既能保证较好的出水水质，又能释放较少的 N_2O。

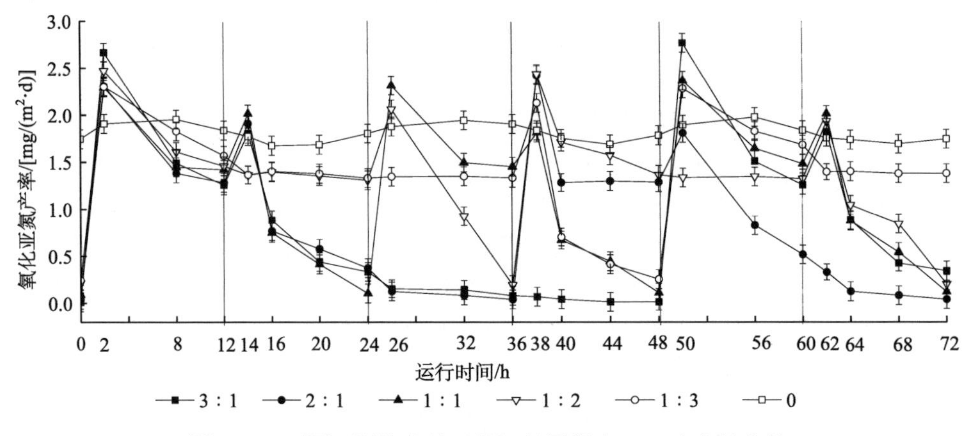

图 7-13 不同干湿比条件下单运行周期内 N_2O 产率的变化

7.3.3 进水负荷对氧化亚氮释放通量的影响

1. 进水水力负荷对 N_2O 产率的影响

当进水水力负荷为(0.08～0.28) $m^3/(m^2·d)$时，系统稳定运行时 N_2O 的产率及转化率如图 7-14 所示。

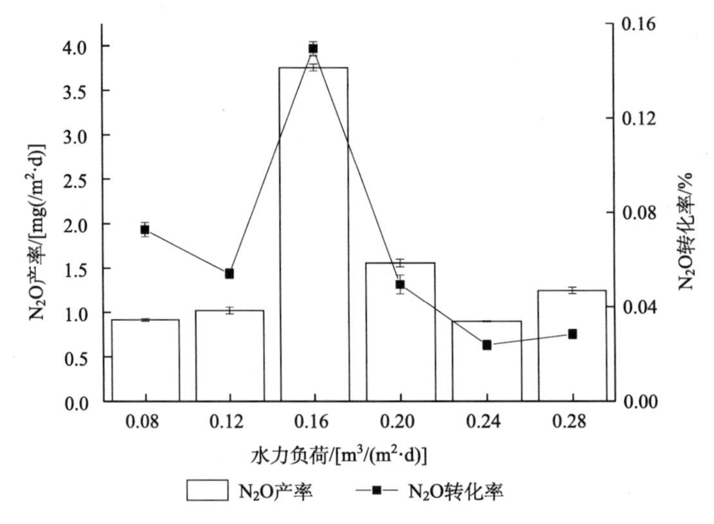

图 7-14 不同水力负荷下 N_2O 的产率和转化率

从图 7-14 可以看出，当水力负荷为 0.16 $m^3/(m^2·d)$时，N_2O 产率最高(3.75 ± 0.038) $mg/(m^2·d)$，显著高于其他水力负荷条件下的产率[(0.91±0.016) $mg/(m^2·d)$、(1.02±0.039) $mg/(m^2·d)$、(1.55±0.043) $mg/(m^2·d)$、(0.89±0.007) $mg/(m^2·d)$、

(1.24±0.036) mg/ (m^2·d)]；当水力负荷为 0.24m^3/ (m^2·d) 时，N_2O 产率最低[仅为(0.89±0.007) mg/ (m^2·d)]；与 N_2O 产率的变化相似，其转化率随水力负荷的升高呈先升高后降低的趋势，在 0.16m^3/ (m^2·d) 时取得最高转化率，为(0.15±0.003)%。N_2O 的产生来源于硝化作用和反硝化作用，其释放速率等于硝化作用和反硝化作用过程中 N_2O 的释放速率之和，任何过程的进行受阻都会影响 N_2O 的产生(瞿胜等, 2008)。

当水力负荷较低[≤0.12m^3/ (m^2·d)]时，地下渗滤系统基质层含水率较低，基质层中好氧区比例较大，厌氧区所占比例小，使得发生在好氧条件下的硝化反应得以顺利进行，而发生在厌氧条件下的反硝化过程受到抑制。低水力负荷条件下，氨态氮去除效果较好(95%以上)，且亚硝态氮与硝态氮含量(≥0.45mg/L)比高水力负荷条件下出水中含量(≤0.17mg/L)高，说明低水力负荷条件下，硝化反应占主导，硝化反应速率大于反硝化反应，硝化反应产物硝态氮和亚硝态氮未能被反硝化细菌及时转化而累积，使得作为中间产物的硝态氮和亚硝态氮在出水中具有较高含量；在低水力负荷条件下，氮素输入量较低，也使得 N_2O 产率较低。反之，当水力负荷高[≥0.28m^3/ (m^2·d)]时，基质内含水率较高，氧气含量较低，硝化反应受到抑制，而反硝化反应进行较彻底，因此，高水力负荷条件下出水中氨态氮含量较高，亚硝态氮、硝态氮含量偏低；反硝化作用需要以硝化作用的产物(硝态氮)作为反应物，当硝化反应受阻后，反硝化反应也会受到影响；此外，由于高水力负荷导致的高含水率，使得部分基质内部孔隙被水占据，N_2O 气体的逸出途径受阻，产生的 N_2O 气体不能够及时排出而被进一步还原为 N_2，这也使得高水力负荷条件下 N_2O 气体产量减少。

在低、高水力负荷条件下，硝化-反硝化联合反应没有充分进行，故在这两种较极端的条件下 N_2O 释放较少。水力负荷的变化使得地下渗滤系统中的土壤含水率、土壤孔隙水饱和度等都发生改变，该实验结果与以往研究结论一致。许芹等(2013)通过对湿地中 N_2O 释放的研究发现，土壤含水率能够通过影响微生物的活性和 O_2 含量间接地影响 N_2O 生成，土壤含水量低和土壤长期持续淹水都不利于硝化和反硝化细菌的生长，不利于 N_2O 的释放。Arriaga 等(2010)研究指出，当土壤孔隙水饱和度在 30%～60%时，N_2O 的产生主要来自于硝化过程，而在 60%～90%时，反硝化过程发挥主要作用，过高或过低的土壤孔隙水饱和度均不利于 N_2O 排放。吴娟等(2009)研究结果显示，像表面流湿地那样表层有水层或含水率过高时，不利于土壤 N_2O 气体的排放。

当水力负荷介于高负荷和低负荷之间[0.16m^3/ (m^2·d)]时，基质含水率适中，好氧区与厌氧区所占比例较合理，由出水水质可以看出，污水处理效果较好，硝化-反硝化反应进行比较完全，使得 N_2O 气体产率较高。许芹等(2013)也在湿地系统的研究中发现了类似的规律：当土壤含水量适中时，基质透气良好，硝化过程与反硝化过程均能顺利进行，并且以 N_2O 为主要产物。此外，合适的水力负荷使基质中含水率适度，气体的排放途径不受堵塞，产生的 N_2O 气体能够顺利释放到大气中(许芹等, 2013)。

由于地下渗滤系统是干湿交替运行的，为研究在进水、落干状态下 N_2O 气体产率的变化，检测了全运行周期(一个进水期和一个落干期，本研究设定进水期和落干期均为 12h) 内，不同时刻 N_2O 气体的产率，计算结果见图 7-15。

由图 7-15 可以看出：在进水期随着运行时间的延长，N_2O 气体产率下降，在落干期气体产率有所升高，但变化不明显。系统由落干状态进入进水状态，基质氧化还原电位较高，硝化反应进行较完全(张建等, 2002a; Li et al., 2015)，为后期反硝化反应积累了反应物(硝态氮)，N_2O 产率较高。随着运行时间的延长土壤基质含水率逐渐升高，氧化还原电位逐渐下降，好氧区空间减少，硝化反应受到限制，使得反硝化反应的反应物减少，间接地限制了反硝化反应的进行，N_2O 产率降低。此时，好氧区与厌氧区的分配趋于稳定，N_2O 的产率也随之稳定，且水力负荷越大，基质越容易进入稳定状态，即 N_2O 产率变化越明显；由进水状态进入落干状态后，基质含水率逐渐降低，大气复氧作用使得溶解氧含量升高，促进了硝化反应的进行(Li et al., 2015)，使 N_2O 产率有所升高，但由于基质中吸附的污染物质较少，故 N_2O 产率的增长幅度较小。

综合考虑地下渗滤系统的处理能力、处理效果及 N_2O 产率等多方面的要求，当水力负荷在(0.12～0.16) $m^3/(m^2 \cdot d)$ 时，在满足处理能力和处理效果的同时，能够释放较少的 N_2O 气体。

2. 进水氮负荷对 N_2O 产率的影响

当进水氮负荷在(1.6～7.2) $g/(m^2 \cdot d)$ 的条件下，系统稳定运行时 N_2O 的产率及转化率如图 7-16 所示。

由图 7-16 可以看出，随着氮负荷由 1.6 $g/(m^2 \cdot d)$ 升高到 7.2 $g/(m^2 \cdot d)$，N_2O 的产率呈先升高后降低的趋势，由 (18.3±2.0) $mg/(m^2 \cdot d)$ 升高到 (60.6±2.0) $mg/(m^2 \cdot d)$ [在氮负荷为 4.0 $g/(m^2 \cdot d)$ 时取得]。随着氮负荷的继续升高，N_2O 的产率逐渐降低到 (31.8±2.7) $mg/(m^2 \cdot d)$。N_2O 的转化率与其产率表现出相似的变化趋势，转化率由 (0.73±0.02)%增加到最大值 (1.33±0.03)%，然后减少到 (0.28±0.02)%，最高转化率在氮负荷为 2.4 $g/(m^2 \cdot d)$ 的条件下取得。

表层基质的通透性强，利于基质与大气间的气体交换，适合好氧细菌的生存，有机物的降解与硝化反应主要发生在表层基质，在氮负荷较低的条件下[≤1.6 $g/(m^2 \cdot d)$]，上层土壤处于好氧条件，硝化反应能够较完全地进行，产生一定量的 N_2O；而此好氧条件，不利于反硝化反应的进行，且在土壤上层有机物已被有效地去除，使得下层基质的反硝化过程缺乏碳源，反硝化反应进行不彻底，低氮负荷条件下，虽然硝化反应进行较完全，但反硝化反应受阻，故 N_2O 的转化

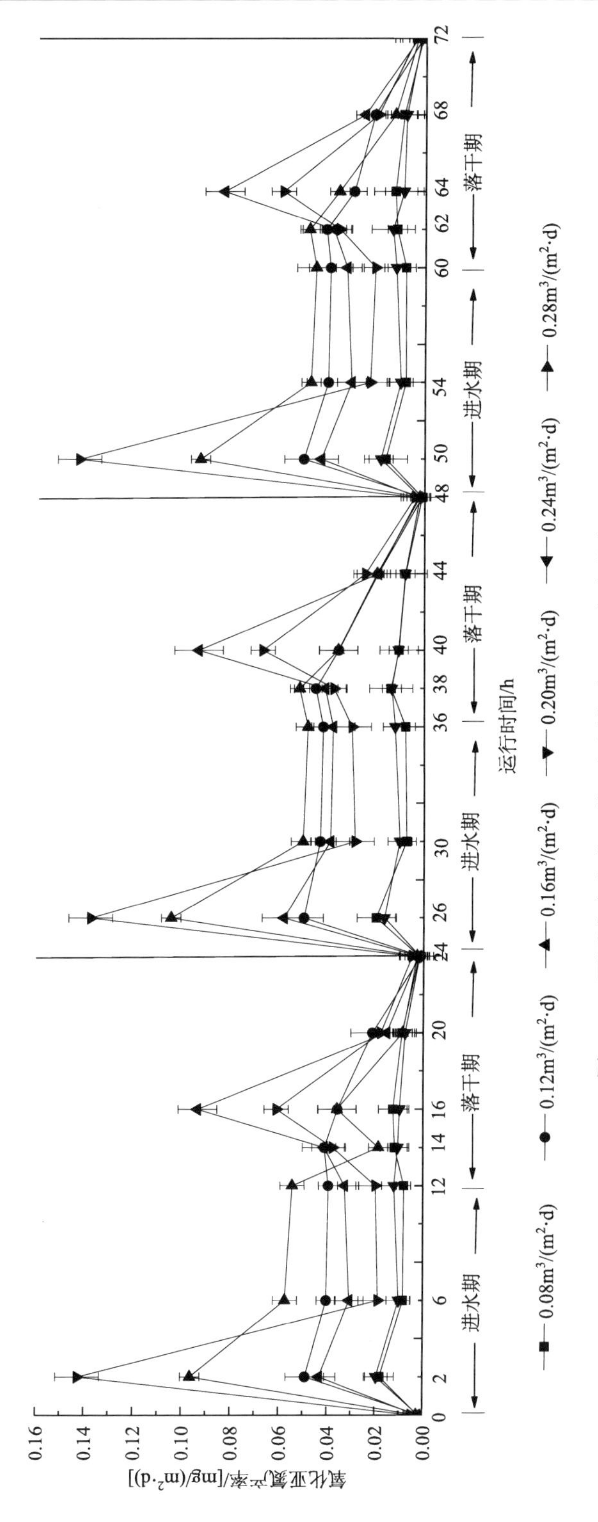

图 7-15　不同水力负荷下单运行周期内 N_2O 产率的变化

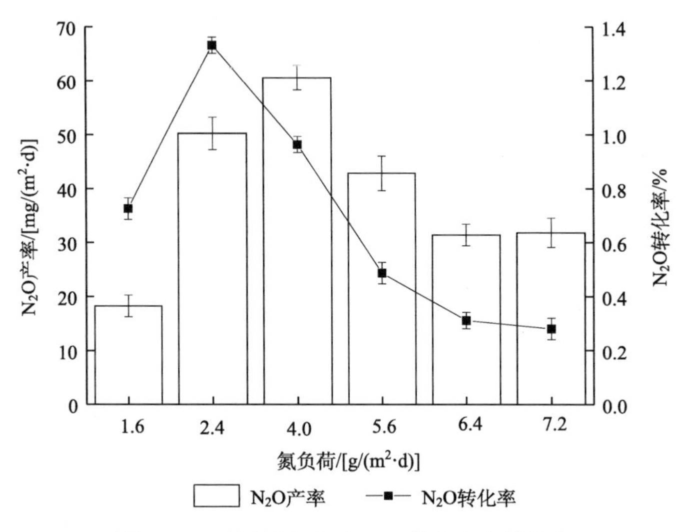

图 7-16　不同氮负荷下 N_2O 的产率和转化率

率与产率均较低(张建等, 2002a)。在氮负荷较高的条件下[≥6.4g/(m²·d)]，进水中 COD、NH_4^+-N 等污染物浓度较高，有机物的降解与硝化反应的进行迅速消耗系统内的溶解氧，系统内部处于还原状态，硝化反应受阻，硝化过程产生的 N_2O 较少；而此还原性条件，适合反硝化细菌的生长，且系统上层有机物降解效率较低，未被降解的有机物为反硝化过程提供了碳源，反硝化过程进行较完全，但硝化反应因缺氧而受到抑制，由硝化过程产生的 NO_3^--N 较少，反硝化反应所需底物减少，即使反硝化反应能够完全进行，但间接地受硝化反应影响，硝化-反硝化反应的联合作用未能充分发挥，故在氮负荷较高的条件下，N_2O 的转化率与产率均较低。此外，由于地下渗滤系统的处理能力有一定的范围，当氮素负荷过高[≥7.2g/(m²·d)]甚至超出其承受能力时，基质内微生物结构紊乱，活性降低，系统处于崩溃状态，此时，系统对污染物的去除效果很差，N_2O 作为污水净化产生的副产物，其产量及转化率也随之降低。

当氮素负荷在(2.4～5.6) g/(m²·d)时，大部分有机物与氨态氮能在上层好氧区得到降解与转化，未能降解的有机物、硝化过程的产物(NO_3^--N)及渗滤系统下部的氧化还原环境均为反硝化过程提供了有利的条件，即当氮素负荷适宜时，硝化-反硝化反应能够充分发挥其联合作用，系统脱氮效率较高，N_2O 产率也随之升高。

由图 7-16 发现，虽然随着氮负荷的升高 N_2O 的产率与转化率均表现出先升高后降低的趋势，但在不同的氮负荷条件下取得最高值。这主要是因为 N_2O 转化率的变化幅度与负荷升高的幅度不同。当氮负荷低于 2.4g/(m²·d)时，N_2O 转化率与氮负荷均有所升高，N_2O 产率随之升高；当氮负荷介于 2.4～4.0g/(m²·d)时，氮负荷升高而 N_2O 转化率降低，与氮负荷变化幅度相比，N_2O 转化率变化幅度较小，

使得 N_2O 产率升高；当氮负荷继续增大时［≥4.0g/(m^2·d)］，N_2O 转化率大幅度降低，致使 N_2O 产率下降。不同氮负荷条件下 N_2O 气体的产率随运行时间的变化情况如图 7-17 所示。

由图 7-17 可知，在布水期与落干期，随着运行时间的延长，N_2O 的产率均呈现出下降的趋势，而不同氮负荷条件下 N_2O 的产率及变化幅度不同。系统由落干期进入布水期，污水的流入为基质内微生物提供了充足的营养，且布水初期，基质内氧化还原电位较高，有利于硝化反应的进行，N_2O 产率较高。当氮负荷在 4.0g/(m^2·d)时，N_2O 的产率最高。随着布水时间的延长，基质内氧化还原电位下降，硝化反应受阻，使得 N_2O 产率下降(张建等, 2002a; Li et al., 2015)。当系统停止布水进入落干期后，通过大气复氧，基质内氧化还原电位升高，硝化反应得以顺利进行，N_2O 产率升高，但随着落干时间的延长，被基质吸附的污染物逐渐被降解，使得 N_2O 产率下降。

综合考虑地下渗滤系统处理能力、污染物去除效果及 N_2O 产率等多方面的要求，当氮负荷在(4.0～5.6) g/(m^2·d)时，在满足处理能力和处理效果的同时，N_2O 气体的释放量较少。

7.3.4　碳氮比对氧化亚氮释放通量的影响

利用式(7-4)和式(7-5)计算 N_2O 释放速率和转化率，分析不同碳氮比对 N_2O 的释放通量的影响，结果如图 7-18 所示。

N_2O 的产生来源于硝化作用和反硝化作用，其释放速率等于硝化作用和反硝化作用过程中 N_2O 的释放速率之和(翟胜等，2008)。N_2O 产率为系统单位时间单位面积上 N_2O 的产生量，它能反映出在系统单位面积上 N_2O 的产生速率，也能反映出在相同的运行状态下，不同 CNR 产生 N_2O 量的大小，从而得出系统在不同 CNR 条件下的脱氮效率。

从图 7-18 中可以明显看出，当 CNR=6 时，在进水末期和落干初期，N_2O 的产率远大于其他三个对比组。此时，系统脱除总氮的效果也较好，进一步验证了 N_2O 的产生是硝化与反硝化同时作用的结果这一理论。当 CNR>6 时，随着 CNR 的提高，N_2O 的产率呈下降趋势。有研究表明，当进水氨态氮负荷较高，系统 CNR 较小时，将增加系统中 N_2O 的释放速率(Zhang et al., 2007a)。但 CNR 过低则会影响反硝化速率，导致反硝化反应不充分，影响 N_2O 的释放。在 N_2O 产率最高时(CNR=6)，SWIS 从进水期过渡到落干期时，N_2O 产生速率明显提高，分析认为：当系统处于进水期时，随着系统的运行，下层土壤逐渐处于饱和状态，土壤中的氧气含量逐渐减少，N_2 成为反硝化作用的主要产物，因此抑制了中间产物 N_2O 的排放；当系统处于落干期时，土壤大部分处于好氧状态，有利于硝化作用的发生，释放出最终气体产物 N_2O，所以 N_2O 的产率明显提高。

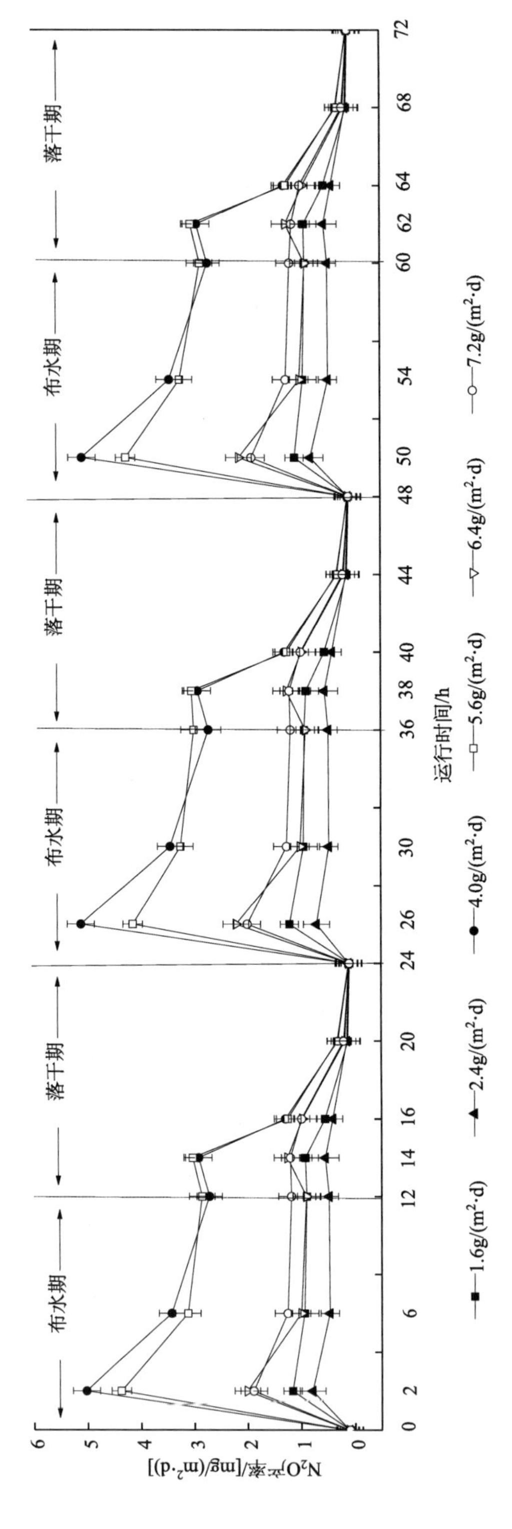

图 7-17 不同氮负荷条件下单运行周期内 N_2O 产率的变化

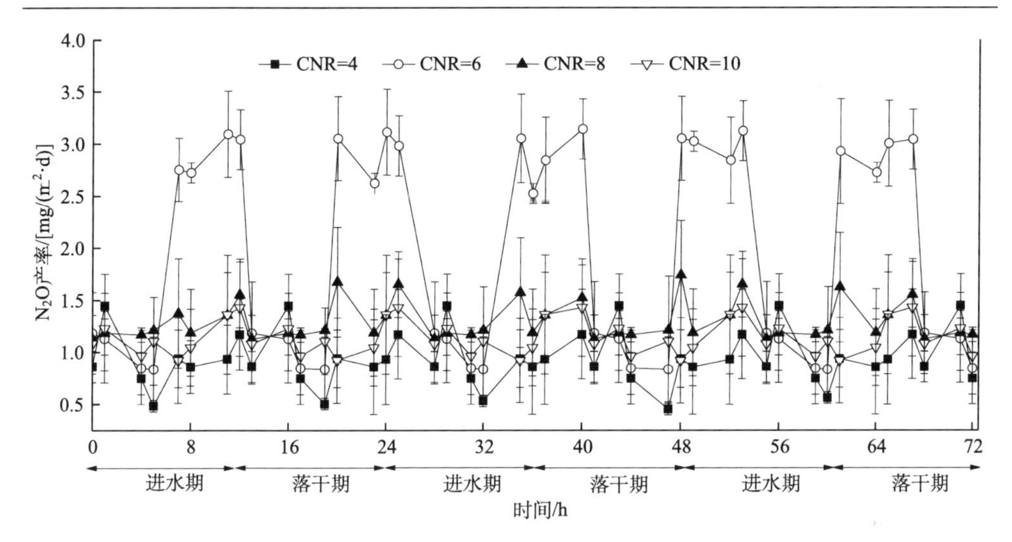

图 7-18　不同 CNR 下 N_2O 的产率

N_2O 气体转化率指的是 N_2O 气体的浓度占进水总氮浓度的百分比，探究 N_2O 转化率可应用于实际工程应用中控制进水水质，以达到定量控制 N_2O 产生量及 N_2O 的释放，使得温室气体带来的污染具有一定的可控性。

本研究中，装置密闭采气时间间隔为 1h，因此以采气期 1h 内产生的 N_2O 量来计算气体的转化率，计算公式如式(7-5)，结果如图 7-19 所示，其中以 6 个小时为一个阶段。

对比图 7-18 和图 7-19 的结果可以看出，N_2O 的转化率比较稳定，N_2O 的产率与转化率随着 CNR 的变化基本呈相同的变化趋势，但 CNR 为 6 时，在进水期 4h 后，N_2O 产率会出现突变，而转化率变化则比较平缓。在系统进水期，CNR=8 时，N_2O 的产率比较高，但转化率低于 CNR 为 10 时 N_2O 的转化率，这是因为在 CNR=8 时，系统对总氮的去除效果较 CNR=10 时较好，导致气体转化率较低。最低的气体转化率出现在 CNR=4 时，可能是碳源相对不足，抑制了 N_2O 的生成，导致转化率出现较低的情况。在进水初期(<4h)，气体转化率比较高，但随着系统的运行，转化率出现降低的情况，可能是由于土壤中氧气含量的减少，抑制了 N_2O 的生成。总体而言，随着 CNR 的增加，N_2O 转化率呈上升趋势。

综合考虑 N_2O 的产率与转化率，建议 SWIS 进水 CNR 区间为 4～6。

7.3.5　生物基质层有机质含量对氧化亚氮释放通量的影响

当生物基质层有机质含量为 2.0%～9.5%条件下，系统稳定运行时 N_2O 产率及转化率的变化如图 7-20 所示。

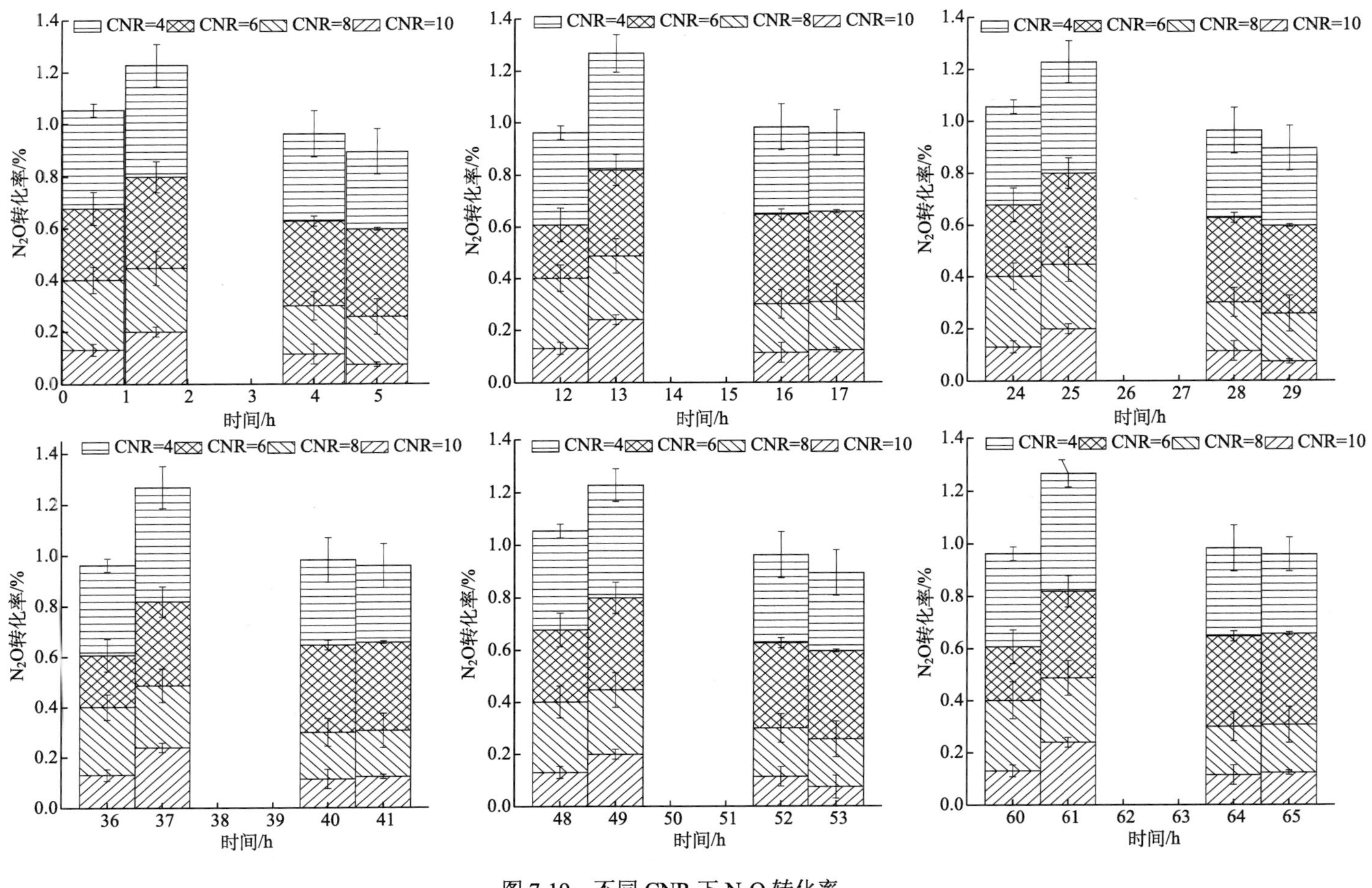

图 7-19　不同 CNR 下 N_2O 转化率

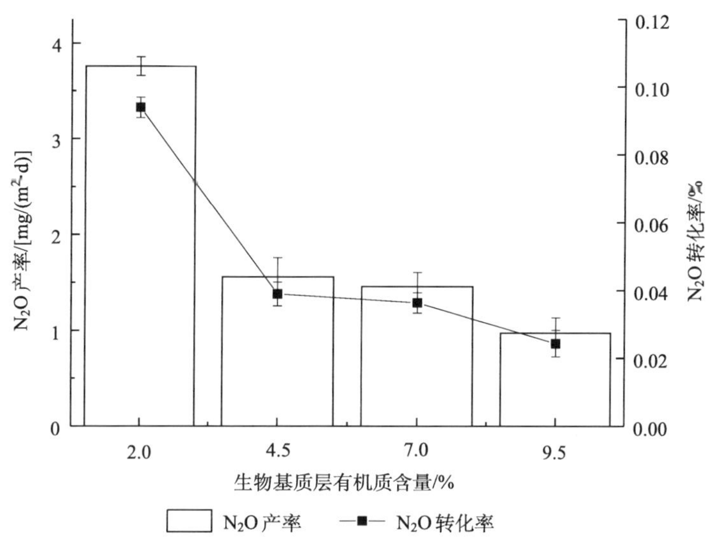

图 7-20　生物基质层有机质含量对 N_2O 产率的影响

由图 7-20 可以看出，随着有机质含量由 2.0%增加到 9.5%，N_2O 的产率呈下降趋势，由(3.75±0.5) mg/(m^2·d) 降低到(0.98±0.3) mg/(m^2·d)，尤其是添加牛粪后(有机质含量≥4.5%)，N_2O 的产率骤然下降；N_2O 转化率也随有机质含量的升高而降低。可见，有机质含量对 N_2O 的释放影响较大。

进水 COD、土壤有机质的降解及硝化反应的进行均需好氧条件，主要发生在基质表层的好氧区，添加牛粪前，基质层有机质含量较低，发生在基质表层的硝化反应与 COD 的降解均能较完全地进行，硝化过程 N_2O 产率较高，但发生在基质底层的反硝化反应因碳源不足而进行得不彻底(出水中 NO_3^--N 浓度较高)(谢希, 2013)。此条件下，系统脱氮及 N_2O 的产生主要受反硝化反应的制约。添加牛粪后，基质表层的好氧区需氧量升高，使得基质内氧化还原电位下降，硝化反应受到抑制，其反应产物(NO_3^--N)也随之减少。虽然低水平的氧化还原电位有利于反硝化反应的进行，但由于缺少反应底物(NO_3^--N)而使反硝化反应对系统脱氮过程的贡献较小，即在此条件下，硝化反应与反硝化反应进行程度均较低。N_2O 是硝化反应与反硝化反应的副产物，系统 N_2O 释放量为硝化过程与反硝化过程中 N_2O 释放量的总和，在硝化-反硝化反应受到抑制时，N_2O 产率也随之降低(瞿胜等, 2008)。

为进一步探究微生物数量与 N_2O 产生之间的内在联系，分别对生物基质层脱氮微生物数量和 N_2O 转化率进行线性相关性分析，分析结果如图 7-21 所示。

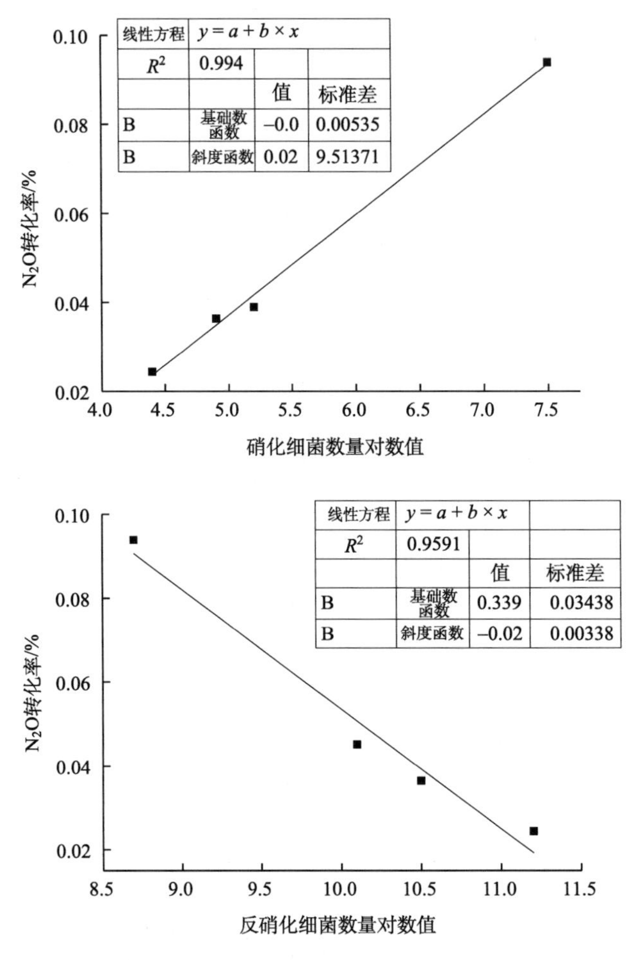

图 7-21　硝化、反硝化细菌与 N_2O 转化率的线性相关性分析

由图 7-21 可知，硝化细菌数量与 N_2O 转化率呈正相关关系(R^2 为 0.994)，而反硝化细菌数量与 N_2O 转化率呈负相关关系(R^2 为 0.9591)。进一步证明 NH_4^+-N 主要通过硝化细菌作用去除，NO_3^--N 的去除主要通过反硝化过程，N_2O 主要来自于微生物的代谢过程。

N_2O 释放量随生物基质层有机质含量的升高而降低，单从减少 N_2O 释放量方面考虑，有机质含量越高越好，但随着有机质含量的升高，系统脱氮效果变差，故综合考虑系统脱氮效果和 N_2O 释放量，在选配基质时，不应将外加碳源添加在好氧区生物基质层，而应添加到厌氧区。

7.3.6　曝气量对氧化亚氮释放通量的影响

根据 6.2 节所述的曝气量控制方法，分析不同曝气量对 N_2O 释放通量的影响情况，如图 7-22 所示。

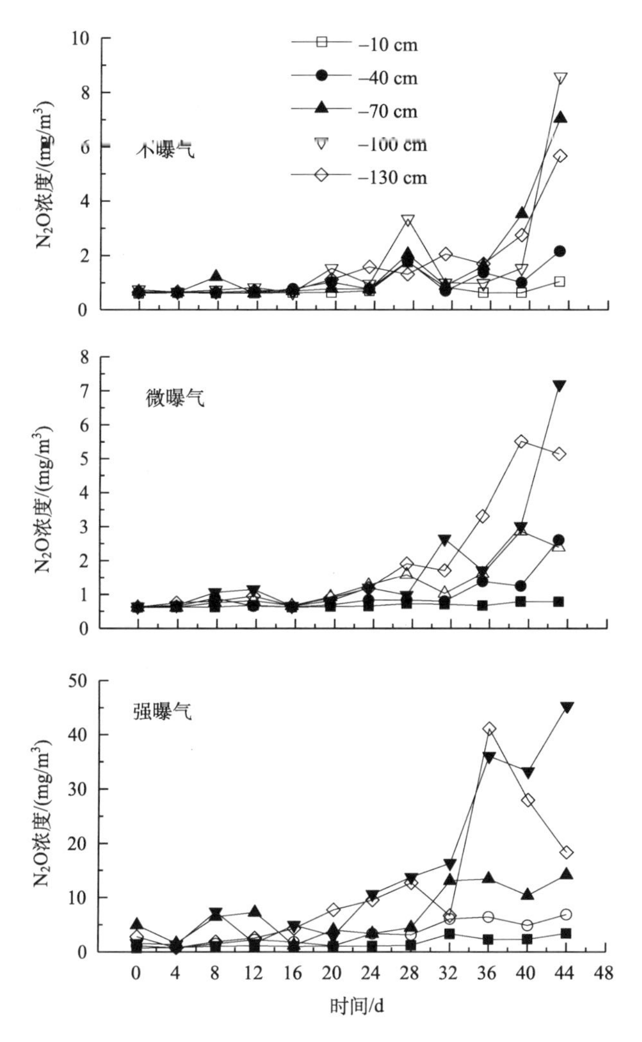

图 7-22　不同曝气处理下 N_2O 浓度随时间的变化

微曝气系统中 N_2O 浓度略低于不曝气系统，强曝气系统中 N_2O 浓度远高于不曝气和微曝气系统。曝气增加好氧区，为硝化细菌和亚硝化细菌的生长繁殖提供有利环境，促进硝化作用产生 N_2O，同时硝化作用中产生的 NO_2^--N 为共反硝化作用产生 N_2O 提供 N 元素，抑制了反硝化作用产生 N_2O。分析认为，不曝气系统中反硝化是产生 N_2O 的主要途径。微曝气系统中，较低的曝气量减少了反硝化产生的 N_2O，但对硝化作用和共反硝化作用促进作用不强，所以微曝气系统 N_2O 浓度较低。强曝气系统中，较高的曝气量会促进硝化作用和共反硝化作用，尽管

反硝化产生的 N_2O 减少，硝化作用和共反硝化作用产生大量 N_2O，强曝气系统 N_2O 浓度高。

不同曝气处理下，–10cm 和–40cm 处的 N_2O 浓度较低。–10cm 和–40cm 接近土壤表层，在基质孔隙度良好的条件下，气体容易通过基质孔隙释放到大气中，而不是积累在孔隙中。–70cm、–100cm 和–130cm 处 N_2O 浓度较高。–70cm、–100cm 和–130cm 位于系统中下部，其中微生物代谢产生的气体一部分沿基质孔道向上移动，释放到大气中，一部分随水流从出水口流出，剩下的积累在基质孔隙中。–130cm 接近出水口，所以尽管该处深度最深，但是气体浓度不一定最高。

此外，曝气量与 N_2O 浓度的相关性分析如表 7-1 所示。曝气量与各深度 N_2O 浓度具有显著性意义。其中，曝气量与–100cm、–70cm、–40cm 处的 N_2O 浓度相关系数较高，而与–130cm、–10cm 处的 N_2O 浓度相关系数较低，说明曝气对接近进水位置的–100cm、–70cm、–40cm 处的 N_2O 浓度影响较大，对接近土壤表层的–10cm 和接近出水口的–130cm 的 N_2O 浓度影响较小。

表 7-1　曝气量与气体浓度的偏相关分析

控制变量	气体种类	相关性分析	–130cm	–100cm	–70cm	–40cm	–10cm
时间	N_2O	相关系数	0.489	0.511	0.555	0.572	0.473
		显著性(双尾)	0.003	0.002	0.001	0.000	0.004

7.4　小　　结

(1)标记物 $^{15}NO_3^-$ 一部分随出水流出系统，一部分被基质截留，一部分随气体释放。基质中 NO_3^- 含量是 N_2O 释放速率的限制性因素，反硝化作用强度决定了 N_2O 的释放速率。

(2)随着干湿比从 3∶1 减小到 0(连续进水)，N_2O 的产率逐渐升高，由(22.4±1.0)mg/(m^2·d)增加到(43.9±0.9)mg/(m^2·d)；而 N_2O 的转化率呈现先升高后降低的趋势，在干湿比为 1∶1 的条件下取得最高转化率，为(1.4±0.02)%。考虑地下渗滤系统对污染物的净化效果、处理能力及 N_2O 的产生，建议将干湿比控制在 1∶1～1∶2。

(3)进水水力负荷在 0.08～0.28m^3/(m^2·d)时，随着水力负荷的升高，N_2O 产率呈先升高后降低的变化趋势，在水力负荷为 0.16m^3/(m^2·d)处，N_2O 产率取得最高值(3.75 ± 0.038)mg/(m^2·d)，为获得良好的净水效果及较低的 N_2O 产率，建议将进水水力负荷控制在 0.12～0.16m^3/(m^2·d)。

(4)进水氮负荷在 1.6～7.2g/(m^2·d)时，随着氮负荷的升高，N_2O 产率与转化率均表现出先升高后降低的趋势，在氮素负荷为 2.4g/(m^2·d)与 4.0g/(m^2·d)的条件下分别取得 N_2O 转化率和产率的最大值，其值分别为(1.33±0.03)%、(60.6±2.0)mg/(m^2·d)；为满足污水处理要求且减少 N_2O 的产生，建议将氮负荷控制在 4.0～5.6g/(m^2·d)。

(5)随着 CNR 的增加，N_2O 产生量呈下降趋势。CNR 为 6 时，落干期的产率最高，为(2.89±0.30)mg/(m^2·d)；最低产率出现在 CNR 为 4 时，仅为(0.93±0.285)mg/(m^2·d)。随着 CNR 的增加，N_2O 转化率呈上升趋势。当 CNR 从 4 增加到 10 时，转化率从(0.14±0.043)%增加到(0.41±0.076)%。同时，进水初期(<4h)N_2O 转化率大于进水后期(>4h)。综合考虑 SWIS 的脱氮效果及 N_2O 的产率和转化率，建议在工程应用中，SWIS 的进水 CNR 区间为 4～6。

(6)通过在生物基质中添加牛粪，提高生物基质层有机质的含量，随着有机质含量的升高，N_2O 产率降低，当有机质含量由 2.0%升高到 9.5%时，N_2O 产率降低了 2.77mg/(m^2·d)。N_2O 转化率与脱氮细菌的数量变化呈显著相关关系，进一步验证了系统脱氮的主要途径是微生物硝化-反硝化过程。

(7)曝气量与各深度 N_2O 释放量呈正相关关系，其中，正相关关系较强的是–70cm 和–40cm 处。

第8章 污水地下渗滤系统气体堵塞与自适应机制

8.1 引　　言

SWIS 长期运行会出现堵塞问题。轻微堵塞可以增加不动水区，增加污染物与土壤的接触时间，提高出水水质；严重堵塞会使污水难以流动，降低出水水质。Li 等(2012)将长期(七年以上)和短期(一年)运行的 SWIS 进行比较，结果表明，短期运行的 SWIS 污染物去除效率较高，BOD、COD、SS、NH_4^+-N、TP 去除率分别为 95.0%、89.1%、98.1%、87.6%和 98.4%，长期运行 SWIS 的 BOD、COD、SS、NH_4^+-N、TP 去除率分别降低至 89.6%、87.2%、82.6%、69.1%和 74.4%，说明长期运行导致土壤渗透性、孔隙度及代谢气体积累程度的变化将影响 SWIS 的处理性能。根据引发系统堵塞的机理，SWIS 堵塞主要分为四种类型：物理堵塞、生物堵塞、化学堵塞和气体堵塞。

物理堵塞由固体悬浮物(SS)积累导致。物理堵塞分为表面堵塞、内部堵塞和混合堵塞(Du et al., 2014)。表面堵塞是指粒径较大的 SS 无法进入基质孔道内部，而是与基质发生碰撞，被隔离在基质表面；内部堵塞是指粒径较小的 SS 在水流与重力的作用下在基质孔道中迁移、积累，减小孔隙，降低土壤渗透系数；混合堵塞是指具有表面堵塞和内部堵塞的综合性能的堵塞。Herzig 等(1970)基于对流-扩散方程建立了悬浮物沉积浓度随时间变化的规律；郑西来等(2013)建立了悬浮物迁移沉积过程的数学模型，定量描述介质孔隙度、悬浮物沉积量和渗透系数三者之间的关系，预测了物理堵塞的发生过程；路莹(2009)建立了 SS 内部堵塞模型，描述了 SS 内部堵塞过程。由于物理堵塞一般无法恢复，所以物理堵塞的预防措施是对污水进行强化预处理，减少进入 SWIS 的 SS。预处理包括过滤、沉淀、吸附。沈阳大学校园污水生态处理与再利用项目结合生物接触氧化法与 SWIS 处理污水，其中，污水中 90%的 SS 和 33%的 COD 被去除，以确保 SWIS 稳定运行(Wang et al., 2012)。在以色列，污水回用是一项国策，达恩地区建有以色列最大的水处理装置，土壤含水层处理系统(SAT)是其关键工艺，污水中 82%的 SS 被去除，以保证 SAT 正常运行(Wang et al.，2014)。因此，通过强化预处理减少进入 SWIS 的 SS 浓度，是防止 SWIS 系统中物理堵塞的一种方法。

微生物的生长繁殖导致生物堵塞，降低了渗透系数。基于生物生长和水力参数变化，生物堵塞被分为四个阶段(Zhong and Wu, 2013)：第一阶段，进水为微生物呼吸提供了充足的营养物质，同时，进水口氧气供应充足，好氧生物在进水口快速繁殖，积累在进水口，阻碍水流；第二阶段，随着营养物质和氧气被消耗，基质内部好氧微生物逐渐减少，厌氧微生物在基质内部开始生长繁殖并产生气体，系统内部发生生物堵塞；第三阶段，随着微生物不断增殖，菌落与微生物代谢物（如多糖、脂质和蛋白质）结合，形成生物膜，堵塞基质孔道，这一阶段孔隙度显著减小，渗透系数下降迅速；第四阶段，由于营养物质和氧气供应有限，好氧和厌氧微生物生长缓慢，渗透系数下降速率趋于平缓。生物堵塞会影响基质中污染物的运输。Mekala 和 Nambi（2016）研究了多孔介质中的生物堵塞及其对铵态氮和硝酸盐运输的影响，发现生物膜生长达到稳定状态需要约 12 天，生物膜使介质的渗透系数降低 5 个数量级，增加了污染物和土壤微生物的接触时间，阻碍了铵态氮和硝酸盐在土壤中的运输，降低了出水中铵态氮和硝酸盐的浓度。Berlin 等（2015）也发现生物堵塞阻碍了硝酸盐的运输，同时实验观察到随着氧气传质降低，铵态氮和硝态氮到达系统深度越深。在生物堵塞的数值模拟方面，路莹（2009）使用微生物生长模型计算生物堵塞程度；Newcomer 等（2016）开发了一维饱和流动模型描述生物堵塞过程；Samsó 等（2016）使用 COMSOL Multiphysics™和 Matlab 开发数学模型模拟水平流人工湿地的生物堵塞过程，使用 Richards 方程描述地下流动和陆上流动，使用 Monod 方程描述微生物生长繁殖。

化学堵塞的原因包括化学反应产生沉淀、离子交换、离子吸附、基质溶解（增加渗透系数，缓解堵塞）（Heilweiland Marston, 2013）。其中，化学反应产生的沉淀是导致化学堵塞的主要因素。化学反应沉淀积累在基质孔道中，降低土壤渗透性，导致化学堵塞。导致化学堵塞的沉淀主要是钙镁沉淀和铁化合物沉淀。在化学堵塞的数值模拟方面，Larroque 和 Franceschi（2011）建立了三维反应/运输模型，评估脱水对碳酸盐和氧化铁沉淀的影响；Weidner 等（2012）在实验模型中研究了铁氢氧化物沉淀（如 FeOOH）的化学成因，在该模型中，通过改变 pH 和铁离子浓度来控制堵塞速率；路莹（2009）使用 PHREEQC 软件模拟水质渗滤实验结果，研究矿物沉淀导致的化学堵塞。pH 和氧气浓度影响化学沉淀的产生，因此可以通过酸化和避免混入氧气的方式防止化学堵塞。

土壤孔隙之间相互连接比较狭窄的通道称为“孔喉”（pore throat）。由于土壤亲水性，气泡被困在“孔喉”中心，这会限制流量并增加水流的弯曲度，从而降低土壤渗透性，导致气体堵塞。气体堵塞过程如下：首先，部分新形成的气泡在浮力和水流的作用下没有移动，而是吸附在基质表面或者悬浮在孔隙空间中（Kellner et al., 2005）。如果气泡直径小于“孔喉”，气泡体积可以用亨利定律和理想气体定律描述。然后，气泡逐渐增长积累，开始阻碍水流流动和气泡移动。气泡直径接近或等于“孔喉”时，发生气体堵塞。气泡周围形成“超压区”。超压是基质中气体产生的超负荷压力。正常情况下，气体压力通常相当于负荷压力。

但当气体大量增加，基质深处的封闭环境中出现气体压力大于负荷压力的状况，即形成“超压区”。“超压区”会进一步捕获其他气体，加剧气体堵塞。导致气体堵塞的气体来源有进水携带空气和生物代谢气体。进水携带空气是进水携带而截留在系统中的空气；生物代谢气体是微生物呼吸产生的气体，好氧微生物呼吸产生 CO_2，厌氧微生物呼吸产生 CH_4、N_2、N_2O 等气体。

以上研究表明，长期运行的污水地下渗滤系统由于基质渗透性、孔隙度和基质理化性质的变化会出现堵塞现象，降低水力渗透系数，抬高出水水位，从而削弱污染物去除效果。然而，以往研究多集中于对物理堵塞、生物堵塞和化学堵塞的分析，针对气体堵塞的研究鲜有报道。第 7 章的研究表明，SWIS 中生物代谢过程会产生 N_2O 等温室气体，超过 60%的 N_2O 滞留在 SWIS 下层。本章使用气体分配示踪法研究进水携带空气在基质孔道中的迁移路径，运用模型模拟氧气的运输过程；对 SWIS 进水采用不同曝气处理(空白、微曝气、强曝气)，分析曝气量对 SWIS 渗透系数、体积含水率、代谢气体释放量等的影响；揭示 N_2O 在 SWIS 基质层中的迁移，分析不同产生路径对系统堵塞的贡献；使用 ^{15}N 稳定同位素示踪法研究 N_2O 气体在基质孔道中的迁移路径，同时计算硝化、反硝化和共反硝化作用对 N_2O 产生量的贡献度。

8.2　实验材料与方法

8.2.1　实验材料

使用 Rhizon 土壤溶液取样器从土壤取样口采集不同深度的孔隙水溶液。

为了更精确地区分好氧、兼氧和厌氧分区，实现 N_2O 分层收集，在 7.2.1 节基础上改进分层气体采样器，如图 8-1 所示。

8.2.2　实验方法

1. 渗透系数计算方法

由达西定律计算渗透系数，如式(8-1)所示：

$$k = \frac{Q \times l}{h \times A} \tag{8-1}$$

式中，k 为渗透系数，cm/s；Q 为流量，m^3/s；l 为相邻压力计的垂直距离，cm；A 为柱子的横截面积，m^2；h 为压头变化，m。

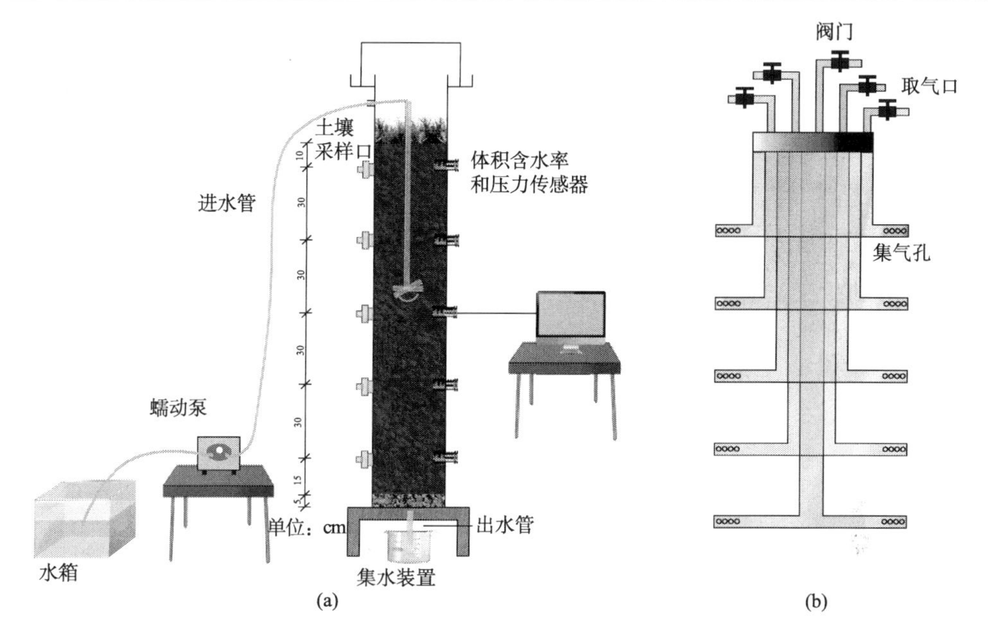

图 8-1　地下渗滤系统模拟装置(a)气体分层采样器(b)

2. 气体分配示踪方法

相对于非分配性示踪剂，分配性示踪剂有延迟现象，可用迟滞因子 R 表示，使用 CXTFIT 软件模拟示踪剂的穿透曲线，可以得到 R 值，再通过 R 计算得到孔隙中的气体含量，这部分气体会堵塞“孔喉”。本研究采用的分配性示踪剂是 DO，非分配性示踪剂是 KBr。

溴的示踪实验：在进水中加入杀菌剂苯酚防止微生物消耗氧气，苯酚浓度为 1%。系统运行稳定后，使用脱气水进水几天，确保相同的初始条件，进水负荷为 0.14m/d，采用连续进水的方式，表 8-1 显示了使用脱气水后的 DO 浓度。进水中加入 KBr，KBr 浓度为 10g/L。含有 KBr 的进水由蠕动泵泵送 4h，随后使用蠕动泵泵送脱气水大约 4d。使用 Rhizon 土壤溶液取样器从表土下 40cm、70cm、100cm、130cm 处收集水样。直接从出水口(表土下 150cm 处)收集出水样品。测量水样中的 Br^- 浓度，绘制穿透曲线，用软件 CXTFIT 模拟。

表 8-1　SWIS 中使用脱气水后的 DO 浓度

深度/m	–0.4	–0.7	–1.0	–1.3	–1.5
DO/(mg/L)	1.0±0.1	1.0±0.1	1.0±0.1	1.0±0.1	1.0±0.1

氧的示踪实验：使用不曝气水、微曝气水和强曝气水代替 KBr，其他实验操作及数值模拟方式相同。通过曝气的方式增加溶解氧，意味着溶解的氧气输送可以代表溶解的空气输送。

3. 数值模拟方法

CXTFIT 软件由美国农业部盐土实验室开发，对流扩散方程用于模拟示踪剂的平衡或非平衡运输。

CXTFIT 中，平衡运输的无量纲形式如式(8-2)所示：

$$R\frac{\partial C_{\mathrm{r}}}{\partial T}=\frac{1}{Pe}\frac{\partial^2 C_{\mathrm{r}}}{\partial Z^2}-\frac{\partial C_{\mathrm{r}}}{\partial Z} \tag{8-2}$$

式中，R 为迟滞因子；C_{r}为无量纲溶质浓度；T为无量纲时间；Pe为佩克莱数；Z为无量纲距离。

无量纲参数由以下公式定义：

$$C_{\mathrm{r}}=\frac{c}{c_0} \tag{8-3}$$

$$Pe=\frac{vL}{D} \tag{8-4}$$

$$Z=\frac{x}{L} \tag{8-5}$$

$$T=\frac{vt}{L} \tag{8-6}$$

式中，c 为测量浓度，g/L 或 mg/L；c_0为初始浓度，g/L 或 mg/L；x 为距离，m；L 为特征长度，m；D 为弥散系数，$\mathrm{m^2/d}$；t 为时间，d；v 为平均孔隙水速度，m/d。

CXTFIT 中，非平衡传输包括化学非平衡和物理非平衡。化学非平衡被描述为两点非平衡模型。两点非平衡模型考虑即时吸附平衡点和一阶动力学控制的非平衡吸附点。两点非平衡模型的无量纲形式如式(8-7)所示：

$$\beta R\frac{\partial C_1}{\partial T}=\frac{1}{Pe}\frac{\partial^2 C_1}{\partial Z}-\frac{\partial C_1}{\partial Z}-\omega(C_1-C_2) \tag{8-7}$$

式中，β 为分配系数；ω 为无量纲传质系数；C_1 为平衡点浓度；C_2 为非平衡点浓度。

CXTFIT 中，物理非平衡使用两区非平衡模型描述。两区非平衡模型假设液相可以被分为移动区和不动区。两区之间的传质使用一阶传质。两区非平衡模型的无量纲形式如式(8-8)所示：

$$(1-\beta)R\frac{\partial C_2}{\partial T}=\omega(C_1-C_2) \tag{8-8}$$

本研究中，使用 CXTFIT 中的平衡模型和物理非平衡模型模拟 SWIS 中的 KBr 和 DO 的穿透曲线。CXTFIT 使用基于列文伯格–马夸尔特法的非线性最小二乘法估计未知参数。由于非分配性示踪剂没有延迟，所以非分配性示踪剂的 R 为 1。在平衡运输中，使用 CXTFIT 拟合 D 和 v。在非平衡运输中，v 是设定流速，使用 CXTFIT 拟合 D。分配性示踪剂与非分配性示踪剂有相同的 D 和 v。对于分配性示踪剂，设置 D 和 v 与非分配性示踪剂相同，使用 CXTFIT 拟合平衡运输中的 R 和非平衡运输中的 R、β 和 ω。

4. 迟滞因子计算方法

采用 Fry 等提出的公式计算迟滞因子，如式(8-9)所示：

$$R=1+H'\frac{V_{\mathrm{g}}}{V_{\mathrm{w}}} \tag{8-9}$$

式中，H'为无量纲亨利定律常数；V_{g} 为孔隙空间中的气相体积；V_{w} 为孔隙空间中的液相体积。

使用 CXTFIT 中获得的 R 和氧气的无量纲亨利定律常数，可以通过式(8-10)计算孔隙空间中气体占据的比例：

$$\theta_{\mathrm{g}}=\frac{V_{\mathrm{g}}/V_{\mathrm{w}}}{1+V_{\mathrm{g}}/V_{\mathrm{w}}} \tag{8-10}$$

式中，θ_{g} 为孔隙空间中气体占据的比例。

5. 硝化、反硝化和共反硝化作用对 N_2O 产量的贡献度计算方法

N_2O 的摩尔释放速率按式(8-11)计算：

$$F_{\mathrm{N_2O}}=\frac{10^{-3}F}{M} \tag{8-11}$$

式中，$F_{\mathrm{N_2O}}$ 为 N_2O 的摩尔释放速率，mol/(m^2·h)；M 为 N_2O 的摩尔分子质量，g/mol；F 为 N_2O 释放速率，mg/(m^2·d)。

$^{45}N_2O$ 和 $^{46}N_2O$ 的摩尔分数按式(8-12)和式(8-13)计算：

$$f^{45}=\frac{R^{45}}{1+R^{45}+R^{46}} \tag{8-12}$$

$$f^{46}=\frac{R^{46}}{1+R^{45}+R^{46}} \tag{8-13}$$

式中，f^{45} 为 $^{45}N_2O$ 的摩尔分数；f^{46} 为 $^{46}N_2O$ 的摩尔分数。

$^{45}N_2O$ 和 $^{46}N_2O$ 的释放速率按式(8-14)和式(8-15)计算：

$$P^{45}=F_{N_2O}\times(f^{45}{}_t-f^{45}{}_0) \tag{8-14}$$

$$P^{46}=F_{N_2O}\times(f^{46}{}_t-f^{46}{}_0) \tag{8-15}$$

式中，P^{45} 为 $^{45}N_2O$ 的释放速率，mol/(m^2·h)；P^{46} 为 $^{46}N_2O$ 的释放速率，mol/(m^2·h)；$f^{45}{}_t$，$f^{46}{}_t$ 为 t 时刻 $^{45}N_2O$ 和 $^{46}N_2O$ 的摩尔分数；$f^{45}{}_0$，$f^{46}{}_0$ 为 0 时刻时 $^{45}N_2O$ 和 $^{46}N_2O$ 的摩尔分数。

N_2O 的产生途径为硝化、反硝化和共反硝化作用。硝化作用中，N_2O 两个 N 原子都来源于氨态氮。反硝化作用中，N_2O 两个 N 原子都来源于 NO_3^--N。共反硝化作用中，N_2O 的一个 N 原子来源于 NO_2^--N，另一个 N 原子来源于其他氮化合物，可以认为硝化作用和反硝化作用各提供一个 N 原子。当 ^{15}N 的来源仅为 NO_3^--N 时，反硝化作用产生 $^{44}N_2O$、$^{45}N_2O$ 和 $^{46}N_2O$；共反硝化作用产生 $^{44}N_2O$ 和 $^{45}N_2O$；硝化作用产生 $^{44}N_2O$。可以得到以下关系式：

$$D_{N_2O}=D_{44}+D_{45}+D_{46} \tag{8-16}$$

$$D_{46}=D_{N_2O}\times F_n^2 \tag{8-17}$$

$$D_{45}=D_{N_2O}\times 2\times F_n\times(1-F_n) \tag{8-18}$$

$$D_{44}=D_{N_2O}\times(1-F_n)^2 \tag{8-19}$$

$$C_{N_2O}=C_{44}+C_{45} \tag{8-20}$$

$$C_{44}=C_{N_2O}\times(1-F_n) \tag{8-21}$$

$$C_{45}=D_{N_2O}\times F_n \tag{8-22}$$

$$N_{N_2O}=N_{44} \tag{8-23}$$

$$P_{44}=D_{44}+C_{44}+N_{44} \tag{8-24}$$

$$P_{45}=D_{44}+C_{44} \tag{8-25}$$

$$P_{46}=D_{46} \tag{8-26}$$

$$F_{N_2O}=D_{N_2O}+C_{N_2O}+N_{N_2O} \tag{8-27}$$

式中，F_n 为土壤硝态氮丰度；D_{N_2O} 为反硝化产生的 N_2O 释放速率，mol/(m^2·h)；D_{44}、D_{45}、D_{46} 为反硝化作用产生的 $^{44}N_2O$、$^{45}N_2O$ 和 $^{46}N_2O$ 释放速率，mol/(m^2·h)；C_{N_2O} 为共反硝化作用产生的 N_2O 释放速率，mol/(m^2·h)；C_{44}、C_{45} 为共反硝化作用产生的 $^{44}N_2O$ 和 $^{45}N_2O$ 释放速率，mol/(m^2·h)；N_{N_2O} 为硝化作用产生的 N_2O 释放速率，mol/(m^2·h)；N_{44} 为硝化作用产生的 $^{44}N_2O$ 释放速率，mol/(m^2·h)。

利用式(8-16)～式(8-27)计算硝化、反硝化和共反硝化对产生 N_2O 的贡献度。

8.3　结果与讨论

8.3.1　曝气对污水地下渗滤系统理化性质的影响

1. 曝气量对渗透系数的影响

研究表明，SWIS 的渗透系数范围为 4.167×10^{-5}～1.389×10^{-3}cm/s。渗透系数过高，SWIS 持水能力降低，污染物未经过有效处理就被排出系统；渗透系数过低，SWIS 出现土壤基质堵塞现象。Pan 和 Yu(2015) 认为渗透系数低于 0.3m/d($\approx3.5\times10^{-4}$cm/s)时，地下渗滤系统会出现堵塞现象。适当堵塞可以增加系统内部的非饱和流动区域，促进物质交换，提高污染物处理效果(McCray et al., 2000)。过度堵塞会阻碍水流流动，影响土壤的水力传导性能，降低污染物处理效果。曝气量对 SWIS 渗透性的影响规律如图 8-2 所示。

由图 8-2 可见，不同曝气处理下的 SWIS 在实验期间没有出现土壤堵塞现象(渗透系数<3.5×10^{-4}cm/s)，但是曝气量影响了不同深度处的渗透系数。–40～–10cm 处，不同曝气处理的渗透系数均为最低，且几乎不随时间变化。–70～–40cm 处，不曝气系统达到稳定的渗透系数高于初始渗透系数，微曝气和强曝气系统达到稳定的的渗透系数低于初始渗透系数，渗透系数稳定后，微曝气系统的渗透系数高于不曝气系统的渗透系数。–100～–70cm 处，不曝气系统的渗透系数波动较大，微曝气和强曝气系统的渗透系数几乎没有波动，与空白处理相比，曝气(微曝气、强曝气)降低了渗透系数，且曝气量越大，渗透系数降低越多。–130～–100cm 处，不同曝气处理下，系统达到稳定的渗透系数均高于初始渗透系数，渗透系数稳定后，强曝气系统渗透系数较高。分析认为，进水位置为表土下方 65cm 处，只有少量水通过毛细和重力作用向上移动，能进入距离较远的–40～–10cm 处，所以该深度处渗透系数最低。进水位置位于–70～–40cm 和–100～–70cm 两段的交界处，对两段土壤渗透系数均有影响。由于–70～–40cm 位于进水位置上方，向上流动的污水较少，同时从–40～–10cm 流下的污水也会影响–70～–40cm 处的土壤，所以曝气对–70～–40cm 处渗透系数影响不明显，而大量污水向下流动至–100～–70cm 处，导致曝气对于–100～–70cm 处渗透系数影响较大。–130～–100cm 接近出水口，气体容易随水流流出，所以该深度处的渗透系数较高。

不曝气、微曝气和强曝气系统渗透系数分别在大约 10d、14d、22d 后达到稳定，说明曝气量越大，SWIS 渗透系数达到稳定所需时间越长。曝气量越大，进水携带进入 SWIS 的空气越多，另外，曝气为好氧微生物呼吸产生 CO_2 提供了有利条件，导致 SWIS 内部气体含量增加，系统达到平衡所需时间越长。

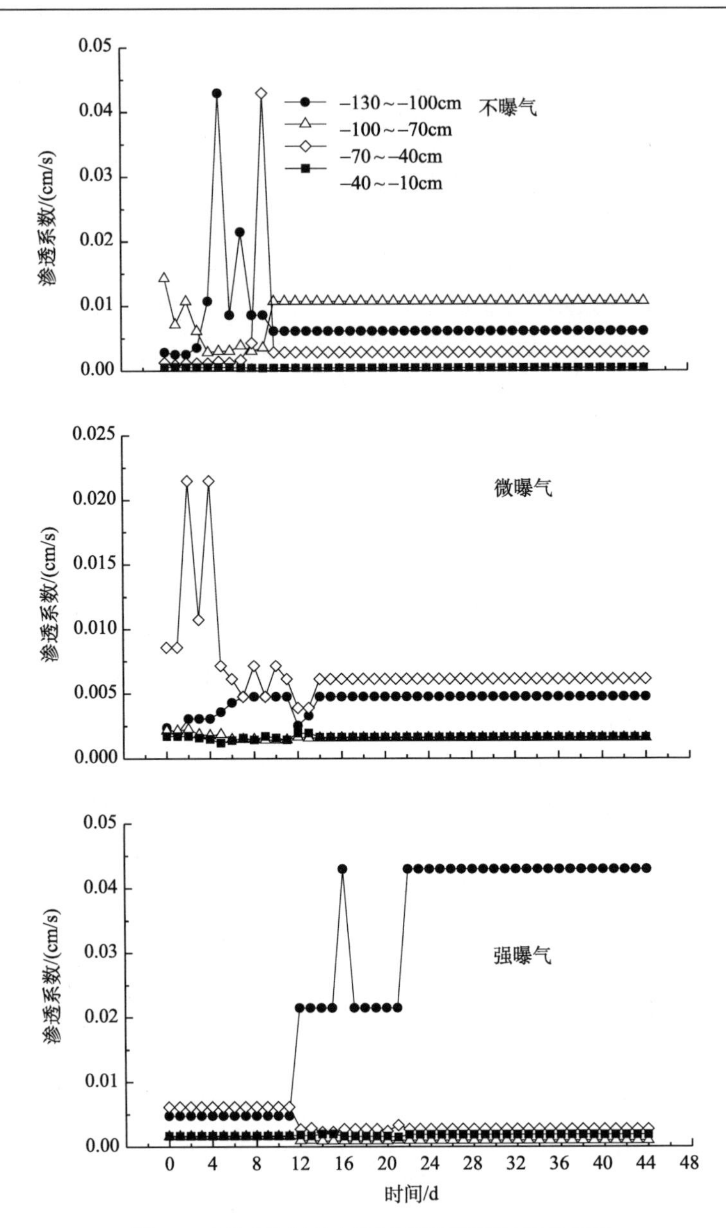

图 8-2　不同曝气处理下渗透系数随时间的变化

此外，曝气量与 SWIS 渗透系数的相关性分析如表 8-2 所示。显著性(双尾)<0.1，说明具有统计学中的显著性意义，两者相关，但相关性强弱未知。相关性强弱用相关系数表示，相关系数的绝对值越大，相关性越强。曝气量与–70～–40cm 处渗透系数不具有显著性意义，与–130～–100cm、–100～–70cm、–40～–10cm 处渗透系数具有显著性意义。其中，曝气量与–130～–100cm、–40～–10cm

处渗透系数是正相关关系，与–100～–70cm 处渗透系数是负相关关系。曝气主要降低了–100～–70cm 深度处的渗透系数。进水通过“十”字布水管(表土下方 65cm 处)进入系统后，少量污水向上流动，大量污水在毛细作用和重力作用下向下流动，首先影响–100～–70cm 处的土壤，导致–100～–70cm 处的渗透系数降低。

表 8-2　曝气量与渗透系数的偏相关分析

控制变量	相关性分析	–130～–100cm	–100～–70cm	–70～–40cm	–40～–10cm
时间	相关系数	0.536	–0.887	0.071	0.951
	显著性(双尾)	0	0	0.413	0

2. 曝气量对体积含水率的影响

体积含水率体现了系统孔隙中水分所占的体积比，可以反映孔隙中气体体积含量。体积含水率升高，意味着系统孔隙中气体体积下降；反之亦然。曝气量对 SWIS 体积含水率的影响规律如图 8-3 所示。

由图 8-3 可见，微曝气和强曝气系统体积含水率变化规律相似，与不曝气系统体积含水率变化规律差异较大。微曝气系统在–100cm 处体积含水率在 90%～94%，–10cm、–40cm 和–70cm 处的体积含水率在 94%～100%。强曝气系统在–100cm 处体积含水率在 89%～92%，–10cm、–40cm 和–70cm 处的体积含水率在 91%～100%。可见，曝气(微曝气和强曝气)系统中，–100cm 处体积含水率较低，–10cm、–40cm 和–70cm 处的体积含水率较高。曝气(微曝气和强曝气)系统中，曝气量越大，各层体积含水率越低。微曝气和强曝气系统中–130cm 处的体积含水率传感器损坏，数据缺失。不曝气系统中，–100cm、–40cm 和–10cm 处的体积含水率较高，均在 90%以上。–130cm 处的体积含水率开始波动较大，最低达到 84%，随后波动减小，体积含水率在 90%以上。–70cm 处的体积含水率开始缓慢波动下降，35d 后迅速下降至 80%，低于微曝气水和强曝气水–70cm 处的体积含水率，这可能是因为微生物代谢气体，而不是进水携带空气，是降低体积含水率的主要原因。

由图 8-2 和图 8-3 可知，不同曝气处理下，渗透系数在实验中后期达到稳定，而体积含水率在整个实验阶段不断变化，表明体积含水率与渗透系数之间没有相关关系。这与 Beckwith 和 Baird(2001)的研究结果不同。Beckwith 和 Baird(2001)认为体积含水率对渗透系数影响很大，两者的相关系数在 0.9 以上(排除第一个数据点)。分析认为，Beckwith 和 Baird 的研究对象是泥炭土，孔隙度为 0.96～0.97，体积含水率为 80%～85%，体积含水率稍微变化可能会引起土壤结构的改变，影响渗透系数。本研究对象为地下渗滤系统，主要基质是农田土、炉渣和砂的混合基质，孔隙度为 0.55，体积含水率为 80%～100%，土壤结构比较稳定，孔隙中气体含量变化与水流移动达到平衡后，渗透系数不再变化。

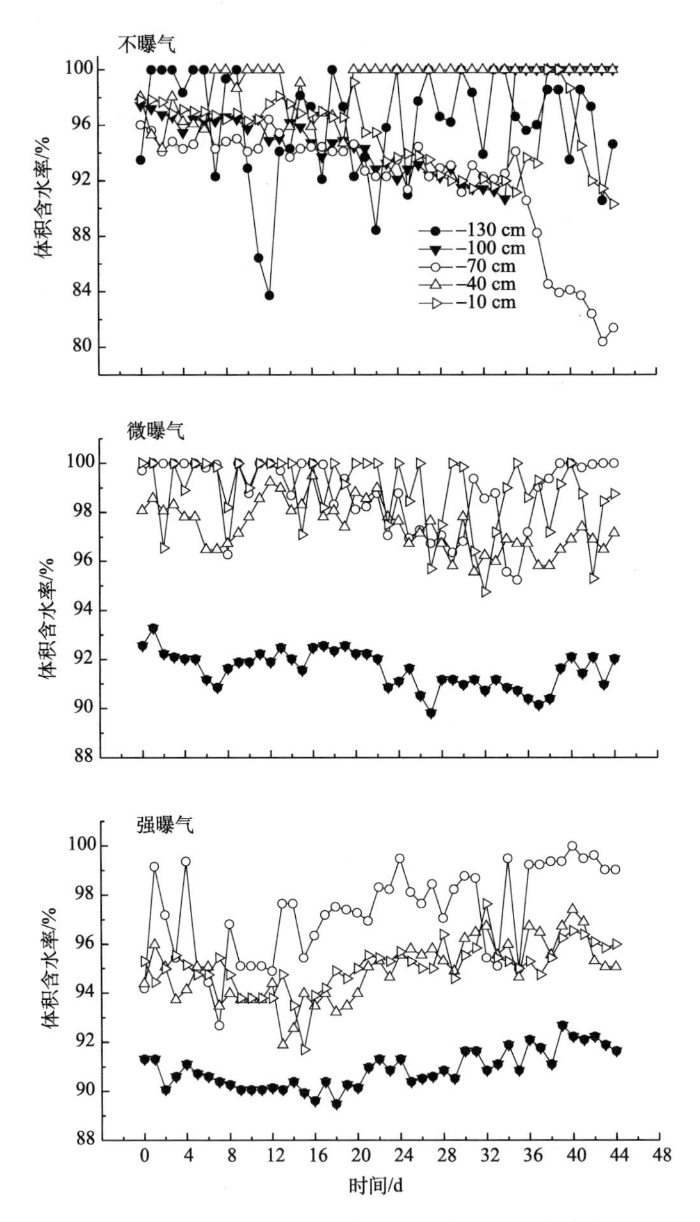

图 8-3　不同曝气处理下体积含水率随时间的变化

此外，曝气量与 SWIS 体积含水率的相关性分析如表 8-3 所示。曝气量与 –10cm 处的体积含水率不具有显著性意义，与–100cm、–70cm、–40cm 处的体积含水率具有显著性意义。–130cm 处由于缺乏体积含水率数据未能获得相关性分析结果。其中，曝气量程度与–100cm、–40cm 处的体积含水率为较强的负相关关系，但与–70cm 处的体积含水率为较强的正相关关系。

表 8-3　曝气量与体积含水率的偏相关分析

控制变量	相关性分析	–130cm	–100cm	–70cm	–40cm	–10cm
时间	相关系数	—	–0.745	0.629	–0.747	0.082
	显著性(双尾)	—	0	0	0	0.347

8.3.2　进水携带空气对气体堵塞的诱发过程

1. 非分配性示踪剂溴的运输过程

图 8-4 显示 SWIS 中不同深度处溴离子的运输。由于散水管置于表土下 0.65m 处，所以表土下 0.7m 处溴离子浓度最早达到峰值 7.83g/L(C/C_0 = 0.783)，达到峰值的时间是 4h(T=0.028)。4h 后，停止使用含有溴离子的污水进水后，表土下 0.7m 处的溴离子迅速下降。在毛细作用和重力作用下，污水向上移动。表土下 0.4m 处的溴离子浓度在 6h(T=0.042)时达到峰值 1.07g/L(C/C_0 = 0.107)。随后，污水向下移动。表土下 1.0m、1.3m、1.5m 处的溴离子浓度分别在 12h(T=0.085)、32h(T=0.226)和 58h(T=0.410)达到峰值。不考虑表土下 0.4m，溴离子峰值浓度随深度增加而减少。

溴离子示踪实验显示了非分配性示踪剂的运输过程，也用于为分配性示踪剂 DO 的运输选择适合的模型和参数。化学非平衡模型的限制条件 $1/R \leqslant \beta \leqslant 0.9999$。因为非分配性示踪剂的 R 定为 1，所以化学非平衡模型不适用于溴离子运输模拟。平衡和物理非平衡模型的拟合参数如表 8-4 所示。平衡和物理非平衡模型都不适用于表土下 0.4m 处的溴离子运输。物理非平衡模型的 r^2 更高，所以物理非平衡模型的拟合效果优于平衡模型。在物理非平衡模型中，表土下 0.7m、1.0m、1.3m、1.5m 处的 r^2 均大于 0.8，拟合效果好，表土下 0.4m 处没有获得 r^2。表土下 0.7m 处弥散性最高(0.01488m)，可能是因为此处水流状况最复杂。表土下 1.0～1.5m，弥散性为 2.712×10^{-3}～7.280×10^{-3}m。分配系数 β 决定液相的移动区和不动区。虽然不动区的水不能移动，移动区和不动区仍然能通过分子扩散进行传质。β 的范围是 0.2940～0.7600(除了表土下 0.4m)，说明 0.2940～0.7600 的液相为移动区，其余为不动区，所以不动区是影响溴离子运输的重要因素。穿透曲线不对称也说明不动区很重要。所以物理非平衡模型适用于溴离子运输。结合溴离子运输模拟中得到 v 和 D，使用物理非平衡模型模拟 DO 运输。

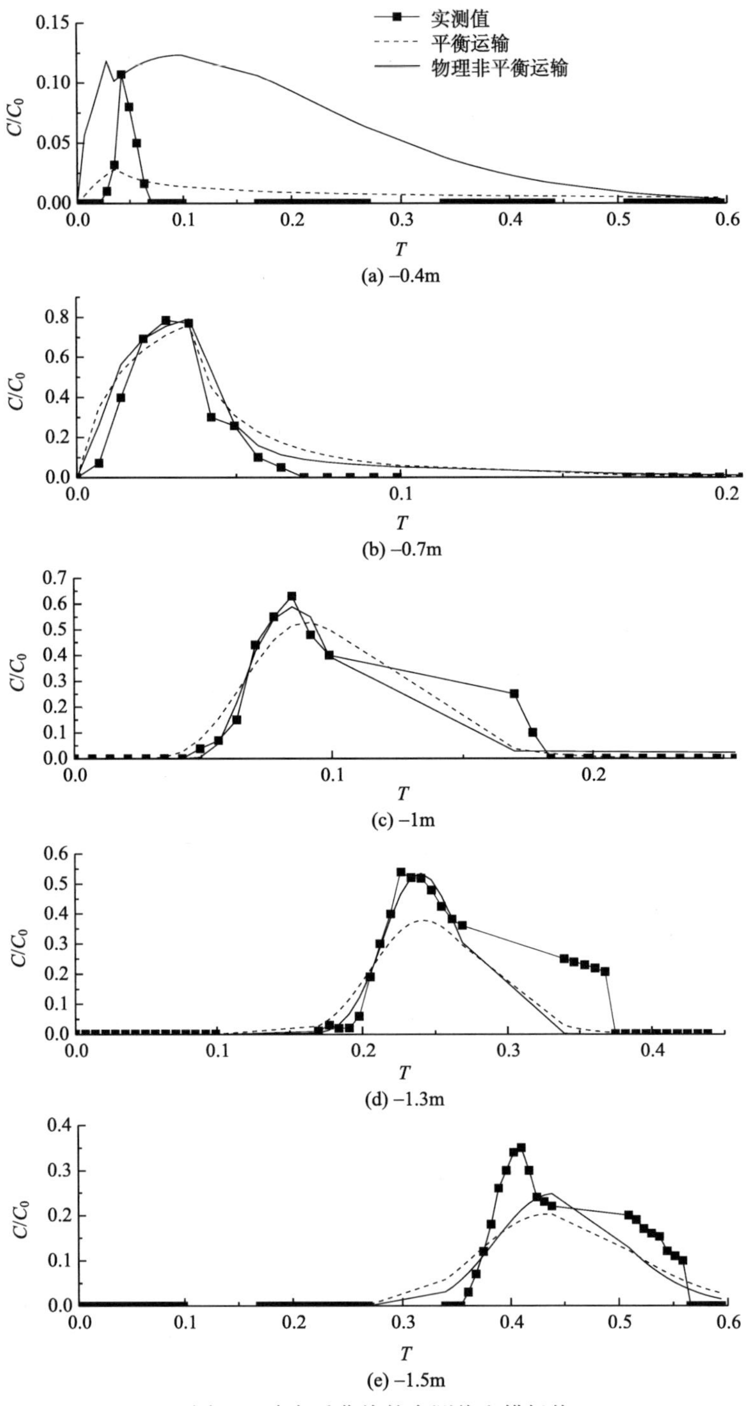

图 8-4 溴穿透曲线的实测值和模拟值

T 为无量纲时间

表 8-4　溴传输中的模型模拟参数

深度	平衡运输				物理非平衡运输			
/m	v/(m/d)	D/(m^2/d)	λ/m	r^2	D/(×10^{-3}m^2/d)	λ/(×10^{-3}m)	β	r^2
–0.4	0.401	3.6000	8.978	0.26	0.50	1.988	0.0001	—
–0.7	3.83	0.2440	0.064	0.88	3.33	14.880	0.4450	0.91
–1	2.94	0.0370	0.013	0.91	0.68	2.712	0.2940	0.93
–1.3	1.88	0.0100	0.005	0.76	0.93	3.720	0.5240	0.82
–1.5	1.34	0.0103	0.008	0.75	1.82	7.280	0.7600	0.80

注：λ 是弥散性，$\lambda=D/v$，m；r^2 是相关系数。

2. 不曝气水中分配性示踪剂溶解氧的运输

图 8-5 显示不曝气水中的 DO 运输。DO 浓度大于 2mg/L 时为好氧环境，低于 0.2mg/L 时为厌氧环境，介于 0.2～2mg/L 时为兼氧环境(Pan et al., 2016)。不曝气系统中，–0.7m 的 DO 峰值为 5.0mg/L，–0.4m 的 DO 峰值为 2.1mg/L，–1.0m DO 峰值为 2.9mg/L。在没有微生物耗氧的情况下，不曝气系统中的 DO 可以到达表土下 1.0m 深度处。表土下 1.3m 和 1.5m 处的 DO 浓度保持不变，说明 DO 不能穿透整个土柱。表土下 0.4m、0.7m 和 1.0m 的 DO 浓度达到峰值的时间晚于表土下 0.4m、0.7m 和 1.0m 的溴离子浓度达到峰值的时间，即 DO 有延迟效应。

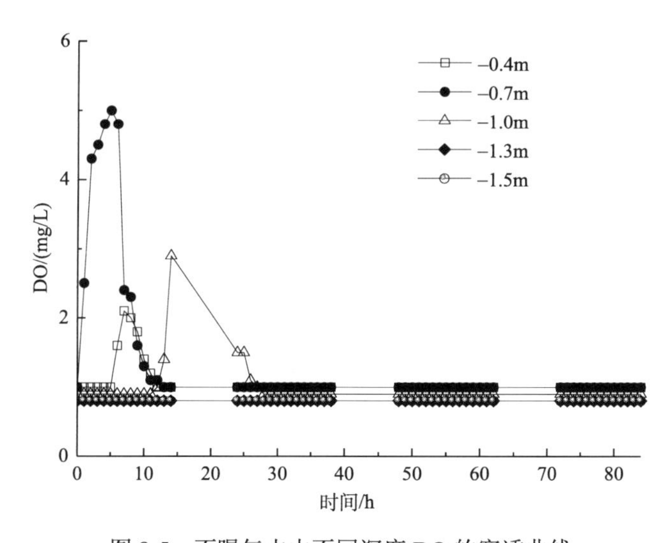

图 8-5　不曝气水中不同深度 DO 的穿透曲线

不曝气系统中 DO 穿透曲线的模拟值和相关参数如图 8-6 和表 8-5 所示。表土下 0.7m 处迟滞因子 R 为 1.5，说明 1.6%的孔隙被气体占据；表土下 1.0m 处迟

滞因子 R 为 7.8，说明 18.35%的孔隙被气体占据。表土下 0.7m 处孔隙被气体占据的比例更低，原因可能是较多污水从散水管进入 SWIS，赶走了散水管周围的气体。随着水流向下移动，水中的溶解空气逐渐从液相进入气相，导致较深的位置气体占据孔隙的比例高。气体包含进水携带空气和杀菌前微生物产生的代谢气体。气体主要集中在表土下 0.7～1.0m 处。

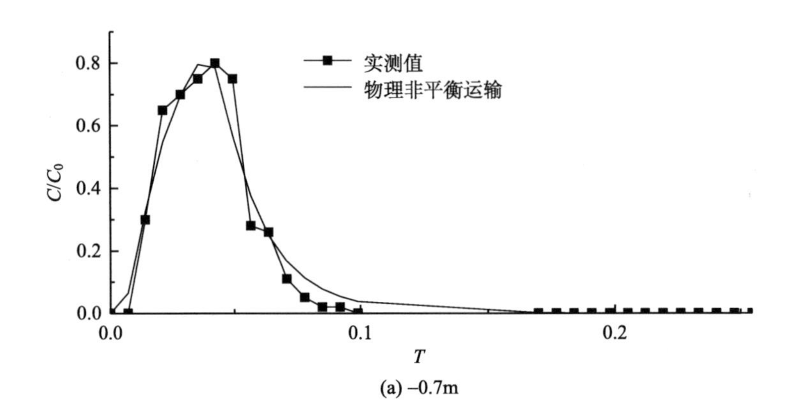

(a) –0.7m

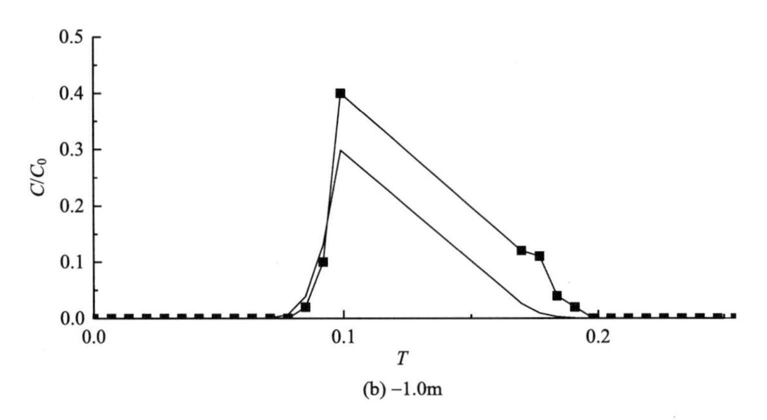

(b) –1.0m

图 8-6 不曝气水中 DO 穿透曲线的实测值和模拟值

C 和 C_0 由 DO 测量值减去表中的背景值得到；T 为无量纲时间

表 8-5 不曝气水中表土下 0.7m 和 1.0m 处 DO 穿透曲线的模型模拟参数

深度/m	R	V_g/V_w	θ_g	r^2
–0.7	1.5	0.017	0.016	0.97
–1	7.8	0.224	0.183	0.83

3. 微曝气水中分配性示踪剂溶解氧的运输

微曝气系统中 DO 穿透曲线如图 8-7 所示。微曝气系统中–0.7m 的 DO 峰值为 6.9mg/L，–0.4m 的 DO 峰值为 3.0mg/L，–1.0m 的 DO 峰值为 3.8mg/L，–1.3m 的 DO 峰值为 1.5mg/L。微曝气系统中各深度 DO 浓度峰值均高于不曝气系统。在 48～49h，表土下 1.3m 处可以检测到低浓度 DO，说明进水中 DO 越高，DO 能穿透的深度越深。

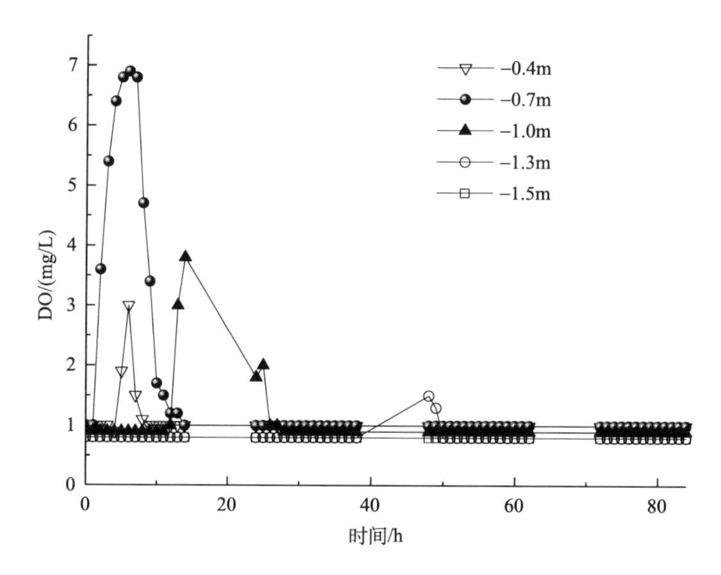

图 8-7　微曝气水中不同深度 DO 的穿透曲线

微曝气系统中 DO 穿透曲线的模拟值和相关参数如图 8-8 和表 8-6 所示。尽管表土下 1.3m 处可以检测到高于背景值的 DO 浓度，但是因数据太少，无法获得拟合曲线。迟滞因子范围为 1.4～7.9，说明 1.3%～22.8%的孔隙被气体占据。气体主要集中在表土下 0.7～1.0m 处。

表 8-6　微曝气水中表土下 0.7m 和 1.0m 处 DO 穿透曲线的模型模拟参数

深度/m	R	V_g/V_w	θ_g	r^2
–0.7	1.4	0.013	0.013	0.98
–1	7.9	0.228	0.185	0.84

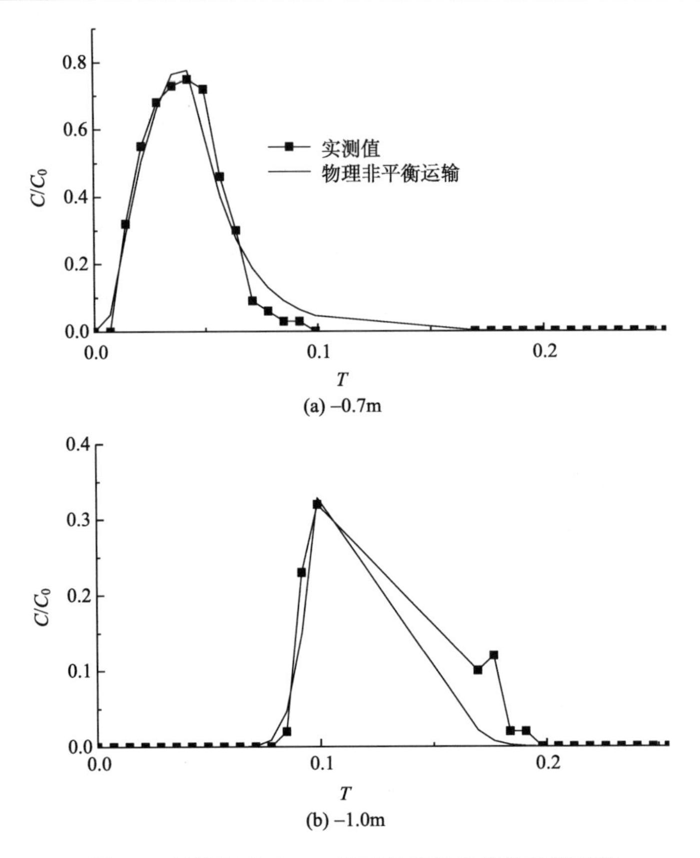

(a) –0.7m

(b) –1.0m

图 8-8　微曝气水中 DO 穿透曲线的实测值和模拟值

T 为无量纲时间

4. 强曝气水中分配性示踪剂溶解氧的运输

强曝气系统中 DO 穿透曲线如图 8-9 所示。强曝气系统中–0.7m 的 DO 峰值为 7.1mg/L，–0.4m 的 DO 峰值为 3.5mg/L，–1.0m 的 DO 峰值为 3.9mg/L，–1.3m 的 DO 峰值为 1.8mg/L。由图 8-5、图 8-7 和图 8-9 可见，不曝气、微曝气和强曝气系统的穿透曲线有相似的形状和趋势。微曝气和强曝气系统中的 DO 浓度都高于不曝气系统，说明曝气可以增加基质中的好氧区域。尽管微曝气水和强曝气水中 DO 浓度相近，但是实验中强曝气系统不同深度处测得的 DO 浓度略高于微曝气系统，这可能是因为强曝气水中气相体积含量更高。微曝气和强曝气系统均能在表土下 1.3m 处测得 DO 浓度，说明 DO 浓度越高，穿透深度越深。

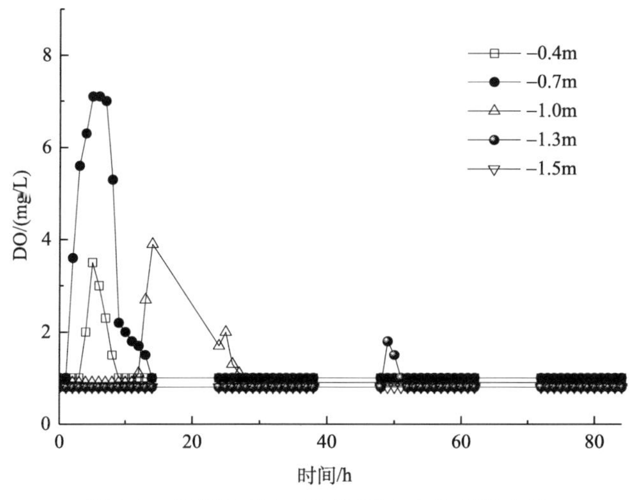

图 8-9　强曝气水中不同深度 DO 的穿透曲线

强曝气系统中 DO 穿透曲线的模拟值和相关参数如图 8-10 和表 8-7 所示。不曝气、微曝气和强曝气系统都在表土下 0.7m 处有较好的拟合结果，在表土下 1.0m

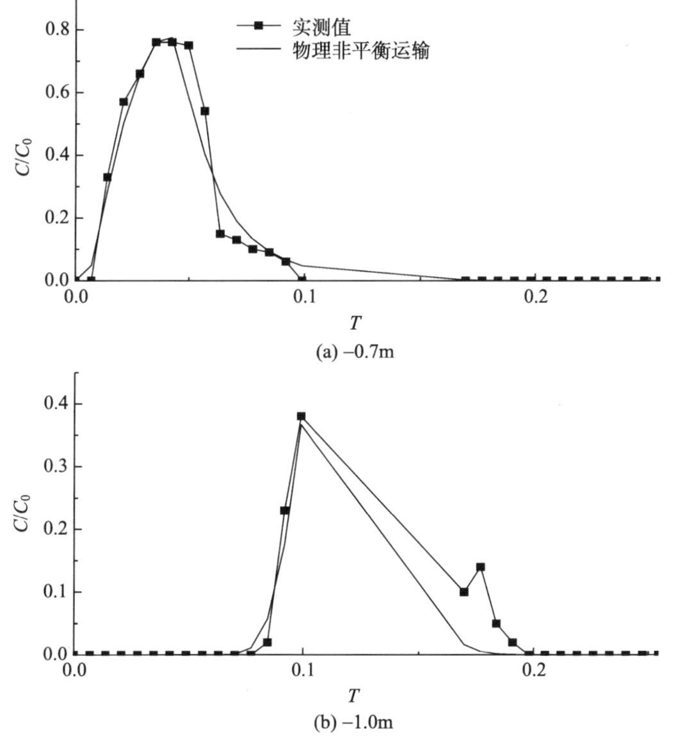

图 8-10　强曝气水中 DO 穿透曲线的实测值和模拟值

T 为无量纲时间

表 8-7　强曝气水中表土下 0.7m 和 1.0m 处 DO 穿透曲线的模型模拟参数

深度/m	R	V_g/V_w	θ_g	r^2
–0.7	1.6	0.020	0.019	0.97
–1	7.24	0.206	0.171	0.85

处有较差的拟合结果。这可能是因为表土下 0.65m 是布水区，水流在重力和毛细力作用下先上升后下降，1.0m 处 DO 浓度低，因此水流对该处 DO 运输影响较大，导致拟合效果不好。迟滞因子 R 说明 1.9%～17.1%的孔隙被气体占据。气体主要集中在表土下 0.7～1.0m 处。不曝气、微曝气和强曝气系统有相近的迟滞因子 R，这可能是因为以下两个原因：①当液相中的溶解空气(如氮气、氧气、二氧化碳和惰性气体)从液相进入气相时，气相中的气体(如氮气、氧化亚氮、甲烷和二氧化氮)也同时从气相进入液相中。气相和液相之间的气体传质达到平衡。②从液相进入气相的气体随水流流走，使得被气体占据的孔隙比例保持不变。

8.3.3　生物代谢气体氧化亚氮对气体堵塞的诱发过程

实验水力负荷为 0.09cm/d，使用干湿交替的运行方式，24h 为一个周期，其中 12h 进水，12h 落干。采用同位素示踪法，分别用一次性加入同位素和分批加入同位素的方法进行实验。其中，分批加入同位素接近实际污染物进入系统的方式。一次性加入同位素实验：系统运行稳定后，一次性在进水中加入丰度为 99%的 8g $K^{15}NO_3$ 同位素，通过蠕动泵在两小时内进入 SWIS 中，随后正常进水。定期采集气体样品、出水样品、土壤样品。测量气体样品、出水样品和土壤样品的 ^{15}N 丰度。实验时间为 4.5 个周期(108h)。出水样品采集：在每个周期的 0h、6h、12h 采集出水样品。在每个周期的 0h、0.5h、6h、6.5h、12h、12.5h 从系统上方的集气罩采集释放的气体样品。在 6h 采集前，需打开集气罩让土壤复氧 10min。在每个周期的 0h、6h、12h 使用气体分层采样器采集表土下 40cm、70cm、100cm 和 130cm 处的气体样品。土壤样品采集：在每个周期的 0h、12h 采集土壤样品。分别从表土下 40cm、70cm、100cm 和 130cm 处采集土壤样品，均匀混合，使用 KCl 溶液浸提。分批加入同位素实验：将一次性在进水中加入丰度为 99%的 8g $K^{15}NO_3$ 同位素改为将 8g $K^{15}NO_3$ 同位素平均分为 4 份，每份 2g。每天将 2g $K^{15}NO_3$ 加入进水中，4 天后正常进水，其他实验操作相同。实验时间为 8 个周期(192h)。

1. 一次性加入 ^{15}N 同位素

图 8-11 是一次性加入 $K^{15}NO_3$ 同位素后系统出水硝态氮浓度随时间的变化。出水硝态氮浓度在 60h 内较低，随后迅速升高。这可能是因为大量 $K^{15}NO_3$ 在短时

间内迅速进入 SWIS，扰乱了 SWIS 中微生物脱氮平衡，反硝化作用被抑制，$^{15}NO_3^-$ 去除效率降低。当 $K^{15}NO_3$ 迁移至出水口时，出水硝态氮浓度迅速升高。

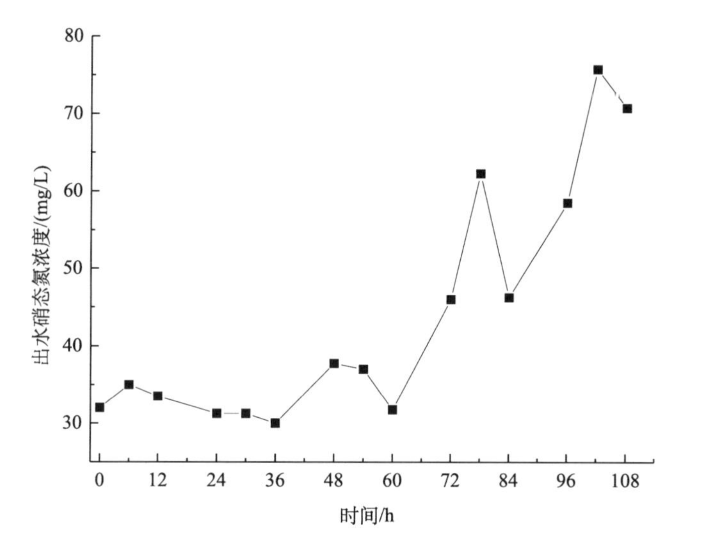

图 8-11　出水硝态氮含量随时间的变化

图 8-12 是一次性加入 $K^{15}NO_3$ 同位素后系统出水硝态氮 ^{15}N 丰度随时间的变化，出水硝态氮 ^{15}N 丰度在实验前 60h 接近自然丰度，随后迅速上升。这说明 60h 内系统排出的污水是标记前基质土壤蓄积的污水。60h 后，$K^{15}NO_3$ 开始到达出水口，导致出水硝态氮 ^{15}N 丰度迅速上升，峰值接近 60%。102h 后，出水硝态氮 ^{15}N 丰度开始下降，说明 $K^{15}NO_3$ 被排出系统，未被标记的污水开始增加。

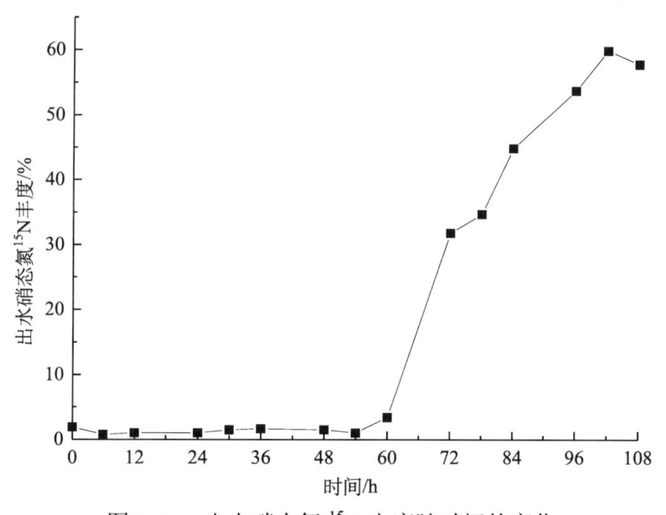

图 8-12　出水硝态氮 ^{15}N 丰度随时间的变化

图 8-13 是一次性加入 $K^{15}NO_3$ 同位素后系统基质土壤硝态氮浓度随时间的变化。加入 $K^{15}NO_3$ 同位素后，土壤硝态氮浓度在 0～20h 内增高，在 24～60h 内降低，说明 0～60h 污水中的 $K^{15}NO_3$ 是影响土壤硝态氮浓度的主要因素。60h 后 $K^{15}NO_3$ 开始被排出系统，但是土壤硝态氮浓度呈现大幅波动状态，说明 60h 后土壤硝态氮浓度可能受其他因素影响。

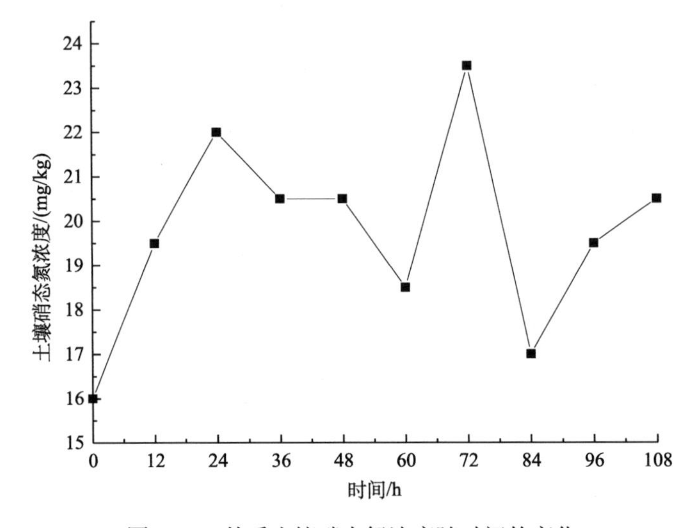

图 8-13　基质土壤硝态氮浓度随时间的变化

图 8-14 是一次性加入 $K^{15}NO_3$ 同位素后基质土壤硝态氮 ^{15}N 丰度随时间的变化。SWIS 中加入 $K^{15}NO_3$ 后，土壤硝态氮 ^{15}N 丰度呈现波动上升状态，至 72h 时

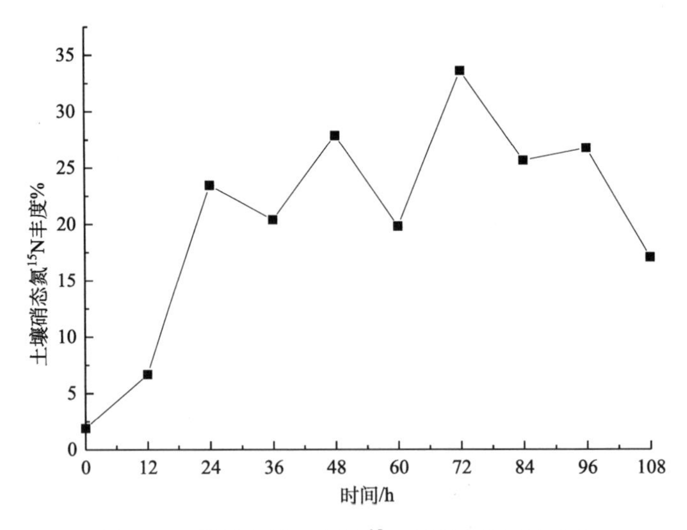

图 8-14　基质土壤硝态氮 ^{15}N 丰度随时间的变化

达到峰值，随后波动下降，这说明 $K^{15}NO_3$ 进入 SWIS 后逐渐从水中迁移至土壤中。尽管 60h 时 $K^{15}NO_3$ 开始被排出，但是留在系统内部的 $K^{15}NO_3$ 仍在持续向土壤扩散，导致土壤硝态氮 ^{15}N 丰度的峰值出现在 72h。土壤硝态氮 ^{15}N 丰度多在进水期下降，落干期升高，这是因为进水期污水稀释了 $K^{15}NO_3$ 浓度，落干期 $K^{15}NO_3$ 持续扩散，土壤硝态氮 ^{15}N 丰度升高。

SWIS 系统内部 N_2O 的 ^{15}N 丰度及 $^{15}N_2O$ 浓度如图 8-15 和图 8-16 所示。SWIS 系统内部，–70cm 处 N_2O 的 ^{15}N 丰度最先达到峰值，为 15%。随后，–40cm 和 –100cm 处 N_2O 的 ^{15}N 丰度几乎同时达到峰值，–100cm 处 N_2O 的 ^{15}N 丰度(24%)远高于–40cm 处 N_2O 的 ^{15}N 丰度(10%)，说明 N_2O 主要向系统下方迁移。–130cm 处 N_2O 的 ^{15}N 丰度随时间逐渐增加也说明 N_2O 向系统下方迁移。

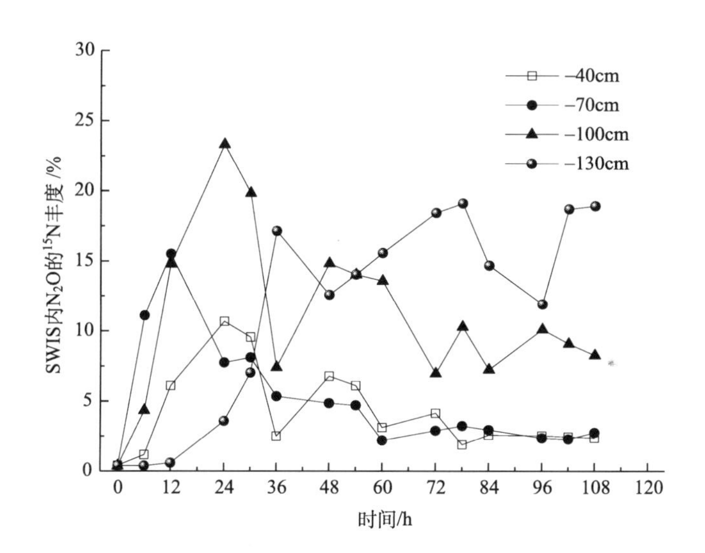

图 8-15　SWIS 内 N_2O 的 ^{15}N 丰度随时间的变化

图 8-16 显示 SWIS 内 $^{15}N_2O$ 浓度随时间的变化。在–100cm 处，24h 时 $^{15}N_2O$ 浓度达到峰值，大约为 6.6mg/m^3。–70cm 和–130cm 处 $^{15}N_2O$ 浓度在 0～3mg/m^3。–40cm 处 $^{15}N_2O$ 浓度最低，在 0～1mg/m^3。这可能是因为–40cm 距离土壤表层更近，气体容易被排出。而–130cm 接近出水口，气体易随水流流出，所以–130cm 处 $^{15}N_2O$ 浓度峰值低于–100cm 处 $^{15}N_2O$ 浓度峰值。

一次性加入 $K^{15}NO_3$ 同位素后释放的 N_2O 中 ^{15}N 丰度和 $^{15}N_2O$ 释放速率随时间的变化如图 8-17 和图 8-18 所示。释放 N_2O 中 ^{15}N 丰度在 0～36h 内迅速升高，随后迅速下降。$^{15}N_2O$ 释放速率在 0～12h 内迅速升高，随后迅速下降。$K^{15}NO_3$ 为反硝化作用提供了充足的底物，因此 12h 时 $^{15}N_2O$ 释放速率最高。36h 内，尽

管释放的 N_2O 中 ^{15}N 丰度在增加，但是系统内 $K^{15}NO_3$ 一部分被微生物消耗，一部分被水流稀释，浓度降低，所以 $^{15}N_2O$ 释放速率下降。48h 后，释放的 N_2O 中 ^{15}N 丰度和 $^{15}N_2O$ 释放速率一直处于较低水平。系统中释放的 N_2O 中 ^{15}N 丰度约为 13%，比较低，说明土壤中的氮是 N_2O 产生的限制性因素。

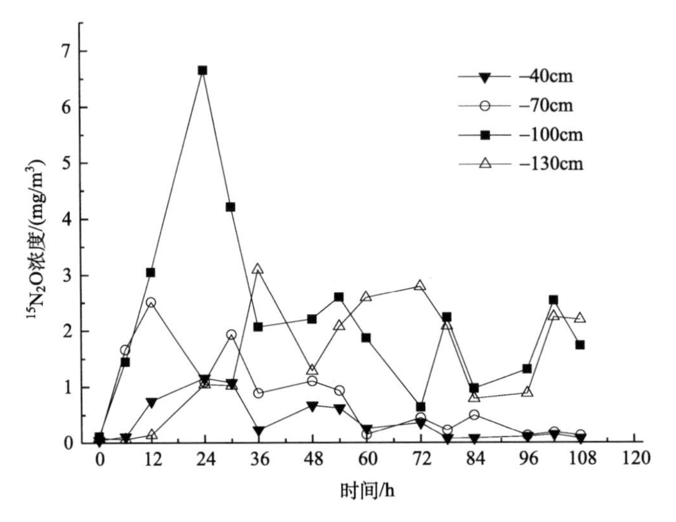

图 8-16　SWIS 内 $^{15}N_2O$ 浓度随时间的变化

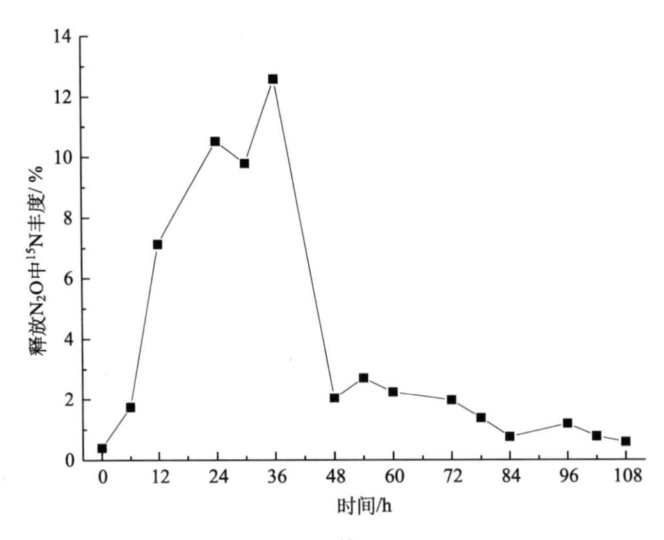

图 8-17　释放 N_2O 中 ^{15}N 丰度随时间的变化

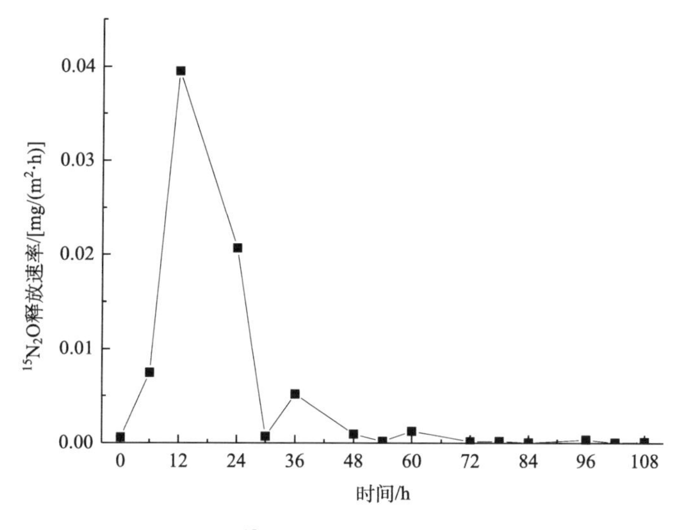

图 8-18　$^{15}N_2O$ 释放速率随时间的变化

图 8-19 计算了硝化、反硝化和共反硝化作用对总 N_2O 产生量的贡献程度。结果表明，硝化作用在 N_2O 产量中发挥主要作用。实验前期，N_2O 主要由硝化作用和反硝化作用产生，两者分别贡献约 50%的 N_2O 产量。$K^{15}NO_3$ 同位素进入系统后，扰乱了 SWIS 中微生物脱氮平衡，促进了共反硝化作用的发生。反硝化作用和共反硝化作用不会同时出现，而是交替发生。随着实验进行，硝化作用逐渐占据主导地位。

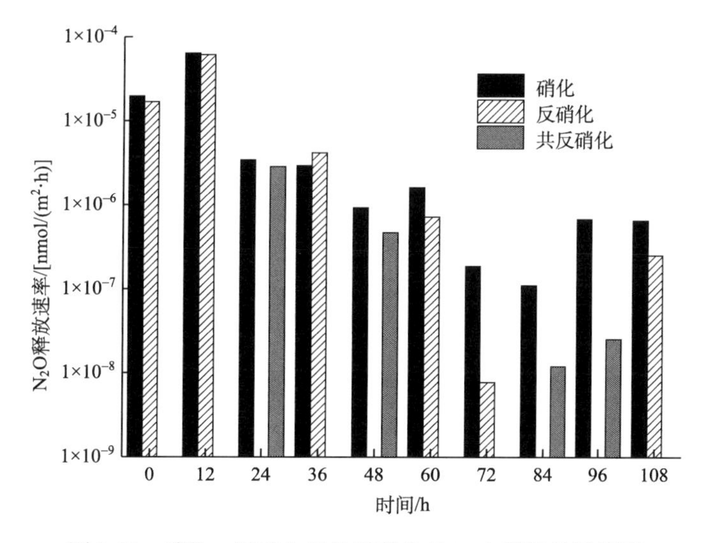

图 8-19　硝化、反硝化和共反硝化对 N_2O 释放的贡献度

2. 分批加入 ^{15}N 同位素

图 8-20 是分批加入 $K^{15}NO_3$ 同位素后系统出水硝态氮浓度随时间的变化。不考虑 102h 和 108h，出水硝态氮浓度从 $K^{15}NO_3$ 被加入后就持续升高。与一次性加入相比，分批加入的出水硝态氮浓度更早开始升高，且升高速率较为平缓。实验结束时的，分批加入的出水硝态氮浓度低于一次性加入。这说明分批加入时，$K^{15}NO_3$ 对微生物脱氮平衡的扰动较少，微生物与 $K^{15}NO_3$ 的接触时间更长，硝态氮去除效率高。

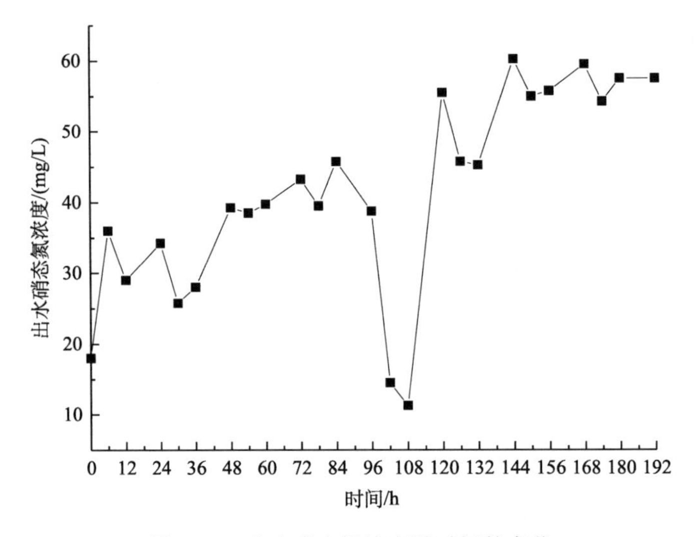

图 8-20　出水硝态氮浓度随时间的变化

图 8-21 是分批加入 $K^{15}NO_3$ 同位素后系统出水硝态氮 ^{15}N 丰度随时间的变化。出水硝态氮 ^{15}N 丰度在 48h 内接近自然丰度，这一时段内系统排出的污水是标记前基质土壤蓄积的污水。随后出水硝态氮 ^{15}N 丰度持续上升，$K^{15}NO_3$ 逐渐被排出系统。出水硝态氮 ^{15}N 丰度峰值在 180h 达到 35%后有所下降。

图 8-22 是分批加入 $K^{15}NO_3$ 后基质土壤硝态氮浓度随时间的变化。加入 $K^{15}NO_3$ 后，土壤硝态氮浓度呈现波动的先上升后下降的规律。0～96h 内，土壤硝态氮浓度在进水期下降，落干期上升，说明进水会稀释土壤硝态氮浓度。土壤硝态氮浓度在 132h 达到峰值，说明 96h 停止加入 $K^{15}NO_3$ 后，留存在 SWIS 内的 $K^{15}NO_3$ 持续向四周扩散，增加了土壤硝态氮浓度。

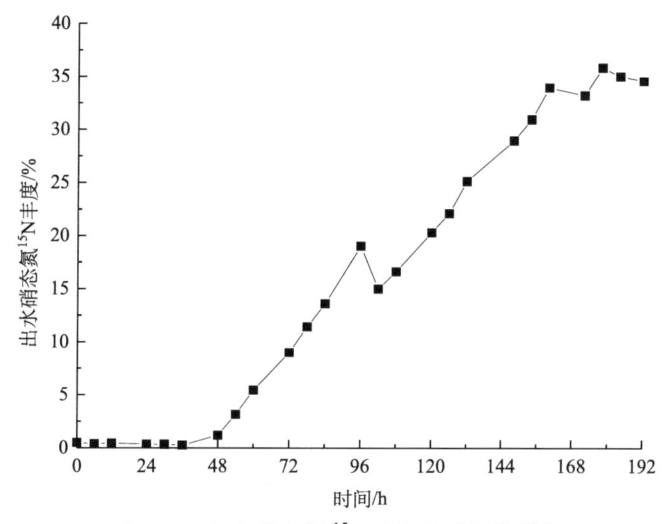

图 8-21　出水硝态氮 ^{15}N 丰度随时间的变化

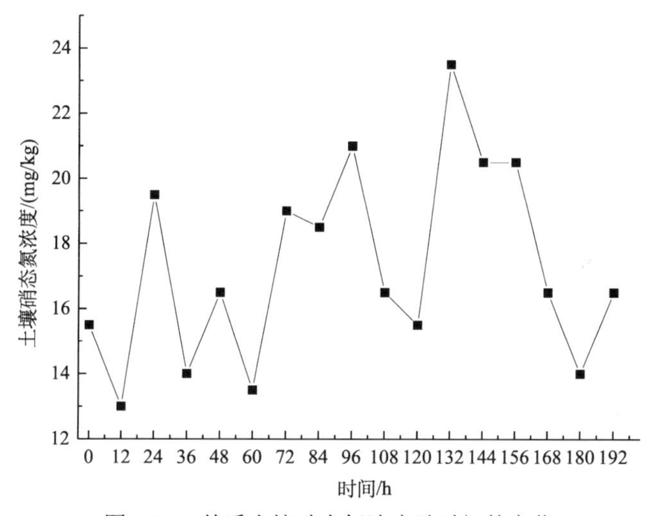

图 8-22　基质土壤硝态氮浓度随时间的变化

图 8-23 是分批加入 $K^{15}NO_3$ 后基质土壤硝态氮 ^{15}N 丰度随时间的变化。0～96h 内，尽管土壤硝态氮浓度波动剧烈，但土壤硝态氮 ^{15}N 丰度持续上升，至 96h 达到峰值 27%。96h 停止加入 $K^{15}NO_3$ 后，土壤硝态氮 ^{15}N 丰度迅速下降。

SWIS 系统内部 N_2O 的 ^{15}N 丰度及 $^{15}N_2O$ 浓度如图 8-24 和图 8-25 所示。图 8-24 中，分批加入的系统中 N_2O 的 ^{15}N 丰度在–70cm 处，30h 时达到峰值，为 48%，高于一次性加入(24%)。–40cm、–70cm、–100cm 几乎同时达到峰值丰度，这说明分批加入延迟了–70cm 达到峰值丰度的时间。–130cm 处 N_2O 的 ^{15}N 丰度先逐渐升高，说明 N_2O 向系统下方迁移。

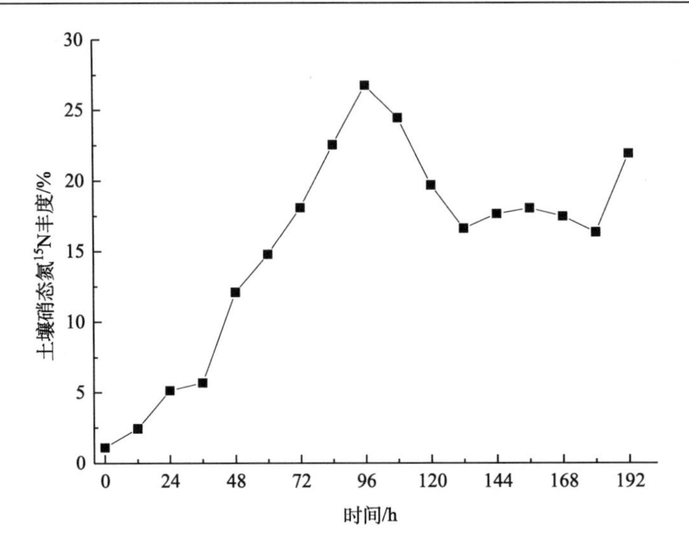

图 8-23　基质土壤硝态氮 ^{15}N 丰度随时间的变化

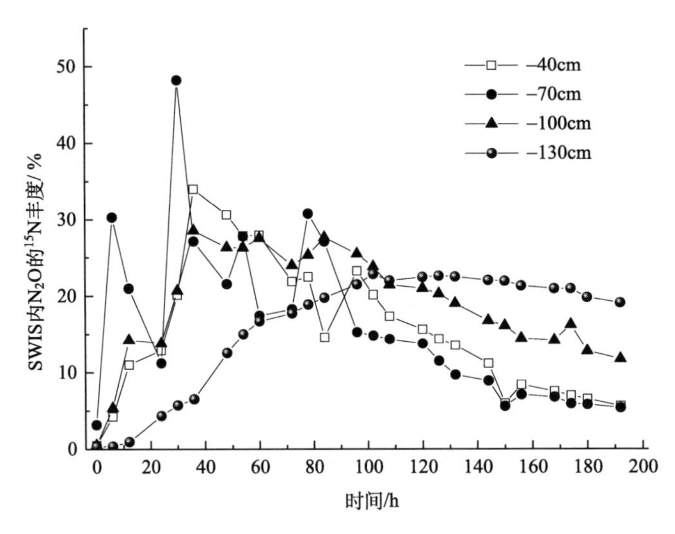

图 8-24　SWIS 内 N_2O 的 ^{15}N 丰度随时间的变化

由图 8-25 可见，−40cm、−100cm 和−130cm 的 $^{15}N_2O$ 浓度均呈现先增加后下降的趋势，均在 96h 左右达到峰值，说明分批加入 $K^{15}NO_3$ 会促进 $^{15}N_2O$ 产生。−100cm 处 $^{15}N_2O$ 浓度峰值最高(16mg/m^3)，其次是−130cm(10mg/m^3)，最后是−40cm(4mg/m^3)，而−70cm 处 $^{15}N_2O$ 浓度在 30h 时达到峰值(9mg/m^3)，随后下降，之后在 96h 左右再次升高。

分批加入 $K^{15}NO_3$ 同位素后释放的 N_2O 中 ^{15}N 丰度和 $^{15}N_2O$ 释放速率随时间的变化如图 8-26 和图 8-27 所示。释放的 N_2O 中 ^{15}N 丰度先增加，后下降。系统

中释放的 N_2O 中 ^{15}N 丰度峰值在 84h 达到，约为 17%，比较低，说明土壤中的氮是 N_2O 产生的限制性因素。96h 内，$^{15}N_2O$ 释放速率呈现锯齿状，这是因为 SWIS 中每天加入 $K^{15}NO_3$；96h 后，SWIS 停止加入 $K^{15}NO_3$，$^{15}N_2O$ 释放速率迅速下降。

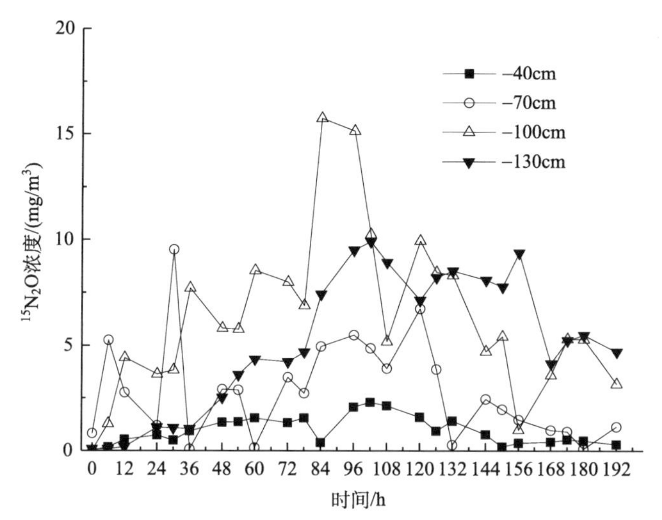

图 8-25　SWIS 内 $^{15}N_2O$ 浓度随时间的变化

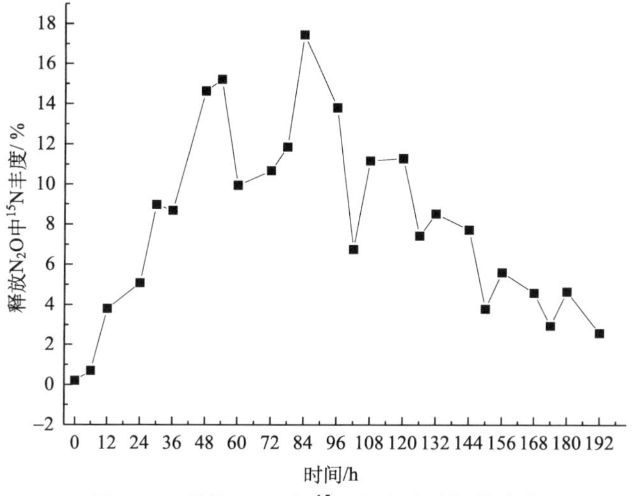

图 8-26　释放 N_2O 中 ^{15}N 丰度随时间的变化

图 8-28 计算了硝化、反硝化和共反硝化作用对总 N_2O 产生量的贡献程度。实验开始时，N_2O 由硝化和反硝化作用产生，两者分别贡献约 50%。分批加入 $K^{15}NO_3$ 同位素后，共反硝化占据主要作用。12～72h 内，除 48h，N_2O 均由共反硝化作用产生。84h 后，硝化作用持续出现，占据主要作用。96h 后，SWIS 中不再加入 $K^{15}NO_3$，反硝化作用出现较多。反硝化和共反硝化作用不会同时出现。

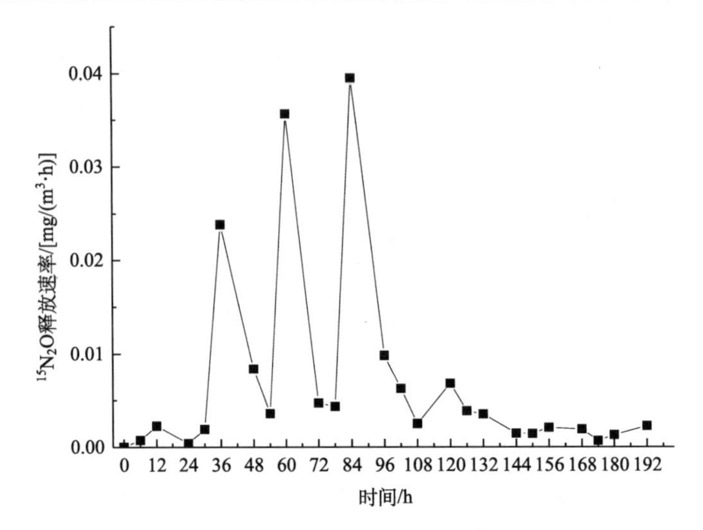

图 8-27　$^{15}N_2O$ 释放速率随时间的变化

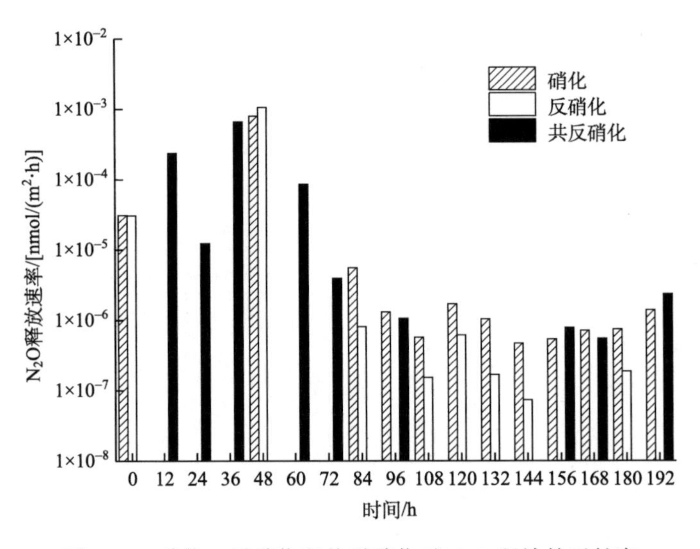

图 8-28　硝化、反硝化和共反硝化对 N_2O 释放的贡献度

8.4　小　　结

(1) 气体堵塞用渗透系数表征。曝气量与−130～−100cm、−40～−10cm 的渗透系数有较强的正相关关系，与−100～−70cm 的渗透系数有较强的负相关关系，与−70～−40cm 的渗透系数相关性不显著。曝气主要降低了−100～−70cm 深度处的渗透系数，该深度处可能出现气体堵塞现象。

(2)曝气降低了–100cm、–40cm 处的体积含水率，增加了–70cm 处的体积含水率，对–10cm 处的体积含水率几乎没有影响。曝气导致–100cm 体积含水率降低，即–100cm 体积含气量增加，该深度处进水携带空气和生物代谢气体积累可能是导致–100～–70cm 的渗透系数下降的原因。

(3)通过曝气的方式增加 DO 浓度，DO 穿透曲线定性描述了进水携带氧气的运输过程。不曝气水中的 DO 可达表土下 1.0m，微曝气水和强曝气水的 DO 可达表土下 1.3m，均不能通过整个土柱(1.5m)。CXTFIT 中的物理非平衡模型适用于溶解氧的运输。CXTFIT 模拟结果表明，曝气程度不同，迟滞因子 R 值相近，孔隙空间被气体占据的比例相近，为 2%～20%。

(4)土壤中的氮含量是 N_2O 释放速率的限制性因素。系统内部 N_2O 有向下迁移的趋势。SWIS 系统释放的 N_2O 由硝化、反硝化和共反硝化作用产生。硝化作用、反硝化作用和共反硝化作用分别在不同阶段发生作用。未加入 $K^{15}NO_3$ 时，N_2O 由硝化作用和反硝化作用产生，两者分别贡献约 50%。加入 $K^{15}NO_3$ 后，大量外来碳源影响了系统中的微生物脱氮过程，促进了共反硝化作用产生 N_2O。停止加入 $K^{15}NO_3$ 后，硝化作用持续存在，反硝化作用和共反硝化作用交替出现。反硝化作用和共反硝化作用不会同时存在。

(5)曝气主要降低了–100～–70cm 深度处的渗透系数，该深度处可能出现气体堵塞现象。导致气体堵塞的气体包括进水携带空气和生物代谢气体。利用气体分配示踪方法研究进水携带空气对气体堵塞的诱发过程，结果表明，系统中部 2%～20%的孔隙空间被气体占据，会诱发气体堵塞现象。利用同位素实验研究 N_2O 对气体堵塞的诱发过程，结果表明，硝化作用产生的 N_2O 存在向下层迁移的趋势，汇集反硝化作用产生的 N_2O，从而存在系统中下部气体堵塞的生态风险，硝化作用是导致 N_2O 堵塞系统的主要气体产生途径。

第 9 章　污水地下渗滤系统的工程应用

9.1　工 程 概 述

9.1.1　工程选址

SWIS 脱氮技术的示范工程建在辽宁省沈阳市沈阳大学望花南街-联合路校区，如图 9-1 和图 9-2 所示。

图 9-1 工程地址

图 9-2　地下渗滤区原貌

地下渗滤处理区面积 3000m^2，土质为草甸棕壤，其基本理化性质见表 9-1。

表 9-1　土壤的理化性质

指标	pH	有机质/%	孔隙度/%	渗透性/(cm/s)	Ca^{2+}/%	TN/%
平均值	6.9	3.63	51.5	9.2×10^{-5}	1.5	0.220

9.1.2　水质、水量及回用标准

工程负责处理办公综合楼及学生宿舍楼生活污水，服务人口 3000 人，处理规模 300m^3/d。时变化系数为 1.2，设计最大处理水量约 15m^3/h。原水和预处理出水的水质见表 9-2。

表 9-2　水质指标　（单位：mg/L）

指标	COD	BOD_5	NH_4^+-N	TN	TP
原水均值	320	220	37.5	42.5	3.5
预处理出水	130	69	19	23.2	2

处理后的出水用于补充学校景观湖水，因此出水水质按照《城市污水再生利用景观环境用水水质》(GB/T 18921—2002) 标准执行，如表 9-3 所示。

表 9-3　出水水质指标　（单位：mg/L）

指标	COD	BOD_5	NH_4^+-N	TN	TP
《城市污水再生利用景观环境用水水质》(GB/T 18921—2002)	—	6	5	15	0.5

注：表中“—”表示对此项无要求。

9.2　工艺特征及脱氮设计

9.2.1　污水处理工艺流程

本工程设计的工艺流程示意图和解剖图如图 9-3 和图 9-4 所示。污水经格栅、调节池、接触氧化池和斜板沉淀池处理后，进入配水井。经配水井、第一分配槽和第二分配槽进行水量平衡及分配，以保证 SWIS 布水的均匀性。分配槽的设置：预处理出水由配水井分配至 2 座第一分配槽，每座第一分配槽负责 4 座第二分配槽的水量平衡；每座第二分配槽负责一个有 7 根布水管的独立的渗滤单元的水量

分配与平衡；本设计共设配水井 1 座，第一分配槽 2 座，第二分配槽 8 座。

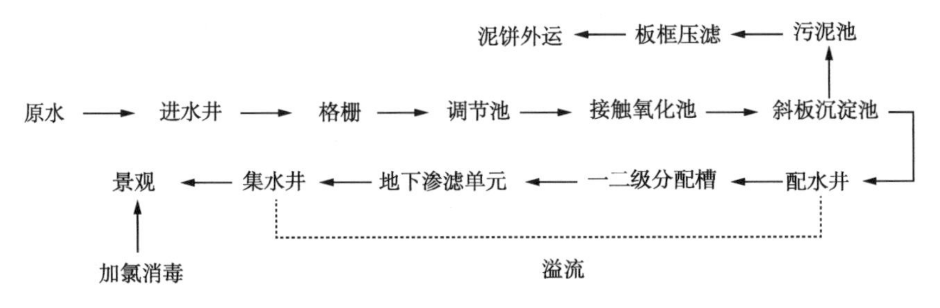

图 9-3　工艺流程示意图

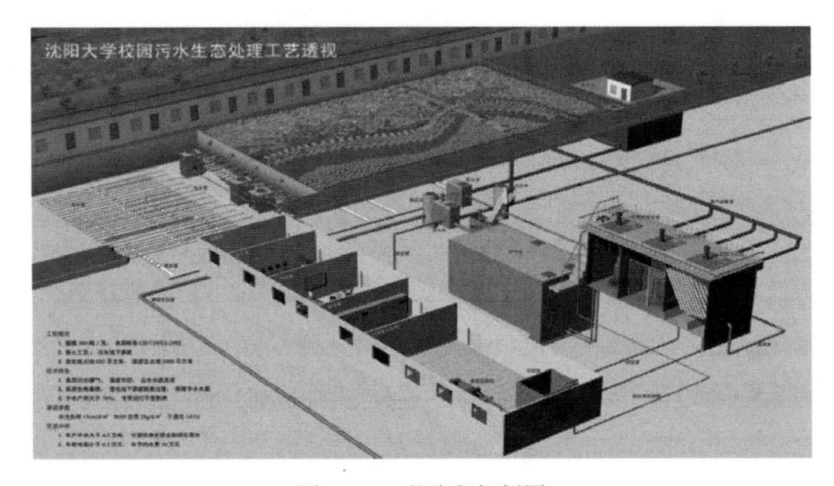

图 9-4　工艺流程解剖图

预处理场地面积为 856.8m^2，包括进水井、格栅井、调节池、接触氧化池、斜板沉淀池、污泥处理间、控制室、化验室、办公区、配电室等。预处理系统中，格栅、调节池设置在地下，格栅、除臭和二氧化氯发生装置同置于设备间内。预处理出水自流至地下渗滤处理模块，处理后出水消毒后存于储水池，供景观和绿化用。预处理系统全置于封闭厂房内，土地处理系统为地下隐蔽工程结构，表面为绿化，对周围环境无影响。预处理削减 90%的 SS，75%的 COD，85%的 BOD，其他污染组分削减 60%。

原污水经排水管道自流进进水井，进水井设两道阀门，一道控制污水进入中水处理系统，一道控制事故或检修时排放。污水自进水井自流至格栅间，去除较大的固体悬浮物，栅渣定期清除外运。格栅间建在设备间内，内设除臭引风管。污水从格栅间自流至调节池，内设除臭引风管和潜水搅拌器。调节池进水与出水口分设于池的对角线上，保证水流路线最长，其作用是调节污水的水量和水质，保证后续工艺运行的稳定性。调节池内设污水提升泵，将污水提升至接触氧化池。

污水自调节池提升至接触氧化池，内设除臭引风管。接触氧化池设计为两级，一级为球形载体，二级为立体弹性载体串联形式。其作用是通过适当充氧曝气，强化预处理效果，保证其出水水质满足土地处理系统的进水后要求，维持土地处理系统长期稳定运行。接触氧化池底设置放空管。接触氧化池出水自流进入斜板沉淀池。污泥自底部泥斗排出，自流进入污泥井，上清液自流进入土地渗滤系统。污泥井内设污泥回流泵，将污泥回流至接触氧化池。剩余污泥脱水后外运或利用，脱水机房内设除臭引风管。

SWIS 分 8 个子单元，每个子单元面积为 15m×20m=300m^2。SWIS 平面布置如图 9-5 和图 9-6 所示。

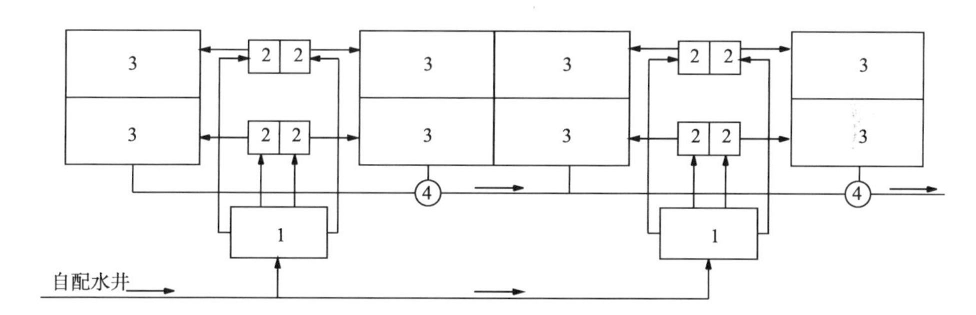

图 9-5　SWIS 平面布置示意图

1. 第一分配槽；2. 第二分配槽；3. SWIS；4. 集水井

图 9-6　SWIS 平面图

预处理出水靠重力自流作用流入一、二级分配槽的布水管中(图 9-7)，每根布水管承托两根散水管。污水通过沟内土壤的毛管浸润作用，呈非饱和流状态缓慢地扩散入周围土壤。散水管周围的土壤由 2.3.1 节的生物基质组成，具有良好的毛管浸润性能、通气透水性和有机质含量。SWIS 采用中间布水的方式进水，以加强布水的均匀性。渗滤出水通过系统底部的集水管排出。整个系统深 2m，散水管埋深 0.8m。布水管、散水管和集水管的布置示意图如图 9-8 和图 9-9 所示。

图 9-7　一、二级分配槽

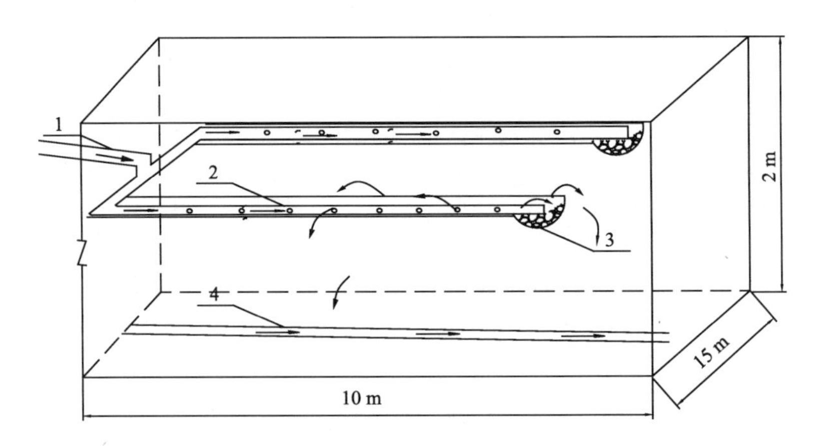

图 9-8　SWIS 单元剖面侧视图

1. 布水管；2. 散水管；3. 不透水皿；4. 集水管

图 9-9　SWIS 单元剖面正视图

9.2.2　系统脱氮设计

1. 基质组配

将含水率 50%左右的活性污泥粉碎后过 16 目筛，与 Φ2～5mm 的炉渣和草甸棕壤按 1∶8∶11 体积比混合均匀，制成生物基质填充到散水管周围，如图 9-10 和图 9-11 所示。

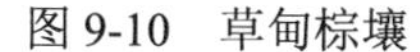

图 9-10　草甸棕壤　　图 9-11　生物基质

散水管以上区域填充孔隙度较大且具有良好氨态氮吸附性能和渗透性的粗砂及生物基质，散水管以下区域填充生物基质和草甸棕壤。综上，地下渗滤系统的基质层配置从上至下依次为：0.6m 粗砂+草甸棕壤层(粗砂∶草甸棕壤=3∶7，体积比，下同)、0.7m 生物基质层(5%活性污泥 + 55%草甸棕壤 + 40%炉渣)、0.5m 细砂+草甸棕壤层(细砂∶草甸棕壤=3∶7)和 0.2m 卵石层(Φ10～20mm)。基质层剖面结构和铺设过程如图 9-12 和图 9-13 所示。

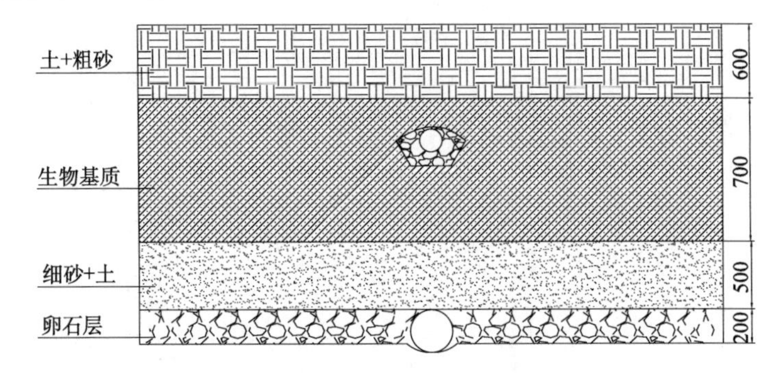

图 9-12　SWIS 铺设设计剖面示意图(单位：mm)

图 9-13　组配及铺设基质

2. 运行调控

以上章节的研究结果表明：干湿交替的运行方式可有效改善土壤的通气状况，提高系统 ORP，恢复上层的好氧环境。同时，该运行方式可控性强，是工程应用较多的强化系统脱氮的操作方法。

本工程设计启动期采用 1∶3 的湿干比，可加快系统脱氮微生物系统形成和稳定，快速建立不同基质层深度的厌氧-好氧区域，强化脱氮的 ORP 环境。稳定运行期，采用 1∶1 的湿干比设计，一个干湿周期为 2d，8 个子单元采用 4 进水 4 落干的轮作方式，提高处理效率。同时，调控预处理与 SWIS 的污染负荷分配(图 9-14)，SWIS 进水 BOD 负荷不超过 12.0g/(m^2·d)。基于硝化及反硝化的动力学方程，出水水质在达到 GB/T 18921—2002 标准的基础上，应适当缩短水力停留时间，计算出允许的最高表面水力负荷为 0.10m^3/(m^2·d)。

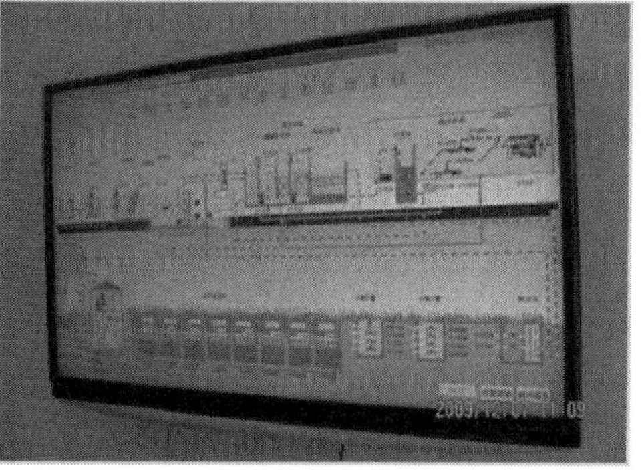

图 9-14　运行控制单元

3. 通风

在布水过程中，散水管以下区域土壤基本处于半饱和状态，此时基质层中的溶解氧被迅速消耗且未得到及时补充，下部基质层处于厌氧状态。一次布水完成后，布水管转化为通风管，利用鼓风设备(LIEFTECN 9820 系列充氧泵，功率 56～58W，通风量 60～80L/min)，通过通风管向系统补充氧气，使得土层中的 ORP 大幅提升，从而促进附着在介质表面的微生物膜对氧的吸收和利用，同时也有利于空气中的氧向介质中的孔角毛细水扩散(图 9-15)。充足的含氧量保证了基质层中好氧微生物的活性，为强化氮的硝化作用提供了良好的物理环境。通过在 SWIS 子单元不同深度处设置氧化还原电位计，监测系统 ORP 的变化情况，通风时间为 15～20min/次。通气前后渗滤沟内不同埋深处 ORP 的对比情况见表 9-4。

图 9-15　铺设通风管

表 9-4　ORP 对比结果　　(单位：mV)

埋深/cm	通气前 ORP	通气后 ORP
25	301	324
45	223	290
75	–55	177

由表 9-4 可以看出，通气前系统内的 ORP 值较低，特别是埋深 75cm 深度(靠近散水管)，说明此处微生物降解有机物活动强烈，导致土壤呈现较为强烈的还原状态；25cm 埋深处的 ORP 值较高，分析与地表气流及植物根系的输氧作用有关。通气后各土层深度的 ORP 值较通气前均有所增加，说明通气后土壤(尤其是散水管以上区域)的氧化环境得到了很好的改善。

9.3　工 程 启 动

SWIS 启动周期的判断原则为综合考虑主要污染物各自的启动周期，以其中最长的作为系统启动周期。系统于 2009 年 10 月 21 日调试完毕，2010 年 3 月启动运行[表面水力负荷 $0.10m^3/(m^2 \cdot d)$；湿干比 1∶3；一次布水周期后，通风 900～1600L/次]，以氨态氮和总氮去除效果为标准，考察了系统的启动周期情况，如图 9-16 和图 9-17 所示。

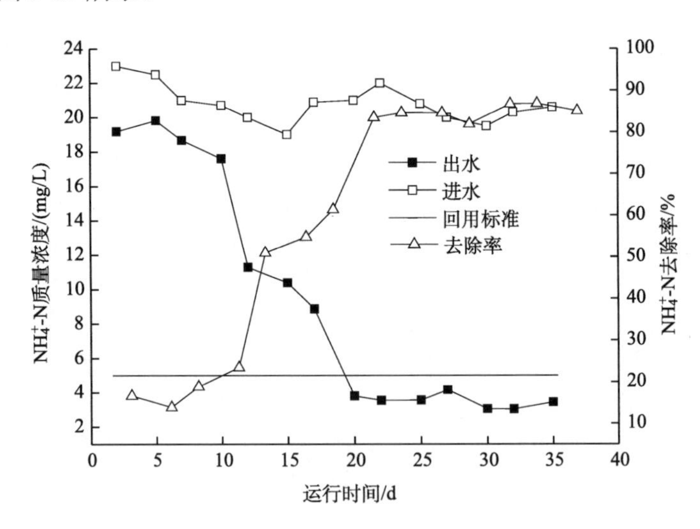

图 9-16　氨态氮去除效果随时间的变化

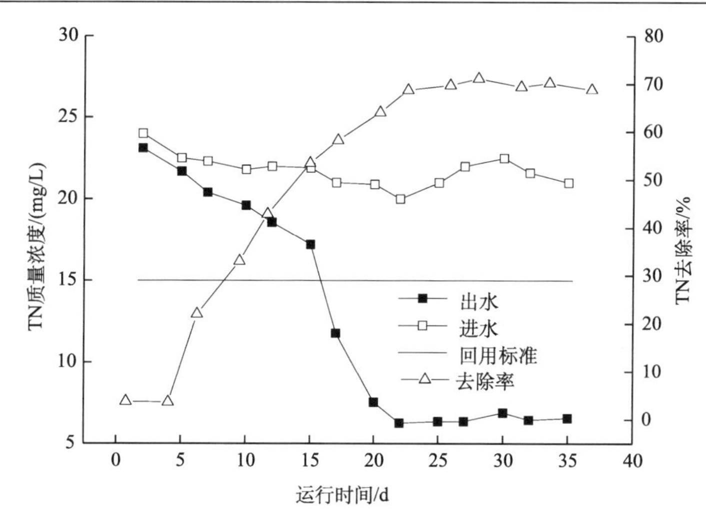

图 9-17　总氮去除效果随时间的变化

由于采用了合理的基质组配和运行调控方法，系统运行了 20d 即结束了启动期，较以往报道的启动周期缩短 15～20d。由图 9-16 和图 9-17 可见，原水氨态氮的平均值为 21.2mg/L，总氮的平均值为 23.2mg/L，20d 后出水中氨态氮平均浓度为 3.1mg/L，总氮为 6.8mg/L，均低于《城市污水再生利用景观环境用水水质》(GB/T 18921—2002) 标准，去除率分别为 86.2%和 68.8%。

系统氮污染物去除率在启动初期较低，10d 后呈上升趋势。相对总氮去除率的平稳上升，氨态氮的去除率在启动 15～18d 有波动，上升较缓。分析此时基质层吸附的氨态氮离子未来得及被微生物氧化，局部出现吸附暂饱和现象，导致氨态氮的去除率趋缓。接着，被吸附的氨态氮在氨化细菌的作用下被氧化，使得土壤胶体粒子恢复了对氨态氮的吸附能力，因此，氨态氮的去除率升高直至稳定。在地下渗滤单元中，宏观上存在好氧表土层、缺氧或厌氧的底土层；微观上在土壤团粒上存在表面好氧、内部厌氧的微结构，以及由根际圈效应引起的根系周围的好氧-厌氧微结构(秦志伟和洪剑明, 2006)。由于上述复杂的环境，SWIS 中的硝化-反硝化情况复杂，往往出现供氧不足或是底层土壤中发生反硝化时碳源不足的情况，分别影响硝化和反硝化过程的进行。当供氧不足时，在系统的好氧性环境中有机碳优先于氨态氮被降解，氨态氮随着水流进入系统下层，由于下层以厌氧环境为主，所以很难硝化脱除(Shinya et al., 2007)。由于尼米槽中截留了大部分有机碳源，导致反硝化碳源不足，从而影响系统的脱氮效果。针对以上脱氮过程及可能存在的制约性因素，强化脱氮 SWIS 工程中采取了相应的措施。在散水管周围铺设了孔隙度为 56.8%的生物基质，强化了硝化区域的氧气传输能力；5.99%的有机质含量，可充分补充反硝化碳源。同时，生物基质具有较高的氨态氮吸附能力（1g 生物基质最多可吸附 0.724mg 氨态氮），4.2mg/(kg·h) 的硝化能力和 2.9mg/(kg·h) 反硝化能力适宜脱氮细菌的生长。由于组配了利于脱氮微生物附着生长的生物基质，采用了适宜的运行调控方法，SWIS 示范工程启动迅速。

9.4　工程运行效果

9.4.1　污染物去除率

SWIS 作为一种基于生态学原理的污水处理技术，对污染物的去除主要依靠微生物作用。温度对生物活性和污水的处理效果影响较大。因此，考察强化脱氮 SWIS 在 4～10 月份对污染物的去除情况，如图 9-18 所示［实验条件：表面水力负荷 $0.10m^3/(m^2·d)$；湿干比 1∶1；一次布水周期后，通风 900～1600 L/次］。

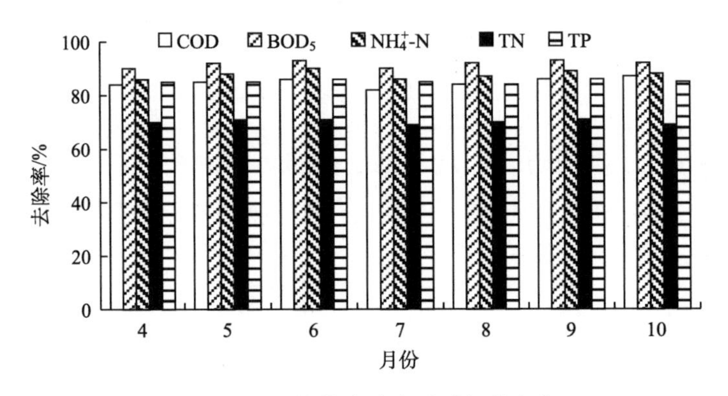

图 9-18　污染物去除率随时间的变化

4 月温度较低时，微生物、植物活性受到抑制，温度和季节对地下渗滤系统运行效果有影响，但由于人工土层有一定的保温作用，系统仍保有一定的微生物种群数、菌落量，能对污染物进行有效的降解。从取样分析结果看，地下渗滤系统对冬季的低温有一定的容忍度。5～6 月随着温度回升，微生物的活动越来越活跃，系统对 NH_4^+-N 和 TN 的处理效率也相应提高。7～9 月，由于生活污水量增加，污染物浓度相对降低，系统的水力负荷增大，处理效果有所下降。总体来说，SWIS 对污水水质净化作用显著(图 9-19)。4～10 月 SWIS 对 NH_4^+-N、TN、COD、BOD_5和 TP 的平均去除率分别为 87.7%、70.1%、84.8%、91.7%和 85.1%，出水各项指标浓度分别为 2.3mg/L、6.9mg/L、19.7mg/L、5.7mg/L 和 0.3mg/L，达到了《城市污水再生利用景观环境用水水质》（GB/T 18921—2002）标准。

图 9-19　进出水水质对比

9.4.2　进出水氮组成

生活污水中的氮主要以有机氮(占总氮 15%～25%)和氨态氮(占总氮 75%～85%)的形式存在。微生物作用是系统脱氮的主要途径，为了进一步了解脱氮生物学过程，对系统进出水的氮组成进行了分析，如图 9-20 所示。

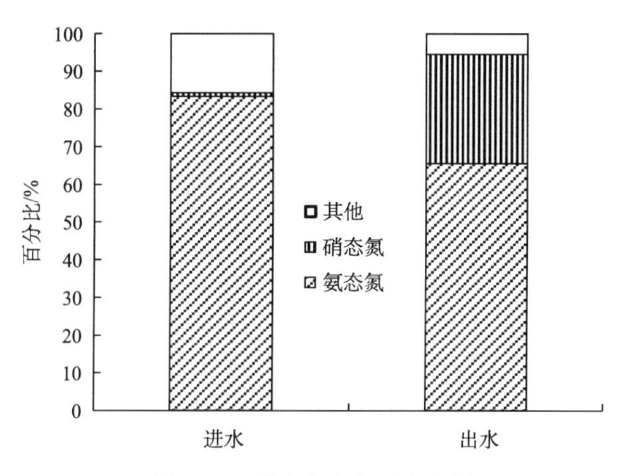

图 9-20　进出水中氮形态分析

由图 9-20 可见，进水中总氮以 NH_4^+-N 为主，占 83.3%，含量为 18.5～22.6mg/L，NO_3^--N 只占 1%，含量为 0.2～0.3mg/L。相比之下，出水中 NO_3^--N 含量有了较大幅度的提高，占 29%，含量为 2.0～2.5mg/L，而 NH_4^+-N 占比降到了 65.6%，2.3～4.5mg/L。以上结果表明，SWIS 中，硝化反应进行顺利，$NH^+{}_4$-N 脱除效率高。NO_3^--N 浓度虽有所升高，但从 9.4.1 节的 TN 去除率可见，系统反硝化过程运行良好。

9.4.3　脱氮环境

微生物硝化-反硝化反应的发生与土壤的氧化还原环境有关(陈俊敏, 2008)。通常，硝化反应需在好氧条件下进行，而当有机物质存在时，仅当厌氧条件下才能发生反硝化反应(氧化还原电位 350～100mV)。因此，基质的氧化还原性质是影响硝化-反硝化进行的重要因素。在垂直两个散水管中间位置预埋铂电极，测定不同深度的 ORP，结果见表 9-5。

表 9-5　ORP 测定结果

深度/cm	ORP/mV
20	337
40	301
60	160
80	86
100	–163

由表 9-5 可见，20～40cm 区域 ORP 高，呈现较强烈的好氧状态，分析与地表和植物根系的输氧作用有关。80cm 深度的 ORP 下降快，分析是由于此处靠近散水管，微生物活动强烈，有机物降解过程大量耗氧，导致氧化还原电位低。100cm 处 ORP 为负值，土壤呈较强烈的还原状态。从 ORP 的垂直分布情况看，系统中氧化还原电位分布合理，形成了稳定的氧化、还原环境分区，有利于硝化-反硝化反应的进行。

9.4.4　进出水 pH 变化

由于生物基质中添加了炉渣等，为了考察基质材料是否会对系统出水的 pH 产生影响，对运行期间系统进出水的 pH 进行监测，结果如表 9-6 所示。

表 9-6　进出水 pH

阶段	时间段						
	2010.04	2010.05	2010.06	2010.07	2010.08	2010.09	2010.10
进水	7.5	7.2	7.3	6.9	6.8	7.2	7.5
出水	7.0	6.9	7.2	7.1	7.2	7.1	7.3

由表 9-6 可知，进水 pH 平均值为 7.2，出水 pH 平均值为 7.1，且在系统运行期间，各阶段出水的 pH 变化不大。由于土壤本身是一个良好的 pH 缓冲系统，且生活污水对 pH 的变化也存在一定的缓冲能力。因此，生物基质的加入不会引起出水 pH 的大幅波动。

此外，示范工程具有良好的生态服务功能，增加了校园绿化面积，较好地改善了校园环境(图 9-21)。示范工程出水满足《城市污水再生利用景观环境用水水质》(GB/T 18921—2002)标准，作为校园景观湖的补充水源，每年为学校节省近三十万元排污费和绿化用水费用。

图 9-21　示范工程实景照片

9.4.5　处理成本核算

工程的处理成本可根据系统的使用寿命和基建成本、运行成本等核算。一般来说，处理成本可通过式(9-1)计算：

$$E = k \times (C \times F + M - P - R)/(A \times W) \tag{9-1}$$

式中，E 为系统的吨水处理成本；k 为系数，如自然灾害等不可预计的因素对系统的影响，一般取 1；C 为处理吨水的基建成本；F 为设计水量；M 为管理费用、维护费用等运行总费用；P 为在系统使用年限内处理场地所生产的经济作物的总价值；R 为处理场地在达到使用年限后改为其他用途时所能取得的补偿；A 为系统的使用年限；W 为年均进入污水总量。

SWIS 管理、维护简单，M 几乎为零。本工程中铺设了高密度聚乙烯(HDPE)不透水层以及构筑了渗滤区子单元间的砖墙隔断，因此 C 相对较高，为 1000 元/t。

P 和 R 的值难以估算，但可以肯定的是 $E < E' = 1000 \times 300 / (25.6 \times 300 \times 200) = 0.19$ 元/t。当在农村或城乡接合部构建 SWIS 时，由于污水处理量小，可用简易的防水措施及集水系统，构筑单体式地下渗滤系统，因此，污水处理成本可更低。

9.5　操作条件对氧化亚氮释放的影响

采用静态箱法采集气体样品，如图 9-22 和图 9-23 所示。静态箱由不锈钢材料加工而成，由箱体与基座两部分组成，箱体长宽高尺寸为 500mm×500mm×400mm，在箱体的一个侧面设有温度计与采气孔，方便采集气体样品时记录样品的温度，箱体内部设有一个小风扇，能够将箱内气体混合均匀，使采集

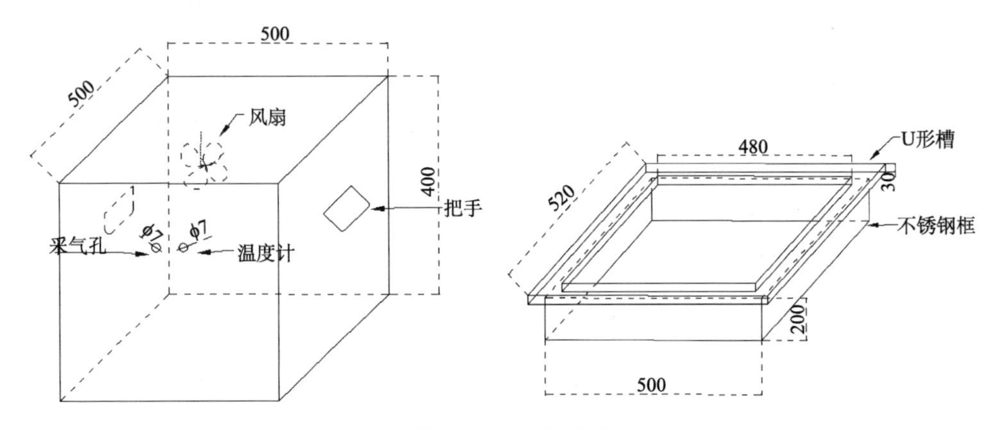

图 9-22　静态箱示意图(单位：mm)

图 9-23　实验装置图

到的气体更具代表性；基座为长宽高 520mm×500mm×200mm 的不锈钢框体，嵌入渗滤区表层土壤，基座上部设有 U 形槽便于与箱体连接；采样时，U 形槽内加满水(采样过程中及时补水)以确保静态箱的密闭性，同时箱体外侧罩一层 20mm 厚的泡沫板，起到避光隔热的效果。

将示范工程渗滤区分为 8 个子单元(A1～A4，B1～B4)，分别在编号为 A3、A4、B1、B2 的 4 个单元的中心位置设置采样点(图 9-24)，每个采气期持续 1h，采气间期为 3h，采气期与采气间期交替进行，持续一个干湿周期(干湿周期是指布水期与落干期的时间之和)。测试并计算各采气期 N_2O 产率的平均值，并估算一天内 N_2O 的产率。

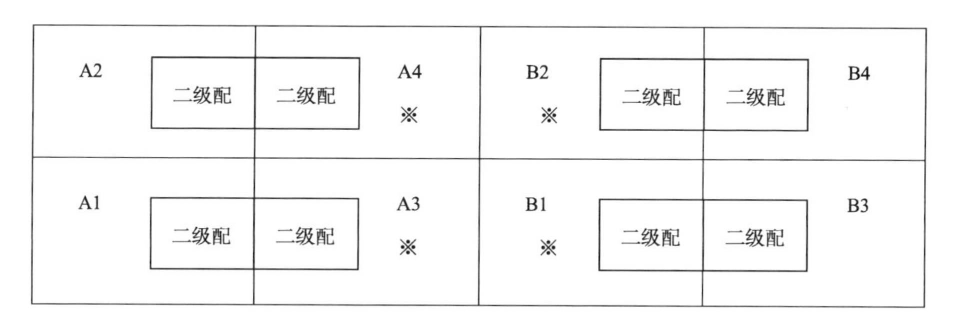

图 9-24　采样点分布示意图

※表示采样点

9.5.1 干湿比对氧化亚氮释放通量的影响

1. 稳定运行干湿比对出水水质的影响

在不影响示范工程正常运行的前提下，通过调节渗滤区的进水阀门，控制实验用渗滤区的布水与落干时间分别为 2d∶1d、1d∶1d、1d∶2d 以及连续运行，即干湿比为 2∶1、1∶1、1∶2、0(连续运行)。在水力负荷为 $0.12m^3/(m^2·d)$ 的条件下运行，待系统运行稳定(以出水水质稳定为标准)后，测定进出水水质，如表 9-7 和表 9-8 所示。

表 9-7　进水水质　(单位：mg/L)

水质指标	COD	BOD_5	NH_4^+-N	NO_2^--N	NO_3^--N	TN	TP
进水水质均值	280±3.0	201±1.5	20.5±0.7	1.5±0.05	7.3±0.1	34±1.5	4±3.0

表 9-8　不同干湿比条件下出水水质

干湿比	COD		BOD		NH_4^+-N		NO_2^--N	
	出水浓度/(mg/L)	去除率/%	出水浓度/(mg/L)	去除率/%	出水浓度/(mg/L)	去除率/%	出水浓度/(mg/L)	去除率/%
2∶1	28.0±7.0	90.0±2.5	8.0±3.0	96.0±1.5	1.5±.0.5	92.7±2.4	0.15±0.09	90.0±6.0
1∶1	20.0±8.0	92.8±2.9	9.0±2.0	95.5±1.0	2.0±0.5	90.2±2.4	0.38±0.04	74.7±2.7
1∶2	36.0±7.0	87.1±2.5	12.0±2.0	94.0±1.0	3.1±0.3	84.9±1.5	0.42±0.01	72.0±0.7
0	51.0±3.0	81.8±1.1	20.0±1.0	90.0±0.5	4.0±0.1	80.5±0.5	0.10±0.10	93.3±6.7

干湿比	NO_3^--N		TN		TP	
	出水浓度/(mg/L)	去除率/%	出水浓度/(mg/L)	去除率/%	出水浓度/(mg/L)	去除率/%
2∶1	2.1±0.05	71.2±0.7	8.4±0.1	75.3±0.3	0.2±0.2	95.0±5.0
1∶1	1.5±0.10	79.4±1.4	6.0±0.2	82.4±0.6	0.5±0.2	87.5±5.0
1∶2	1.0±0.15	86.3±2.1	7.3±0.2	79.4±0.6	0.5±0.1	87.5±2.5
0	1.0±0.10	86.3±1.4	10.0±0.1	70.6±0.3	0.5±0.1	87.5±2.5

由表 9-8 可以看出，随着干湿比的减小，COD、TN 的去除率均呈先升高后降低的趋势，并且在干湿比为 1∶1 的条件下取得最高值，分别为(92.8±2.9)%、(82.4±0.6)%；干湿比较大(≥2∶1)时，由于系统落干时间较长，基质内氧化还原电位较高，污染物投配负荷相对较低，微生物因缺少营养而活性降低。随着干湿比的逐渐减小，布水时间延长，微生物营养充足，基质内部好氧区与厌氧区分区明显，污染物去除效率升高。随着布水时间的继续延长，基质内部气体通道被污水占据，不利于大气复氧的进行，基质内氧化还原电位下降，有机物的降解与硝化反应受到抑制，由硝化反应产生的 NO_3^--N 较少，进而影响反硝化反应的进行，致使 TN 去除效果较差。

2. 稳定运行干湿比对氧化亚氮释放通量的影响

在干湿比为 2∶1、1∶1、1∶2、0(连续运行)的条件下，系统稳定运行时 N_2O 产率及其转化率如图 9-25 所示。

由图 9-25 可以看出，随着干湿比由 2∶1 减小到 0(连续运行)，N_2O 的产率呈上升趋势，由(1.9 ± 0.02) mg/(m^2/d)逐渐升高到(2.5 ± 0.02) mg/(m^2/d)，而 N_2O 转化率却表现出先升高后降低的变化趋势，在干湿比为 1∶1 的条件下取得最大值(0.065±0.002)%。当干湿比大于 2∶1 时，系统布水时间短，基质含水率低，有利于大气复氧，基质土壤中氧化还原电位较高，有利于硝化反应的进行，同时对反硝化反应有一定的抑制作用，此条件下 N_2O 的产生主要来源于硝化过程。随着干湿比的减小，基质土壤含水率升高，有利于硝化细菌与反硝化细菌的生长，硝化-

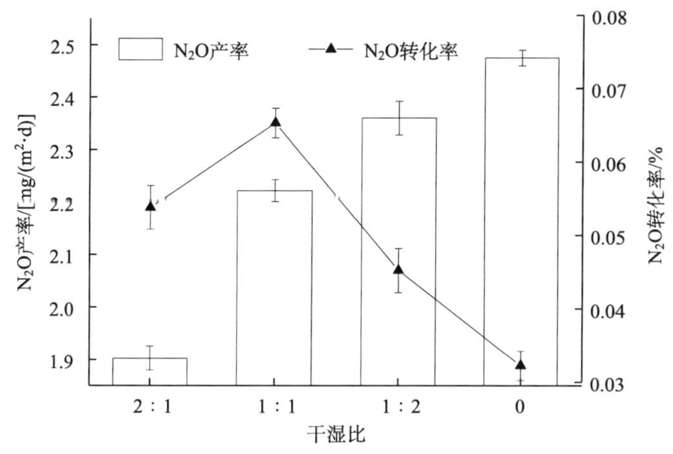

图 9-25　不同干湿比条件下 N_2O 的产率及转化率

反硝化反应能够顺利进行，系统 N_2O 产率较高。当干湿比继续减小，土壤含水率过高，基质处于厌氧环境，有利于反硝化过程的进行，但抑制了硝化反应，进而使硝化-反硝化反应效率较低，N_2O 转化率降低，但由于干湿比变化幅度较大，致使其产率较高(许芹等, 2013)。

综合考虑污染物的去除效果、系统处理能力及 N_2O 的产率与转化率，建议在工程应用中将干湿比控制在 1∶1～1∶2。

9.5.2　水力负荷对氧化亚氮释放通量的影响

在不影响示范工程正常运行的前提下，控制渗滤区进水阀门，使实验用渗滤区单元水力负荷分别为 $0.10m^3/(m^2·d)$、$0.15m^3/(m^2·d)$、$0.20m^3/(m^2·d)$、$0.25m^3/(m^2·d)$，连续运行，待系统运行稳定(以出水水质稳定为标准)后，测定系统 N_2O 气体的释放速率，分析进水水力负荷对 N_2O 释放的影响。

1. 进水水力负荷对出水水质的影响

示范工程稳定运行后，测定其进出水水质，测定结果见表 9-9。

表 9-9　不同水力负荷下出水水质

水力负荷 /[$m^3/(m^2·d)$]	COD		BOD		NH_4^+-N		NO_2^--N	
	出水浓度 /(mg/L)	去除率 /%	出水浓度 /(mg/L)	去除率 /%	出水浓度 /(mg/L)	去除率 /%	出水浓度 /(mg/L)	去除率 /%
0.10	26.0±7.0	90.7±2.5	4.0±3.0	98.0±1.5	1.0±.0.5	95.1±2.4	0.10±0.09	93.3±6.0
0.15	18.0±8.0	93.6±2.9	6.0±2.0	97.0±1.0	2.4±0.5	88.3±2.4	0.35±0.04	76.7±2.7
0.20	46.0±7.0	83.6±2.5	14.0±2.0	93.0±1.0	3.3±0.3	83.9±1.5	0.48±0.01	68.0±0.7
0.25	71.0±3.0	74.6±1.1	24.0±1.0	88.0±0.5	4.8±0.1	76.6±0.5	0.10±0.10	93.3±6.7

续表

水力负荷/$[m^3/(m^2·d)]$	NO_3^--N		TN		TP	
	出水浓度/(mg/L)	去除率/%	出水浓度/(mg/L)	去除率/%	出水浓度/(mg/L)	去除率/%
0.10	3.1±0.05	57.5±0.7	7.3±0.2	78.5±0.6	0.3±0.1	92.5±2.5
0.15	1.5±0.10	79.4±1.4	4.5±0.2	86.8±0.6	0.5±0.2	87.5±5.0
0.20	1.0±0.15	86.3±2.1	10.4±0.1	69.4±0.3	0.5±0.1	87.5±2.5
0.25	1.0±0.10	86.3±1.4	13.0±0.1	61.8±0.3	0.5±0.1	87.5±2.5

由表 9-9 可知，当水力负荷由 $0.10m^3/(m^2·d)$ 增加到 $0.25m^3/(m^2·d)$ 时，COD 的去除率表现出先升高后降低的趋势，在水力负荷为 $0.15m^3/(m^2·d)$ 处获得最高去除率(93.6±2.9)%。低水力负荷下[$\leqslant 0.10m^3/(m^2·d)$]，污染物投配负荷较低，系统内微生物因营养物缺乏而活性较低，随着水力负荷逐渐升高，微生物营养充足，代谢活性增强，对 COD 的去除率升高，但当水力负荷继续增大时，基质含水率升高，基质内气体交换的通道受阻，不利于大气复氧，溶解氧含量降低，且停留时间缩短，部分污染物未被降解就随出水排出系统，最终 COD 的去除效果变差(Li et al., 2015)。

NH_4^+-N 的去除率随着水力负荷的升高呈下降趋势，由(95.1±2.4)%降低到(76.6±0.5)%；而 TN 去除率表现出与 COD 相同的变化趋势，即先升高后降低，最高去除率为(86.8±0.6)%，也在水力负荷为 $0.15m^3/(m^2·d)$ 处取得。氮的去除需要经硝化过程与反硝化过程完成，其中硝化过程在氧化还原水平较高的条件下进行，而反硝化反应的进行需要较低的氧化还原环境，两者受氧化还原电位影响较大；随着水力负荷的升高，大气复氧进行较慢，氧化还原电位下降，影响硝化-反硝化反应的进行，使得系统脱氮效果下降。综合考虑污染物去除效果和系统处理能力，建议工程应用中将水力负荷控制在(0.10～0.15)$m^3/(m^2·d)$。

2. 进水水力负荷对 N_2O 释放通量的影响

在进水水力负荷为(0.10～0.25)$m^3/(m^2·d)$条件下，系统稳定运行时 N_2O 的产率及转化率如图 9-26 所示。

由图 9-26 可知，随着水力负荷的升高，N_2O 的产率呈先增后减的趋势，当水力负荷为 $0.20m^3/(m^2·d)$ 时取得最高产率(4.10 ± 0.20)$mg/(m^2·d)$，这与模拟实验中 N_2O 产率随水力负荷的变化趋势相似，而 N_2O 的转化率随着水力负荷的升高呈下降趋势，转化率由 $0.10m^3/(m^2·d)$ 时的(0.069±0.001)%下降到 $0.25m^3/(m^2·d)$ 时的(0.042 ± 0.001)%。

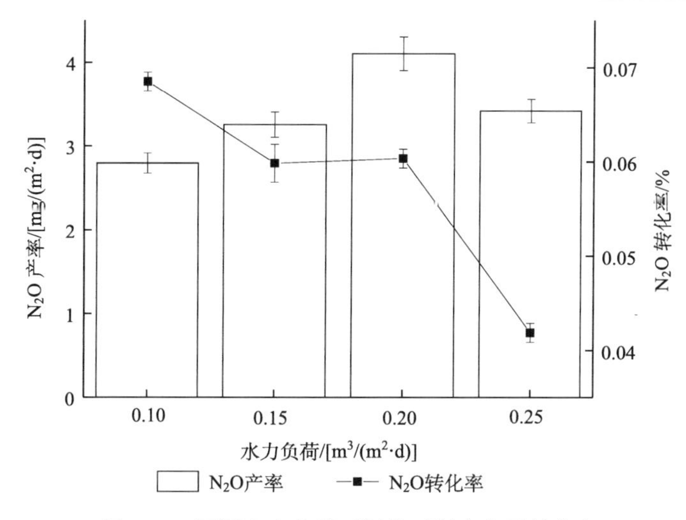

图 9-26　不同水力负荷下氧化亚氮产率及转化率

土壤含水率能够通过影响微生物的活性和 O_2 含量间接地影响 N_2O 的产生，基质含水率低或长期处于淹水状态都不利于硝化-反硝化过程的进行，进而影响 N_2O 的产生(许芹等, 2013)。且当土壤孔隙水饱和度在 30%～60%时，N_2O 主要来自于硝化过程，而在 60%～90%时，主要来自于反硝化过程，过高或过低的土壤孔隙水饱和度均不利于 N_2O 排放(Arriaga et al., 2010)。水力负荷的改变能够引起土壤含水率及土壤孔隙水饱和度的变化，当水力负荷过高[≥0.25m³/(m²·d)]或过低[≤0.10m³/(m²·d)]时，基质含水率过高或过低均不利于硝化和反硝化细菌的生长，影响 N_2O 的产生，且当水力负荷过高时，系统表层会出现淹水状态，堵塞气体通道，不利于气体的逸出；当水力负荷在 0.20m³/(m²·d)时，土壤含水率适中，有利于 N_2O 的产生与释放。

综合考虑污染物去除效果、系统处理能力、N_2O 的产率与转化率，建议工程应用中将地下渗滤系统的进水水力负荷控制在 0.10～0.15m³/(m²·d)。

9.5.3　氮负荷对氧化亚氮释放通量的影响

1. 氮负荷对出水水质的影响

控制接触氧化池曝气时间，使地下渗滤系统进水氮负荷分别为：3.9g/(m²·d)、4.6g/(m²·d)、5.3g/(m²·d)，在水力负荷为 0.10m³/(m²·d)条件下连续运行，待系统运行稳定(以出水水质稳定为标准)后，测定系统 N_2O 气体的产率，分析进水氮负荷对 N_2O 释放的影响。系统在不同的进水氮负荷条件下稳定运行后，各污染物的进出水水质及去除率如图 9-27 所示。

由图 9-27 可知，随着进水氮负荷的升高，COD 与 NH_4^+-N 的去除率均逐渐降低，而 NO_3^--N 的去除率逐渐升高，TN 的去除率表现出先增后减的变化趋势。有机物、氨态氮等污染物的去除主要发生在表层基质的好氧区，随着进水氮负荷的升高，有机物、NH_4^+-N 等污染物浓度也随之升高，使得表层基质耗氧量增加，氧化还原电位下降，不利于 COD 与 NH_4^+-N 的降解与转化，故去除率降低(谢希, 2013)；而低氧化还原电位有利于反硝化反应的进行，使得 NO_3^--N 的去除率随着进水氮负荷的增加而升高；氮的去除需经过硝化反应和反硝化反应，低氮负荷条件下［≤3.9g/(m²·d)］，反硝化反应因缺乏碳源而受阻，高氮负荷条件下［≥5.3g/(m²·d)］，硝化反应因缺氧而受抑制，当氮负荷为 4.6g/(m²·d)时，基质环境有利于硝化细菌和反硝化细菌的生长代谢，TN 的去除效果较好。综合考虑各污染物的去除效果，建议在工程应用中将地下渗滤系统的进水氮负荷控制在 3.9～4.6g/(m²·d)。

2. 氮负荷对 N_2O 产生通量的影响

在进水氮负荷为 3.9～5.3g/(m²·d)的条件下，系统稳定运行时 N_2O 产率及其转化率如图 9-28 所示。

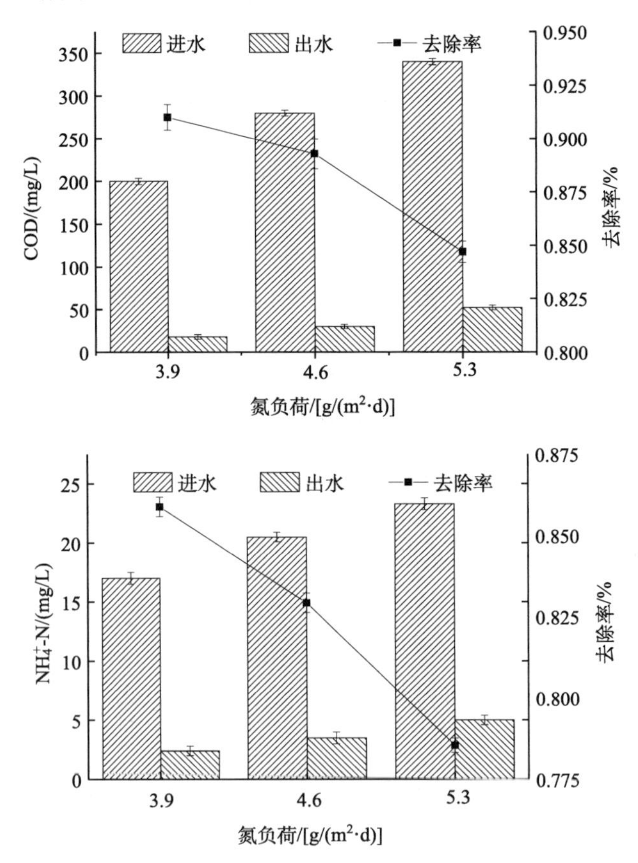

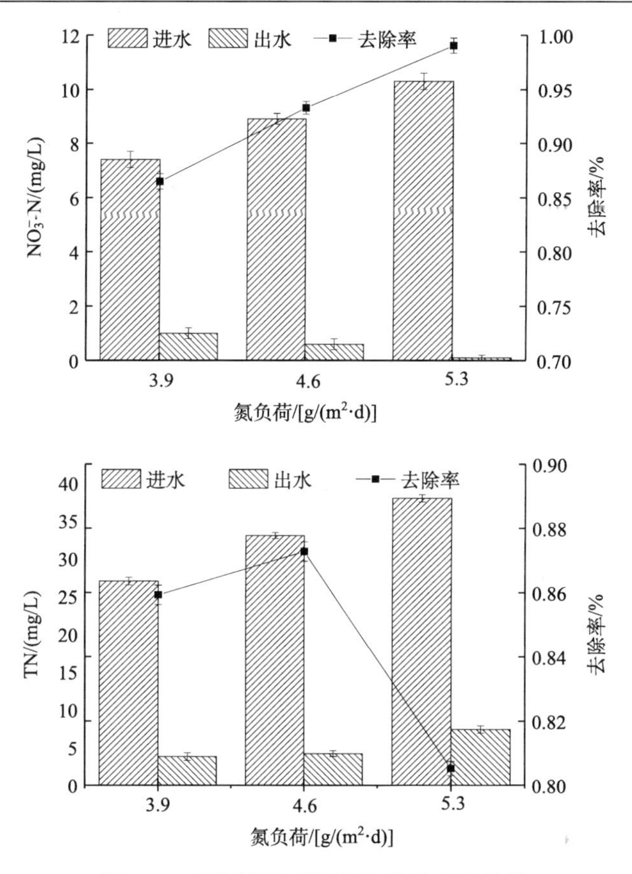

图 9-27　不同氮负荷下污染物的去除效果

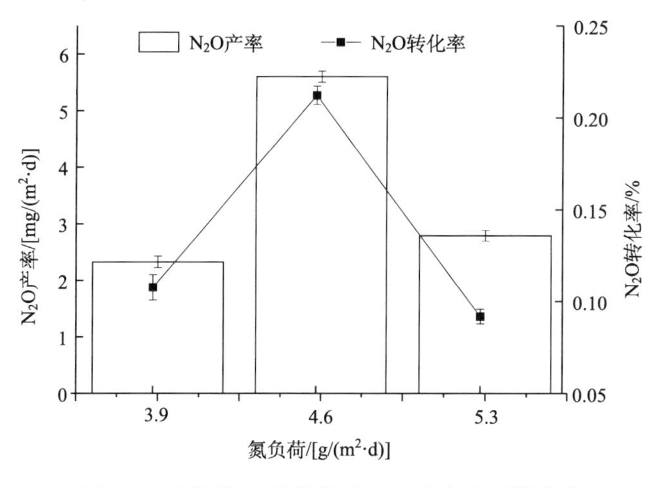

图 9-28　不同氮负荷条件下 N_2O 的产率及转化率

由图 9-28 可以看出，随着氮负荷的升高，N_2O 产率及转化率均呈现先升高后降低的变化趋势，在氮负荷为 4.6g/(m^2·d) 的条件下取得 N_2O 产率及转化率的最大值，分别为(5.6± 0.10) mg/(m^2·d)、(0.21± 0.01)%。N_2O 主要来源于微生物的硝化过程和反硝化过程，其产生量为硝化过程与反硝化过程产量之和(瞿胜等, 2008)。当氮负荷较低[≤3.9g/(m^2·d)]时，表层基质氧气充足，硝化反应进行较完全且大部分有机物被降解，反硝化反应因碳源不足而进行程度较低，在此条件下，N_2O 主要来源于硝化过程；当氮负荷较高[≥5.3g/(m^2·d)]时，基质氧化还原电位较低，导致硝化反应因缺氧受阻，且未被降解的有机物随水流进入厌氧区，为反硝化过程提供碳源，此条件下，N_2O 主要来源于反硝化过程；当氮负荷为 4.6g/(m^2·d) 左右时，硝化与反硝化反应均能较完全地进行，硝化-反硝化联合作用得以充分发挥，N_2O 产率较高。在保证污染物较高的去除率的前提下，为减少 N_2O 的产生，建议在工程应用中将地下渗滤系统的进水氮负荷控制在 3.9～4.6g/(m^2·d)。

原位试验 N_2O 产率随操作条件改变的变化规律与模拟实验相似。综合模拟实验与原位试验结果，得出降低地下渗滤系统 N_2O 释放的操作参数：进水水力负荷为 0.10～0.15m^3/(m^2·d)，进水氮负荷为 3.9～4.6g/(m^2·d)，干湿比为 1∶1～1∶2。

利用多因素方差分析对比研究不同操作条件(水力负荷、氮负荷及干湿比)对 N_2O 产率及转化率的影响程度，分析结果列于表 9-10 中。

由表 9-10 可知，在模拟实验中，不同操作条件对 N_2O 产率及转化率的影响显著程度顺序为：进水氮负荷>干湿比>进水水力负荷；在原位试验中，不同操作条件对 N_2O 产率及转化率的影响显著程度顺序为：进水氮负荷>进水水力负荷>干湿比。与模拟实验相比，原位试验渗滤区面积较大，有利于基质与大气之间的气体交换，基质能在较短时间内复氧，受干湿比影响较小。综合考虑模拟实验与原位试验所得结论，建议在控制地下渗滤系统 N_2O 释放时，应优先控制进水氮负荷，其次控制进水水力负荷，最后调控干湿比。

表 9-10　操作条件对 N_2O 产率及转化率影响的方差分析

操作条件		N_2O 产率		N_2O 转化率	
		F	相伴概率	F	相伴概率
模拟实验	水力负荷	2.148	0.080	5.788	0.000
	氮负荷	26.850	0.000	35.342	0.000
	干湿比	8.735	0.000	7.043	0.000
原位试验	水力负荷	3.911	0.021	2.034	0.001
	氮负荷	7.877	0.002	7.971	0.000
	干湿比	1.317	0.292	0.204	0.893

注：F 指方差分析中两个均方的比值，无单位。

9.6 小　　结

(1) SWIS 脱氮技术示范工程处理规模为 $300m^3/d$。SWIS 处理区面积为 $3000m^2$，包括 8 个子单元。预处理出水经一级、二级分配槽进行水质水量平衡调节后进入 SWIS。整个 SWIS 深 2m，散水管埋深为 0.8m。

(2) SWIS 从上至下的基质层结构为草甸棕壤+粗砂、生物基质、草甸棕壤+细砂、卵石。稳定运行中采用 1∶1 的干湿交替设计，一个干湿周期为 2d，8 个子单元采用 4 进水 4 落干的轮作方式。调控预处理与 SWIS 的污染负荷和水力负荷分配，SWIS 进水 BOD 负荷不超过 $12.0g/(m^2 \cdot d)$，表面水力负荷不超过 $0.10m^3/(m^2 \cdot d)$。一次布水周期后，通过布水管通风 900～1600 L/次。

(3) 以氨态氮和总氮去除效果为判断标准，系统运行了 20d 结束启动。稳定运行期间 NH_4^+-N、TN、COD、BOD_5 和 TP 的平均去除率分别为 87.7%、70.1%、84.8%、91.7%和 85.1%，出水稳定且浓度分别为 2.3mg/L、6.9mg/L、19.7mg/L、5.7mg/L 和 0.3mg/L，达到了《城市污水再生利用景观环境用水水质》(GB/T 18921—2002) 标准。同时，生物基质的加入未引起出水 pH 的大幅波动。

(4) SWIS 中的脱氮过程仍以生物硝化-反硝化作用为主。从 ORP 的垂直分布情况看，系统中氧化还原电位分布合理，系统内部在非饱和流下形成了稳定的氧化、还原环境分区。

(5) 原位试验中 N_2O 产率随操作条件的变化规律与实验室模拟实验相似；综合模拟实验与原位试验的结果，提出降低污水地下渗滤系统 N_2O 释放的操作参数：进水水力负荷为 $0.10 \sim 0.15m^3/(m^2 \cdot d)$，进水氮负荷为 $3.9 \sim 4.6g/(m^2 \cdot d)$，干湿比为 1∶1～1∶2。

(6) 通过多因素方差分析可知，不同操作条件对 N_2O 产生的影响显著程度顺序为：进水氮负荷>进水水力负荷>干湿比。因此，在确保出水水质达标情况下，应优先控制进水氮负荷和水力负荷，以减少 N_2O 的释放。

(7) 吨水处理成本低于 0.19 元/t。

参 考 文 献

蔡碧婧, 谢丽, 杨殿海, 等. 2007. 反硝化脱氮工艺补充碳源选择与优化研究进展. 净水技术, 26(6): 37-41.

蔡丹丹, 田秀平, 韩晓日, 等. 2009. 养殖池塘底泥脲酶活性与水体 NH_4^+-N 关系的研究. 沈阳农业大学学报, 40(3): 301-304.

蔡祖聪, 赵维. 2009. 土地利用方式对湿润亚热带土壤硝化作用的影响. 土壤学报, 46(5): 795-801.

曹亚澄, 张金波, 温腾. 2018. 稳定同位素示踪技术与质谱分析. 北京: 科学出版社.

陈虎, 王莹, 吕永康. 2016. 污水微生物脱氮过程中 N_2O 产生机理及影响因素研究进展. 化工进展, 35(12): 4020-4025.

陈俊敏. 2008. 人工快速渗滤系统机理及其在农村生活污水处理中的应用研究. 成都: 西南交通大学.

陈明利, 吴晓芙, 陈永华, 等. 2009. 蛭石人工湿地中吸附-生物转化系统脱氮能力及其机理研究. 环境工程学报, 3(2): 223-228.

陈庆昌, 冯爱坤, 罗建中, 等. 2008. 人工湿地脱氮技术研究. 工业安全与环保, 34(7): 17-19.

代莹, 李全燕, 孙铁珩. 2009. 地下渗滤生物强化系统的建立及水力负荷对系统脱氮效果的影响. 黑龙江工程学院学报, 23(2): 71-74.

戴树桂. 2003. 环境化学. 北京: 高等教育出版社.

邓泓, 叶志鸿, 黄铭洪. 2007. 湿地植物根系泌氧的特征. 华东师范大学学报(自然科学版), (6): 69-76.

丁昌璞, 徐仁扣. 2011. 土壤的氧化还原过程及其研究方法. 北京: 科学出版社.

董泽琴. 2006. 构筑湿地部分亚硝化-厌氧氨氧化自养脱氮研究. 沈阳: 中国科学院沈阳应用生态研究所.

杜磊. 2016. 含水层回灌过程中的气体堵塞实验研究. 济南: 济南大学.

甘磊, 刘春平, 谭波. 2008. 污水土地处理系统 ORP 变化特征与 COD 去除率关系的试验研究. 环境科学与管理, 33(6): 84-86.

龚川南, 陈玉成, 黄磊, 等. 2016. 曝气吹脱法用于牛场沼液污染物的去除. 环境工程学报, 10(5): 2291-2296.

关松荫, 等. 1986. 土壤酶及其研究法. 北京: 农业出版社, 294-332.

关小满, 张笑一, 彭润芝. 2005. 污水土地生态处理退单技术的中型试验研究. 生态学报, 25(4): 854-860.

国家环境保护总局, 《水和废水监测分析方法》编委会. 2002. 水和废水监测分析方法. 4 版. 北京: 中国环境科学出版社, 107-696.

郝火凡. 2001. 污水土地处理系统中干湿周期的室内模拟试验研究. 甘肃环境研究与监测, 14(2): 72-74.

何连生, 刘鸿亮, 席北斗, 等. 2006. 人工湿地氮转化与氧关系研究. 环境科学, 27(6): 1183-1187.
贺纪正, 张丽梅. 2009. 氨氧化微生物生态学与氮循环研究进展. 生态学报, 29(1): 406-413.
侯国华, 范志云, 甘一萍, 等. 2009. 土壤渗滤对有机微污染物去除性能研究. 环境工程学报, 3(7): 1271-1273.
黄传琴, 邵明安. 2008. 干湿交替过程中土壤胀缩特征的实验研究. 土壤通报, 39(6): 1244-1247.
黄廷林, 唐智新, 徐金兰, 等. 2008. 黄土地区石油污染土壤生物修复室内模拟试验研究. 农业环境科学学报, 27(6): 2206-2210.
黄翔峰, 何少林, 陈广, 等. 2008. 高效藻类塘系统处理农村污水脱氮除磷及其强化研究. 环境工程, 26(1): 7-10.
黄映恩, 雷中方, 张振亚, 等. 2009. 土壤渗滤系统中土壤酶活性与系统脱氮效果的关系研究. 复旦学报(自然科学版), 48(1): 95-99.
金丹越, 张登峰, 卢少勇, 等. 2007. 污水土壤渗滤技术研究进展. 农业资源与环境科学, 23(4): 350-354.
康新立, 华银锋, 田光明, 等. 2013. 土壤水分管理对甲烷和氧化亚氮排放的影响. 中国环境管理干部学院学报, (2): 43-46.
孔刚. 2005. 地下土壤渗滤系统处理农村生活污水研究. 南京: 南京大学.
孔刚, 许昭怡, 王勇, 等. 2006. 地下土壤渗滤沟的工艺构造对氮磷去除的影响. 环境科学与技术, 29(2): 7-11.
李彬, 吕锡武, 钱文敏. 2007a. 改进地渗系统处理分散生活污水启动周期的研究. 安全与环境工程, 14(1): 39-44.
李彬, 吕锡武, 钱文敏, 等. 2007b. 分流型地渗系统的污水强化脱氮研究. 水处理技术, 33(8): 34-37.
李晨华, 唐立松, 李彦. 2007. 干湿处理对灰漠土土壤理化性质及微生物活性的影响. 土壤学报, 41(2): 365-367.
李海防, 夏汉平, 熊艳梅, 等. 2007. 土壤温室气体产生与排放影响因素研究进展. 生态环境, 16(6): 1781-1788.
李海红, 郭俊玉, 赵宏杰. 2008. 污水土地处理系统污染物迁移转化的模拟研究. 五邑大学学报, 3: 70-74.
李剑波. 2008. 强化垂直流-水平流组合人工湿地处理生活污水研究. 上海: 同济大学.
李小伟, 王世梅, 黄净萍. 2011. 密度对非饱和黏土渗透系数的影响研究. 西北地震学报, 33(增刊): 214-217.
李晓东, 孙铁珩, 李海波, 等. 2008. 小区生活污水处理模式的研究进展. 生态学杂志, 27(2): 269-272.
李英华. 2010. 污水地下渗滤系统脱氮关键技术研究. 沈阳: 东北大学.
李英华, 李海波, 孙铁珩, 等. 2010. 干湿交替运行对地下渗滤系统脱氮效果的影响. 生态学杂志, 29(10): 2081-2085.
李英华, 李海波, 孙铁珩, 等. 2012. 进水负荷对地下渗滤系统 ORP 及脱氮效果的影响. 中国给水排水, 28(17): 117-120.
李英华, 李海波, 王鑫, 等. 2013. 生物填料地下渗滤系统对生活污水的脱氮. 环境工程学报,(9): 3369-3374.
李英华, 孙铁珩, 李海波, 等. 2009. 地下渗滤系统不同基质层对污染物的去除效果. 东北大学学报, 31(5): 746-749.
李勇先. 2003. 稻田土壤中氧化亚氮的释放机制及控制. 杭州: 浙江大学.
李卓, 汪雁, 孔瑾. 2008. 土壤氧化还原电位测定方法的探讨与研究. 环境科学与管理, 33(10): 172-174.
廖千家骅, 颜晓元. 2010. 农业土壤氧化亚氮排放模型研究进展. 农业环境科学学报, 29(5): 817-825.
刘国华, 庞毓敏, 范强, 等. 2015. 进水氨氮负荷对污水生物脱氮过程中 N_2O 释放的影响. 环境污染与防治, 37(7): 18-22.
刘静. 2008. 渗滤系统中氨氮的迁移转化机理及数学模拟. 北京: 北京工业大学.
刘艳丽, 张斌, 胡锋, 等. 2008. 干湿交替对水稻土碳氮矿化的影响. 土壤, 40(4): 554-560.
路莹. 2009. 北京平谷地区雨洪水地下回灌堵塞机理分析与模拟研究. 长春: 吉林大学.
吕锡武, 李彬, 宁平, 等. 2008. 强制通风型地渗系统处理分散生活污水的初步研究. 给水排水, 34(3): 52-56.
马芬, 马红亮, 邱泓, 等. 2015. 水分状况与不同形态氮添加对亚热带森林土壤氮素净转化速率及 N_2O 排放的影响. 应用生态学报, 26(2): 379-387.
马洪波, 师占宾, 孙文. 2018. 由土-水特征曲线预测非饱和混合填料渗透系数. 试验与研究, 1: 74-77.
马丽珠, 陈建中, 和丽萍. 2009. 土壤渗滤系统处理生活污水. 环境科学导刊, 28(6): 71-75.
马勇, 彭永臻. 2006. A/O 生物脱氮工艺的反硝化动力学试验. 中国环境科学, 26(4): 464-468.
倪吾钟, 沈仁芳, 朱兆良. 2000. 不同氧化还原电位条件下稻田土壤中 ^{15}N 标记硝态氮的反硝化作用. 中国环境科学, 20(6): 519-523.
欧阳扬, 李叙勇. 2013. 干湿交替频率对不同土壤 CO_2 和 N_2O 释放的影响. 生态学报, 33(4): 1251-1259.
潘晶. 2005. 污水地下渗滤系统研究. 北京: 科学出版社.
潘晶. 2008. 地下渗滤系统微生物特征及强化脱氮工艺研究. 沈阳: 东北大学.
潘晶, 孙铁珩, 李海波, 等. 2011. 污水地下渗滤系统强化脱氮试验研究. 中国环境科学, 31(9): 1456-1460.
秦爱芳, 张九龙. 2015. 考虑渗透系数变化的非饱和土固结性状分析. 岩石力学, 36(6): 1521-1528.
秦伟. 2013. 地下渗滤系统处理农村分散生活污水去除效果研究. 保定: 河北农业大学.
秦志伟, 洪剑明. 2006. 人工湿地不同的水流方式和基质对氮和磷的净化的比较. 首都师范大学学报(自然科学版), 27(5): 102-106.
阮晓红, 张瑛, 黄林楠, 等. 2004. 微生物在湿地氮循环系统的效应分析. 水资源保护, 6: 1-7.
沈晓清, 王卫琴. 2009. 地下土壤渗滤系统处理农村生活污水应用研究. 工业安全与环保, 35(7): 15-17.
石为人, 王燕霞, 唐云建, 等. 2009. 基于灰色神经网络建模的水质参数预测. 计算机应用, 29(6): 1529-1535.
石云, 刘春平, 甘磊, 等. 2008. 氧化还原环境对污水土地处理系统的影响. 山西农业科学,

36(3): 61-65.
孙铁珩. 1997. 城市污水土地处理技术指南. 北京: 中国环境科学出版社, 65-75.
孙铁珩, 李宪法. 2006. 城市污水自然生态处理与资源化利用技术. 北京: 化学工业出版社.
孙铁珩, 周启星, 李培军. 2001. 污染生态学. 北京: 科学出版社.
孙铁珩, 周启星, 张凯松. 2002. 污水生态处理技术体系及应用. 水资源保护, 3: 6-13.
孙玉梅. 2006. GC-MS 联用技术对地下水中半挥发性有机物监测的方法研究. 北京: 中国地质大学.
孙志高, 刘景双, 杨继松, 等. 2007. 三江平原典型小叶章湿地土壤硝化反硝化作用与氧化亚氮排放. 应用生态学报, 18(1): 185-192.
孙宗健, 丁爱中, 滕彦国. 2009. 人工土壤渗滤的吸附效应. 环保科学与技术, 32(7): 42-45.
谭波. 2007. 污水毛细逆渗土地处理系统的实验研究. 长沙: 湖南师范大学.
田宁宁, 杨丽萍, 彭应登. 2000. 土壤毛细管渗滤处理生活污水. 中国给水排水, 16(5): 12-15.
汪思琪. 2018. 地下渗滤系统气体堵塞机理研究. 沈阳: 东北大学.
王德春, 孙凌帆. 2009. 浅议污水土地处理 COD 去除率的影响因素. 广东化工, 36(8): 144-181.
王海丽, 孔海南, 吴德意, 等. 2004. 生态土壤深度处理系统启动周期的研究. 环境科学研究, 17(5): 60-63.
王洪, 李海波. 2008. 氨氮废水生物处理工艺及研究进展. 河南师范大学学报, 36(5): 97-103.
王秋慧, 邵坚, 邹仲勋. 2008. 强化脱氮地下渗滤系统处理生活污水的研究. 环境科技, 21(6): 40-42.
王士满, 王鑫, 王洪. 2017. 地下渗滤系统基质组配及脱氮效果. 中国给水排水, 33(17): 89-92.
王守红, 葛骁, 卞新智, 等. 2013. 菌菇渣和秸秆对生活污泥好氧堆肥的影响. 江苏农业学报, 29(2): 324-328.
王书文, 刘庆玉, 焦银珠, 等. 2006. 生活污水土壤渗滤就地处理技术研究进展. 水处理技术, 32(3): 5-10.
魏才倢, 吴为中, 杨逢乐, 等. 2009a. 多级土壤渗滤系统技术研究现状及发展. 环境科学学报, 29(7): 1351-1357.
魏才倢, 朱擎, 吴为中, 等. 2009b. 2 种不同模块化填料组合的多级土壤渗滤系统的比较. 环境科学, 30(6): 1860-1866.
吴娟, 张建, 贾文林, 等. 2009. 人工湿地污水处理系统中氧化亚氮的释放规律研究. 环境科学, 30(11): 3146-3151.
习丹. 2016. 森林土壤气态氮释放. 沈阳: 中国科学院沈阳应用生态研究所.
肖恩荣, 梁威, 贺锋, 等. 2008. SMBR-IVCW 系统处理高浓度综合污水. 环境科学学报, 28(9): 1785-1792.
肖明耀. 1985. 误差理论与应用. 北京: 计量出版社.
谢希. 2013. 添加固体碳源对污水土地处理系统脱氮效果的影响研究. 上海: 上海交通大学.
徐金兰, 黄廷林, 唐智新, 等. 2007. 高效石油降解菌的筛选及石油污染土壤生物修复特性的研究. 环境科学学报, 27(4): 622-628.
许芹, 吴海明, 陈建, 等. 2013. 湿地温室气体排放影响因素研究进展. 湿地科学与管理, 9(3): 61-64.
严群, 吴一蘩, 杨健, 等. 2010. 复合填料地下渗滤系统的强化脱氮研究. 同济大学学报(自然科学版), 38(5): 697-703.
杨国治. 1983. 土壤中氧化还原反应与重金属的危害. 环境科学丛刊, 3: 1-8.
尹海龙, 徐祖信, 李松, 等. 2006. 土壤渗滤处理系统运行控制的模拟研究. 环境污染与防治, 28(9): 644-648.
翟胜, 高宝玉, 王巨媛, 等. 2008. 农田土壤温室气体产生机制及影响因素研究进展. 生态环境学报, 17(6): 2488-2493.
张建, 黄霞, 刘超翔, 等. 2002a. 地下渗滤处理村镇生活污水的中试. 环境科学, 23(6): 57-61.
张建, 黄霞, 施汉昌, 等. 2004a. 掺加草炭的地下渗滤系统处理生活污水. 中国给水排水, 20(6): 41-44.
张建, 黄霞, 魏杰, 等. 2002b. 地下渗滤污水处理系统的氮磷去除机理. 中国环境科学, 22(5): 438-441.
张建, 邵长飞, 刘志强, 等. 2004b. 地下渗滤系统的中间分流强化脱氮研究. 中国给水排水, 20(4): 1-4.
张笑一, 关小满, 彭润芝, 等. 2006. 地沟式污水生态处理系统中氮素的形态转化研究. 农业环境科学学报, 25(4): 1065-1070.
张振贤, 华珞, 尹逊霄, 等. 2005. 农田土壤 N_2O 的发生机制及其主要影响因素. 首都师范大学学报(自然科学版), 26(3): 114-120.
张之崟. 2008. 污水的土壤渗滤法处理工艺运行与模拟研究. 上海: 复旦大学.
张之崟, 雷中方. 2006. 土壤渗滤法工艺运行中的主要问题及其缓解方案. 环境科学与管理, 31(5): 41-43.
张之崟, 雷中方, 张振亚, 等. 2006. 土壤渗滤系统中亚硝态氮的变化与系统运行性能的关系. 复旦学报(自然科学版), 45(6): 755-761.
章吉. 2006. 生态型土地毛管处理系统技术研究. 上海: 同济大学.
郑兰香, 鞠兴华. 2006. 温度和 C/N 比对生物膜反硝化速率的影响. 工业安全与环保, 32(10), 13-15.
郑西来, 单蓓蓓, 崔恒, 等. 2013. 含水层人工回灌物理堵塞的实验与数值模拟. 地球科学(中国地质大学学报), 38(6): 1321-1326.
郑毅, 刘春平, 石云. 2009. 污水土地处理及其资源化利用. 土壤通报, 40(3): 664-667.
邹仲勋, 周国锋, 王秋慧. 2008. 深井布水地下渗滤系统处理生活污水的研究. 西南给排水, 30(6): 10-12.
Albrecht A, Serigne T, Kandj J, et al. 2003. Carbon sequestration in tropical agroforestry systems. Agriculture, Ecosystems & Environment, 99: 15-27.
Arriaga H, Salcedo G, Calsamiglia S, et al. 2010. Effect of diet manipulation in dairy cow N balance and nitrogen oxides emissions from grasslands in northern Spain. Agriculture, Ecosystems and Environment, 135: 132-139.
Arve H, Adam M, Lasse, V. 2006. A high-performance compact filter system treating domestic wastewater. Ecological Engineering, 28: 374-379.
Attilio T, Gunter L, Simona C, et al. 2009. Modeling pollutant removal in a pilot-scale two-stage subsurface flow constructed wetlands. Ecological Engineering, 35: 281-289.
Avinash M K, Pravin D N, Oza G H, et al. 2009. Treatment of municipal wastewater using

laterrite-based constructed soil filter. Ecological Engineering, 35: 1051-1061.

Bai R, Xi D, He J Z, et al. 2015. Activity, abundance and community structure of anammox bacteria along depth profiles in three different paddy soils. Soil Biology and Biochemistry, 91(1): 212-221.

Beckwith C W, Baird A J. 2001. Effect of biogenic gas bubbles on water flow through poorly decomposed blanket peat. Water Resources Research, 37(3): 551-558.

Belinda E H, Tim D F, Ana D. 2007. Treatment performance of gravel filter media: Implications for design and application of storm water infiltration systems. Water Research, 41: 2513-2524.

Berlin M, Suresh K G, Nambi I M. 2015. Numerical modeling of biological clogging on transport of nitrate in an unsaturated porous media. Environmental Earth Sciences, 73(7): 3285-3298.

Byong H J, KazuhikM,Yasunori T, et al. 2003. Removal of nitrogenous and carbonaceous substances by a porous carrier-membranehybrid process for wastewater treatment. Biochemical Engineering Journal, 14: 37-44.

Chen K C, Chen C Y, Peng J W, et al. 2002. Real-time control of an immobilized-cell reactor for wastewater treatment using ORP. Water Research, 36: 230-238.

DelGrosso S J, MosierA R, PartonW J, et al. 2005. Daycentmodel analysis of past and contemporary soil N_2O and net greenhouse gas flux for major crops in the USA. Soil & Tillage Research, 83(1): 9-24.

Demetrios N H, Ioannis D M, Sotirios G G. 2004. Organic and nitrogen removal in a two-stage rotating biological contactor treating municipal wastewater. Bioresource Technology, 93: 91-98.

Devol A H. 2015. Denitrification, anammox, and N_2 production in marine sediments. Annual Review of Marine Sciences, 7(1): 403-423.

Ding L J, An X L, Li S, et al. 2014. Nitrogen loss through anaerobic ammonium oxidation coupled to iron reduction from paddy soils in a chrono sequence. Environmental Science and Technology, 48(18): 10641-10647.

Dirk M, Binayak P M, Andre V, et al. 1997. Spatial analysis of saturated hydraulic conductivity in a soil with macropores. Soil Technology, 10: 115-131.

Du X L, Xu Z X, Wang S. 2008. Enhanced removal of organic matter and ammonia nitrogen in a one-stage vertical flow constructed wetland system. Journal of Biotechnology, 136: 633-646.

Du X Q, Fang Y Q, Wang Z J, et al. 2014. The prediction methods for potential suspended solids clogging types during managed aquifer recharge. Water, 6(4): 961-975.

Fang L, Chao C Z, Zhao D F, et al. 2008. Tertiary treatment of textile wastewater with combined media biological aerated filter(CMBAF) at different hydraulic loadings and dissolved. Journal of Hazardous Materials, 160: 161-167.

Fen X Y, Ying L. 2009. Enhancement of nitrogen removal in towery hybrid constructed wetland to treat domestic wastewater for small rural communities. Ecological Engineering, 35: 1043-1050.

Fountoulakis M S, Terzakis S, Chatzinotas A, et al. 2009. Pilot-scale comparison of constructed wetlands operated under high hydraulic loading rates and attached biofilm reactors for domestic wastewater treament. Science of Total Environment, 407: 2996-3003.

Fredlund D G, Fredlund M D, Rahardjo H. 2012. Unsaturated soil mechanics in engineering practice.

Hoboken, NJ: John Wiley and Sons .

Fredlund D G, Hasan J U. 1979. One-dimensional consolidation theory: Unsaturated soils. Canadian Geotechnical Journal, 16(3): 521-531.

Galvez J M, Gomez M A, Hontoria E, et al. 2003. Influence of hydraulic loading and flowrate on urban wastewater nitrogen removal with a submerged fixed-film reactor. Journal of Hazardous Materials, 101: 219-229.

Gao D, Wang S, Peng Y, et al. 2003. Temperature effects on DO and ORP in the wastewater treatment. Environmental Science, 24(1): 63-69.

George N, Shaukat F. 2003. Simultaneous nitrification-denitrification in slow sand filters. Journal of Hazardous Materials, 96: 291-303.

Gill L W, Luanaigh N O, Johnston P M, et al. 2009. Nutrient loading on subsoils from on-site wastewater effluent, comparing septic tank and secondary treatment systems. Water Research, 43: 2739-2749.

Green M, Friedler E, Safrai I. 1997. Investigation of alternative method for nitrification in constructed wetlands. Water Science and Technology, 35(5): 63-70.

Habili J M, Heidarpour H. 2015. Application of the Green–Ampt model for infiltration into layered soils. Journal of Hydrology, 527: 824-832.

Heilweil V M, Marston T. 2013. Evaluation of potential gas clogging associated with managed aquifer recharge from a spreading basin, southwestern Utah, U.S.A.//Clogging Issues Associated with Managed Aquifer Recharge Methods. Australia: IAH Commission on Managing Aquifer Recharge: 84-94.

Herzig J P, Leclerc D M, Goff P L. 1970. Flow of suspensions through porous media—Application to deep filtration. Industrial & Engineering Chemistry, 62(5): 8-35.

Jing S R, Lin Y F. 2007. Seasonal effect on ammonia nitrogen removal by constructed wetlands treating polluted river water in southern Taiwan. Environmental Pollution, 127: 291-301.

Kang W C, Kyung G S, Jin W C, et al. 2009. Removal of nitrogen by a layered soil infiltration system during intermittent storm events. Chemosphere, 76: 690-696.

Kellner E, Waddington J M, Price J S. 2005. Dynamics of biogenic gas bubbles in peat: Potential effects on water storage and peat deformation. Water Resources Research, 41(8): 323-333.

Khateeb M A E, Herrawy A Z A, Kamel M M, et al. 2009. Use of wetlands as post-treatment of anaerobically treated effluent. Desalination, 245: 50-59.

Kvarnstrom M E, Christian A L M, Tore K. 2004. Plant-availability of phosphorus in filter substrates derived from small-scale wastewater treatment systems. Ecological Engineering, 22: 1-15.

Larroque F, Franceschi M. 2011. Impact of chemical clogging on de-watering well productivity: Numerical assessment. Environmental Earth Sciences, 64(1): 119-131.

Laughlin R J, Stevens R J. 2002. Evidence for fungal dominance of denitrification and codenitrification in a grassland soil. Soil Science Society of American Journal, 66(5): 1540-1548.

Lee J H, Kmin C O. 2008. Multi-agent systems applications in manufacturing systems and supply chain management: A review paper. International Journal of Production Research, 46(1):

233-265.

Leong E C, Naga H A. 2018. Contribution of osmotic suction to shear strength of unsaturated high plasticity silty soil. Geomechanics for Energy and the Environment, 15: 65-73.

Li H B, Bai J N, Li Y H, et al. 2019. Characteristics of ORP variation in subsurface wastewater infiltration system (SWIS) under hydraulic rate (HLR). Desalination and Water Treatment, 138: 49-56.

Li Y H, Li H B, Pan J, et al. 2012. Performance evaluation of subsurface wastewater infiltration system in treating domestic sewage. Water Science and Technology, 65 (4) : 713-720.

Li Y H, Li H B, Xu X Y, et al. 2015. Application of subsurface wastewater infiltration system to on-site treatment of domestic sewage under high hydraulic loading rate. Water Science and Engineering, 8 (1) : 49-54.

Li Y H, Li H B, Xu X Y, et al. 2017a. Fate of nitrogen in subsurface infiltration system for treating secondary effluent. Water Science and Engineering, 10 (3) : 217-224.

Li Y H, Li H B, Xu X Y, et al. 2017b. Field study on N_2O emission from subsurface wastewater infiltration system under variable loading rates and drying-wetting cycles. Water Science & Technology, 76 (8) : 2158-2166.

Li Y H, Li H B, Xu X Y, et al. 2018. Does carbon-nitrogen ratio affect nitrous oxide emission and spatial distribution in subsurface wastewater infiltration system? Bioresource Technology, 250: 846-852.

Li Y L, He Y L, Ohandja D G, et al. 2009. Simultaneous nitrification-denitrification achieved by an innovative internal Y. Z.-loop airlift MBR: Comparative study. Bioresource Technology, 99: 5867-5872.

Liang Z, Liu J X. 2008. Landfill leachate treatment with a novel process: Anaerobic ammonium oxidation (Anammox) combined with soil infiltration system. Journal of Hazardous Materials, 15: 202-212.

Lin Y F, Jing S R, Lee D Y, et al. 2009. Nutrient removal from aquaculture wastewater using a constructed wetlands system. Aquaculture, 209: 169-184.

Long A, Heitman J L, Tobias C, et al. 2013. Co-occurring anammox, denitrification, and codenitrification in agricultural soils. Applied and Environmental Microbiology, 79 (1) : 168-176.

Lucas A, Rodriguez L, Villasenor J, et al. 2005. Denitrification potential of industrial wastewaters. Water Research, 39: 3715-3721.

McCray J E, Huntzinger D N, Van Cuyk S, et al. 2000. Mathematical modeling of unsaturated flow and transport in soil–based wastewater treatment systems. Proceedings of the Water Environment Federation, 2000 (12) : 44-63.

Mekala C, Nambi I M. 2016. Transport of ammonium and nitrate in saturated porous media incorporating physiobiotransformations and bioclogging. Bioremediation Journal, 20 (2) : 117-132.

Meng H, Wang Y F, Chan H W, et al. 2016. Co-occurrence of nitrite-dependent anaerobic ammonium and methane oxidation processes in subtropical acidic forest soils. Applied

Microbiology and Biotechnology, 100(17): 7727-7739.

Mohan S V, Rao N C, Prasad K K, et al. 2008. Bioaugmentation of an anaerobic sequencing batch biofilm reactor(AnSBBR) with immobilized sulphate reducing bacteria(SRB) for the treatment of sulphate bearing chemical wastewater. Process Biochemistry, 40: 2849-2857.

Mosaab D, Qusay H M. 2008. Monte Carlo simulation-based algorithms for estimating the reliability of mobile Agent-based systems. Journal of Network and Computer Applications, 31(1): 19-31.

Nemade P D, Kadam A M, Shankar H S. 2009. Wastewater renovation using constructed soil filter(CSF): A novel approach. Journal of Hazardous Materials, 170: 657-665.

Newcomer M E, Hubbard S S, Fleckenstein J H, et al. 2016. Simulating bioclogging effects on dynamic riverbed permeability and infiltration. Water Resources Research, 52(4): 2883-2900.

Pan J, Yu L. 2015. Characteristics of subsurface wastewater infiltration systems fed with dissolved or particulate organic matter. International Journal of Environmental Science and Technology, 12(2): 479-488.

Pan J, Yuan F, Zhang Y, et al. 2016. Nitrogen removal in subsurface wastewater infiltration systems with and without intermittent aeration. Ecological Engineering, 94: 471-477.

Pi Y Z, Wang J L. 2006. A field study of advanced municipal wastewater treatment technology for artificial groundwater recharge. Journal of Environmental Science, 18(6): 1056-1060.

Raja S G, Thomas F P, Stephen E, et al. 2002. Reduced nitrogen fixation in the glacial ocean inferred from changes in marine nitrogen and phosphorus inventories. Nature, 415(10): 156-159.

Ryuhei I, Yanhua W, Tomoko Y, et al. 2008. Seasonal effect on N_2O formation in nitrification in constructed wetlands. Chemosphere, 73: 1071-1077.

Samsó R, García J, Molle P, et al. 2016. Modelling bioclogging in variably saturated porous media and the interactions between surface/subsurface flows: Application to constructed wetlands. Journal of Environmental Management, 165: 271-279.

Sato Y, Ohta H, Yamagishi T, et al. 2012. Detection of anammox activity and 16S rRNA genes in ravine paddy filed soil. Microbes and Environments, 27(3): 316-319.

Selbie D R, Lanigan G J, Laughlin R J, et al. 2015. Confirmation of co-denitrification in grazed grassland. Scientific Reports, 5: 17361.

Seok J J, Han S K, Lee Y W. 2003. Effect of iron media on the treatment of domestic wastewater to enhance nutrient removal effciency. Process Biochemistry, 38: 1767-1773.

Shinya M, Akihiko T, Satoshi T. 2007. Modeling of membrane-aerated biofilm: Effects of C/N ratio, biofilm thickness and surface loading of oxygen on feasibility of simultaneous nitrification and denitrification. Biochemical Engineering Journal, 37: 98-107.

Snakin V V, Krechetov P P, Kuzovnikova T A, et al. 1996. The system of assessment of soil degradation. Soil Technology, 8: 331-343.

Tang X, Huang S, Miklas S, et al. 2009. Nutrient removal in pilot-scale constructed wetlands treating Eutrophic river water: Assessment of plants, intermittent artificial aeration and polyhedron hollow polypropylene balls. Water Air and Soil Pollution, 197: 61-73.

Taylor R. 1982. An Introduction to Error Analysis. Sausalito, California: University Science Books Press.

Thurman E M. 1985. Developments in Biogeochemistry: Organic Geochemistry of Natural Waters. Kluwer Academic.

Tuncsiper B. 2009. Nitrogen removal in a combined vertical and horizontal subsurface-flow constructed wetland system. Desalination, 247: 466-475.

Tyrrell T, Law C S. 1997. Low nitrate: Phosphate ratios in the global ocean. Nature, 387(19): 793-796.

Van Cuyk S, Siegrist R, Logan A, et al. 2001. Hydraulic and purification behaviors and their interaction during wastewater treatment in soil infiltration systems. Water Research, 35: 953-964.

Wang X, Li H B, Wang H, et al. 2014. Substrate clogging in a subsurface wastewater infiltration system. Advanced Materials Research, 864-867: 1266-1269.

Wang X, Su D, Li H B. 2012. Combined process design of intensified pretreatment and ecological treatment and its application for campus Sewage treatment. Advanced Materials Research, 573-574: 643-647.

Weidner C, Henkel S, Lorke S, et al. 2012. Experimental modelling of chemical clogging processes in dewatering wells. Mine Water and the Environment, 31(4): 242-251.

Willm M H, Paul M. B. Hidetoshi U, et al. 2009. Ammonia oxidation kenetics determine niche separation of nitrifying archaea and bacteria. Nature, 461(15): 976-979.

Yang W H, Weber K A, Silver W L. 2012. Nitrogen loss from soil through anaerobic ammonium oxidation coupled to iron reduction. Nature Geoscience, 5(8): 538-541.

Yang X R, Li H, Nie S A, et al. 2015. Potential contribution of anammox to nitrogen loss from paddy soils in Southern China. Applied and Environmental Microbiology, 81(3): 938-947.

Yuzuru K, Yunhei I, Motoyuki M, et al. 1998. Nitrogen removal and N_2O emission in a full-scale domestic wastewater treatment plant with intermittent aeration. Journal of Fermentation and Bioengineering, 86(2): 202-206.

Zhai Q, Rahardjo H. 2015. Estimation of permeability function from the soil-water characteristic curve. Engineering Geology, 199: 148-156.

Zhang B H, Wu D Y, Wang C, et al. 2007a. Simultaneous removal of ammonium and phosphate by zeolite synthesized from coal fly ash as influenced by acid treatment. Journal of Environmental Sciences, 19: 540-545.

Zhang J, Huang X, Shao C F, et al. 2004. Influence of packing media on nitrogen removal in a subsurface infiltration system. Journal of Environmental Sciences, 16(1): 153-156.

Zhang M K, Wang L P, He Z L. 2007b. Spatial and temporal variation of nitrogen exported by runoff from sandy agricultural soils. Journal of Environmental Sciences, 19: 1086-1092.

Zhang X R, Li H B, Li Y H, et al. 2018. Do wet-dry ratio and Fe-Mn system affect oxidation-reduction potential nonlinearly in the subsurface wastewater infiltration systems? International Journal of Environmental Research and Public Health, 15: 2790-2804.

Zhang Z Y, Lei Z F, Zhang Z Y, et al. 2007c. Organics removal of combined wastewater through shallow soil infiltration treatment: A field and laboratory study. Journal of Hazardous Materials, 149: 657-665.

Zhong X, Wu Y. 2013. Bioclogging in porous media under continuous-flow condition. Environmental Earth Sciences, 68 (8) : 2417-2425.

Zhu G B, Wang S Y, Wang Y, et al. 2011. Anaerobic ammonia oxidation in a fertilized paddy soil. The ISME Journal, 5 (12) : 1905-1912.

附录 1　BP 神经网络模型训练 Matlab 代码

```
clc
clear
output=xlsread('ORP','65cm','E1:E208');
output_train=output(1:32)';
input_train=1:1:32;
input_test=33:1:64;
[inputn_train,inputps]=mapminmax(input_train);
[outputn_train,outputps]=mapminmax(output_train);
net=newff(inputn_train,outputn_train,14);
net.trainParam.epochs=100;
net.trainParam.lr=0.1;
net.trainParam.goal=0.00001;
net=train(net,inputn_train,outputn_train);
[inputn_test,inputps_test]=mapminmax(input_test);
inputn_test1=mapminmax('apply',input_test,inputps_test);
an=sim(net,inputn_test1);
BPoutput=mapminmax('reverse',an,outputps);
figure(1);
plot(BPoutput,'-or')
legend('预测输出','实际输出')
title('BP神经网络预测输出','fontsize',12)
```

附录 2　回归模型模拟结果比较 Matlab 代码

```
clc
clear
output=xlsread('ORP','65cm','f2:f225');
t_train=145:1:176;
x_train=1:1:32;
y=output(145:176)';
t_test=177:1:224;
y_test=output(177:224)';
q=0.08
y0=436.98-7537.58*q+24995.45*(q^2);
tc=10.93+3.01*sin(pi*(q+0.01)/0.09)
w=4.6068+1.989*sin(pi*(q-0.0086)/0.044);
A=(194.71-5205.68*q)/(1-21.63*q);
for i=1:1:32;
y_train(i)=y0+A*exp(-((x_train(i)-tc).^2/(2*w.^2)));
end
figure
plot(t_train,y,'-*r');
hold on
plot(t_train,y_train,'-ob');
error=y_train-y;
Sd=sqrt(sum((y_train-y).^2)/30)
RDavg=sum(abs((y_train-y)/y)*(100/32))
figure
plot(t_train,error,'-*b');
xlabel('t_test')
ylabel('y')
```